2025年版全国二级建造师执业资格考试辅导

水利水电工程管理与实务

章 节 刷 题

全国二级建造师执业资格考试辅导编写委员会　编写

中国建筑工业出版社
中国城市出版社

图书在版编目（CIP）数据

水利水电工程管理与实务章节刷题 / 全国二级建造
师执业资格考试辅导编写委员会编写． -- 北京：中国城
市出版社，2024.9． --（2025年版全国二级建造师执业
资格考试辅导）． -- ISBN 978-7-5074-3760-7

Ⅰ．TV-44

中国国家版本馆 CIP 数据核字第 2024GC6271 号

责任编辑：田立平
责任校对：李美娜

2025年版全国二级建造师执业资格考试辅导

水利水电工程管理与实务章节刷题

全国二级建造师执业资格考试辅导编写委员会　编写

*

中国建筑工业出版社、中国城市出版社出版、发行（北京海淀三里河路9号）

各地新华书店、建筑书店经销

建工社（河北）印刷有限公司印刷

*

开本：787毫米×1092毫米　1/16　印张：$16\frac{1}{2}$　字数：397千字

2024年10月第一版　　2024年10月第一次印刷

定价：**50.00**元（含增值服务）

ISBN 978-7-5074-3760-7

（904783）

如有内容及印装质量问题，请与本社读者服务中心联系

电话：（010）58337283　QQ：2885381756

（地址：北京海淀三里河路9号中国建筑工业出版社604室　邮政编码：100037）

出 版 说 明

为了满足广大考生的应试复习需要，便于考生准确理解考试大纲的要求，尽快掌握复习要点，更好地适应考试，中国建筑工业出版社继出版"二级建造师执业资格考试大纲"（2024 年版）（以下简称"考试大纲"）和"2025 年版全国二级建造师执业资格考试用书"（以下简称"考试用书"）之后，组织全国著名院校和企业以及行业协会的有关专家教授编写了"2025 年版全国二级建造师执业资格考试辅导——章节刷题"（以下简称"章节刷题"）。推出的章节刷题共 8 册，涵盖所有的综合科目和专业科目，分别为：

- 《建设工程施工管理章节刷题》
- 《建设工程法规及相关知识章节刷题》
- 《建筑工程管理与实务章节刷题》
- 《公路工程管理与实务章节刷题》
- 《水利水电工程管理与实务章节刷题》
- 《矿业工程管理与实务章节刷题》
- 《机电工程管理与实务章节刷题》
- 《市政公用工程管理与实务章节刷题》

《建设工程施工管理章节刷题》《建设工程法规及相关知识章节刷题》包括单选题和多选题，专业工程管理与实务章节刷题包括单选题、多选题、实务操作和案例分析题。章节刷题中附有参考答案、难点解析、案例分析以及综合测试等。考生也可通过中国建筑出版在线（wkc.cabplink.com）了解二级建造师执业资格考试的相关信息，参加在线辅导课程学习。

为了给广大应试考生提供更优质、持续的服务，我社对上述 8 册图书提供网上增值服务，包括在线答疑、在线课程、在线测试等内容。

章节刷题紧扣考试大纲，参考考试用书，全面覆盖所有知识点要求，力求突出重点，解释难点。题型参照历年真题的格式和要求，力求练习题的难易、大小、长短、宽窄适中。各科目考试时间、分值见下表：

序　号	科 目 名 称	考试时间（小时）	满　分
1	建设工程法规及相关知识	2	100
2	建设工程施工管理	2	100
3	专业工程管理与实务	2.5	120

本套章节刷题力求在短时间内切实帮助考生理解知识点，掌握难点和重点，提高应试水平及解决实际工作问题的能力。希望这套章节刷题能有效地帮助二级建造师应试人员提高复习效果。本套章节刷题在编写过程中，难免有不妥之处，欢迎广大读者提出批评和建议，以便我们修订再版时完善，使之成为建造师考试人员的好帮手。

中国建筑工业出版社

中国城市出版社

购正版图书 享超值服务

凡购买我社章节刷题的读者，均可凭封面上的增值服务码，免费享受网上增值服务。增值服务包括在线答疑、在线视频、在线测试等内容，使用方法如下：

1. 计算机用户

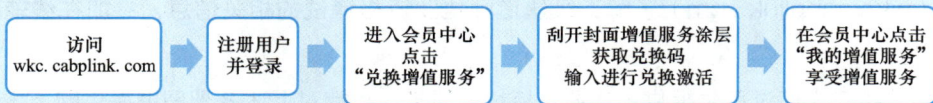

访问 wkc.cabplink.com → 注册用户并登录 → 进入会员中心点击"兑换增值服务" → 刮开封面增值服务涂层获取兑换码输入进行兑换激活 → 在会员中心点击"我的增值服务"享受增值服务

2. 移动端用户

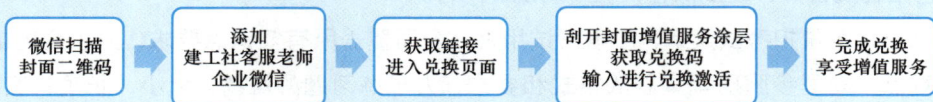

微信扫描封面二维码 → 添加建工社客服老师企业微信 → 获取链接进入兑换页面 → 刮开封面增值服务涂层获取兑换码输入进行兑换激活 → 完成兑换享受增值服务

读者如果对图书中的内容有疑问或问题，可关注微信公众号【建造师应试与执业】，与图书编辑团队直接交流。

建造师应试与执业

前　　言

　　为了帮助全国二级建造师（水利水电工程）执业资格考试应考人员进一步理解考试大纲和考试用书，加深对考点和知识点的理解和掌握，提高复习效率，巩固复习效果，提高应考人员的解题能力，本书编委会依据《二级建造师执业资格考试大纲（水利水电工程）（2024 年版）》、2025 年版全国二级建造师执业资格考试用书《水利水电工程管理与实务》，就水利水电工程相关专业技术、相关法律法规与标准以及相关项目施工管理知识等有关内容，针对考试大纲的具体要求，编写了本书。

　　本书共分三部分，包括选择题、实务操作和案例分析题、综合测试题，其中选择题部分是按照 2025 年版考试用书《水利水电工程管理与实务》的条目格式进行编写的，包括水利水电工程技术、水利水电工程相关法规与标准、水利水电工程项目管理实务等三部分，便于应试者巩固知识点，帮助复习之用；实务操作和案例分析题以案例分析的形式，旨在培养应试者应用《水利水电工程管理与实务》以及《建设工程施工管理》《建设工程法规及相关知识》等考试用书所建立的知识体系，系统解决水利水电工程中实际问题的能力；综合测试题帮助应试者检验复习效果，模拟迎考。

　　本书类型齐全，题目量大，覆盖面广，是应试者复习的必备参考书，同时可作为各培训班的教材，也可供广大工程建设技术人员和院校师生参考。

　　在编写过程中，编者力求做到内容精炼、重点突出，有较强的针对性，便于应试者复习，但书中难免有不足之处，诚望广大读者指正，以便再版时修改完善。

目　　录

第1篇　水利水电工程技术

第1章　水利水电工程建筑物及建筑材料

1.1　水利水电工程建筑物的类型及相关要求

复习要点

1. 水利水电工程建筑物的类型
2. 水利水电工程等级划分及特征水位
3. 水利水电工程合理使用年限及耐久性

一　单项选择题

1. 某水闸工程级别为 2 级，其施工围堰的级别应为（　　　）级。

　　A. 2　　　　　　　　　　　　B. 3

　　C. 4　　　　　　　　　　　　D. 5

2. 某均质土围堰级别为 5 级，其洪水标准（洪水重现期）范围相应为（　　　）年。

　　A. 3～5　　　　　　　　　　　B. 5～10

　　C. 10～20　　　　　　　　　　D. 20～50

3. 以下属于临时性水工建筑物的是（　　　）。

　　A. 导流墙　　　　　　　　　　B. 挡水大坝

　　C. 电站厂房　　　　　　　　　D. 围堰

4. 根据《水利水电工程等级划分及洪水标准》SL 252—2017，水利水电工程根据其工程规模、效益和在经济社会中的重要性，划分为（　　　）。

　　A. 五等　　　　　　　　　　　B. 五级

　　C. 四等　　　　　　　　　　　D. 四级

5. 在一级堤防上建一个小型穿堤涵洞，该穿堤涵洞建筑物的级别是（　　　）。

　　A. 一级　　　　　　　　　　　B. 二级

　　C. 四级　　　　　　　　　　　D. 五级

6. 水库遇下游保护对象的设计洪水时在坝前达到的最高水位称（　　　）。

　　A. 校核洪水位　　　　　　　　B. 兴利水位

　　C. 防洪限制水位　　　　　　　D. 防洪高水位

7. 水库在正常运用情况下，为满足设计的兴利要求在供水期开始时应蓄到的最高水位称（　　　）。

A．校核洪水位　　　　　　　　B．兴利水位

C．防洪限制水位　　　　　　　D．防洪高水位

8．水库在正常运用的情况下，允许消落到的最低水位称（　　）。

A．最低水位　　　　　　　　　B．兴利水位

C．死水位　　　　　　　　　　D．正常水位

9．断面不分防渗体和坝壳，基本上由均一的黏性土料（壤土、砂壤土）筑成的坝是（　　）。

A．均质坝　　　　　　　　　　B．分区坝

C．土料防渗体坝　　　　　　　D．黏土心墙坝

10．土石坝黏土心墙和斜墙顶部水平段宽度不宜小于（　　）m。

A．1　　　　　　　　　　　　B．2

C．3　　　　　　　　　　　　D．4

11．土石坝坝顶常设混凝土或浆砌石防浪墙，其墙顶一般高于坝顶（　　）m。

A．0.5～0.8　　　　　　　　　B．1.0～1.2

C．1.5～2.0　　　　　　　　　D．2.0～2.5

12．均质土坝的防渗体是（　　）。

A．心墙　　　　　　　　　　　B．斜墙

C．截水墙　　　　　　　　　　D．坝体本身

13．黏土心墙一般布置在（　　）。

A．坝体中部稍偏向上游　　　　B．坝体中部稍偏向下游

C．坝体上游侧　　　　　　　　D．坝体下游侧

14．土坝排水中不能够降低浸润线的是（　　）。

A．贴坡排水　　　　　　　　　B．堆石棱体排水

C．褥垫排水　　　　　　　　　D．管式排水

15．不能用于土坝上游护坡的类型是（　　）。

A．浆砌石护坡　　　　　　　　B．干浆砌石护坡

C．混凝土护坡　　　　　　　　D．草皮护坡

16．对于水闸下游翼墙的单侧扩散角，下列说法正确的是（　　）。

A．越小越好　　　　　　　　　B．越大越好

C．一般在 7°～12°　　　　　　D．一般是 45°

17．水闸连接建筑物中铺盖的主要作用是（　　）。

A．防冲　　　　　　　　　　　B．消能

C．排水　　　　　　　　　　　D．防渗

18．重力坝按坝体高度分为高坝、中坝和低坝，其中高坝的高度大于（　　）m。

A．40　　　　　　　　　　　　B．50

C．60　　　　　　　　　　　　D．70

19．水闸中对于止水的设置，下列说法正确的是（　　）。

A．所有的水平缝要设止水　　　B．所有的垂直缝要设止水

C．所有的缝都要设止水　　　　D．防渗范围内所有的缝都要设止水

20. 水闸上游构造中，仅起防冲作用的构造是（　　　）。

    A．铺盖   B．护底

    C．翼墙   D．护坡

21. 混凝土坝的混凝土设计龄期一般为（　　　）d。

    A．7   B．28

    C．90   D．180

22. 混凝土坝防渗帷幕后设置排水孔幕的目的是降低（　　　）。

    A．渗透压力   B．浮托力

    C．扬压力   D．静水压力

23. 混凝土坝上游水位变化区材料要满足的主要性能是（　　　）。

    A．抗冻性   B．抗渗性

    C．抗侵蚀性   D．抗冲耐磨性和抗风化性

24. 混凝土重力坝中横缝的主要作用是（　　　）。

    A．适应混凝土的浇筑能力

    B．散热

    C．适应地基的不均匀沉降和坝体温度变化

    D．只是适应坝体温度变化

25. 重力坝地基透水性较大时，为了防渗、减小扬压力并防止地基的破坏，采取的地基处理措施是（　　　）。

    A．开挖回填   B．帷幕灌浆

    C．固结灌浆   D．接触灌浆

26. 重力坝中为了适应混凝土的浇筑能力、散热和减小施工期的温度应力而设置，并且需要灌浆的缝是（　　　）。

    A．横缝   B．水平施工缝

    C．纵缝   D．横缝和纵缝

27. 重力坝地基岩石强度高但在地质构造中挤压破碎，为了提高地基的整体性，采取的地基处理措施是（　　　）。

    A．开挖回填   B．帷幕灌浆

    C．接触灌浆   D．固结灌浆

28. 安装高程在前池最高水位以上，启动前必须用真空泵或高位水箱向水泵壳和进水管充满水的水泵是（　　　）。

    A．轴流泵   B．离心泵

    C．混流泵   D．轴流泵和混流泵

29. 扬程是指受单位重力作用的水从泵进口到泵出口所增加的能量，有设计扬程、工作扬程、净扬程。下列说法正确的是（　　　）。

    A．工作扬程总是大于净扬程   B．工作扬程总是小于净扬程

    C．设计扬程总是大于工作扬程   D．设计扬程总是小于工作扬程

30. 泵壳中水流的撞击、摩擦造成的能量损失属于（　　　）。

    A．机械损失   B．容积损失

C．线路损失　　　　　　　　　　D．水力损失

31．平顺和扩散水流，将引渠的水均匀地送至进水池，为水泵的运行提供良好的吸水条件的构造是（　　　）。

    A．进水池　　　　　　　　　　B．沉砂池

    C．前池　　　　　　　　　　　D．出水池

32．排水泵站承泄区水位变幅较大时，为了减少工程量和工程造价，需要设（　　　）。

    A．进水池　　　　　　　　　　B．压力水箱

    C．前池　　　　　　　　　　　D．出水池

33．对于中、小型卧式离心泵或混流泵机组，当水源或进水池水位变幅小于水泵的有效吸上高度 $H_{效吸}$（水泵的允许吸上真空高度－泵轴线至泵房地坪的垂直距离），且建站处地基的地质条件较好，地下水位低于泵房基础时可建（　　　）。

    A．分基型泵房　　　　　　　　B．干室型泵房

    C．湿室型泵房　　　　　　　　D．块基型泵房

34．对于卧式或立式离心泵、混流泵机组，当进水池水位（或水源水位）变幅大于 $H_{效吸}$，且泵房地基承载力较低或地下水位较高时可建（　　　）。

    A．分基型泵房　　　　　　　　B．干室型泵房

    C．湿室型泵房　　　　　　　　D．块基型泵房

35．对于中、小型立式或卧式轴流泵，当进水池（或水源）水位变幅较大且地下水位较高时可建（　　　）。

    A．分基型泵房　　　　　　　　B．干室型泵房

    C．湿室型泵房　　　　　　　　D．块基型泵房

36．对于需要泵房直接挡水的大型机组，为增大泵房的稳定性，一般建（　　　）。

    A．分基型泵房　　　　　　　　B．干室型泵房

    C．湿室型泵房　　　　　　　　D．块基型泵房

37．水电站有压进水口的通气孔应设在（　　　）。

    A．检修闸门的上游侧　　　　　B．检修闸门的下游侧

    C．事故闸门的上游侧　　　　　D．事故闸门的下游侧

38．在事故闸门关闭时，防止压力管道内产生过大负压的设备是（　　　）。

    A．拦污栅　　　　　　　　　　B．充水阀

    C．通气孔　　　　　　　　　　D．伸缩节

39．不需要设通气孔及充水阀，而增加了拦砂、沉砂和冲砂设施的进水口叫（　　　）。

    A．无压进水口　　　　　　　　B．塔式进水口

    C．压力墙式进水口　　　　　　D．竖井进水口

40．下列具有结构简单、反射水击波效果好等优点，水位波动振幅大、衰减慢，需要调压室的容积大，且引水系统与其接头处的水头损失大的是（　　　）调压室。

    A．简单圆筒式　　　　　　　　B．阻抗式

    C．溢流式　　　　　　　　　　D．差动式

41．当水电站上游压力水管较长时，为了减小水压力，应在压力管道上设（　　　）。

A．通气孔 B．调压室
C．充水阀 D．检修孔

42．安装间是安装和检修水轮发电机组的地方，要能放下的四大部件是发电机转子、上机架、水轮机机盖和（　　　）。
A．发电机定子 B．水轮机转轮
C．下机架 D．主变压器

43．渡槽由输水的槽身及支承结构、基础和进出口建筑物等部分组成。小型渡槽一般采用矩形截面和（　　　）。
A．简支梁式结构 B．整体式结构
C．拱式结构 D．桁架式结构

44．下列不适合用于水闸上游铺盖的材料是（　　　）。
A．黏土 B．干砌石
C．混凝土 D．钢筋混凝土

45．水头在20m左右的倒虹吸管宜采用（　　　）。
A．混凝土管 B．钢筋混凝土管
C．铸铁管 D．钢管

46．涵洞构造中适应地基不均匀沉降的是（　　　）。
A．管座 B．沉降缝
C．截水环 D．涵衣

47．涵洞构造中能防止洞壁外围产生集中渗流的是（　　　）。
A．基础 B．沉降缝
C．截水环 D．洞壁

48．泵站进出水建筑物中，衔接引渠和进水池的水工建筑物为（　　　）。
A．进水管 B．清污机桥
C．前池 D．出水池

49．某堤防防洪标准为50年一遇，属于2级堤防，在这个堤防上建一个流量为0.5m³/s的小型穿堤涵洞，该穿堤涵洞建筑物的级别是（　　　）。
A．1级 B．2级
C．4级 D．5级

50．确定堤防工程级别的指标是（　　　）。
A．保护城市重要性 B．保护农田面积
C．防洪标准 D．堤防高度

51．对于堤防的构造，下列说法错误的是（　　　）。
A．土质堤防的构造与作用和土石坝类似，包括坝顶、防渗体、护坡、坝坡排水及坝体排水等构造
B．堤高超过6m的背水坡宜设戗台，宽度不宜小于1.5m
C．堤防防渗体的顶高程应高出设计水位1.0m
D．风浪大的海堤、湖堤临水侧宜设置消浪平台

52．关于碾压混凝土重力坝的结构特点，下列说法错误的是（　　　）。

A．碾压混凝土重力坝一般不需设坝体排水

B．碾压混凝土重力坝采用通仓浇筑，不设纵缝，也可减少或不设横缝

C．内部结构应尽量简化，廊道数量可适当减少，中等高度以下的坝只设一层坝基灌浆、排水廊道

D．坝体上游的常规混凝土可用作防渗体，厚度及抗渗指标均应满足坝体的防渗要求，一般布置在距上游面约 3m 范围内

53．下列不属于叶片泵的是（　　　）。

A．离心泵　　　　　　　　　B．漩涡泵

C．轴流泵　　　　　　　　　D．混流泵

54．叶片泵的抽水装置不包括（　　　）。

A．叶片泵　　　　　　　　　B．动力机

C．泵房　　　　　　　　　　D．管路

55．根据《水利水电工程合理使用年限及耐久性设计规范》SL 654—2014，工程等别为Ⅰ等的水库工程，其合理使用年限为（　　　）年。

A．50　　　　　　　　　　　B．100

C．150　　　　　　　　　　D．200

56．根据《水利水电工程合理使用年限及耐久性设计规范》SL 654—2014，建筑物级别为 2 级的水闸工程，其闸门的合理使用年限为（　　　）年。

A．20　　　　　　　　　　　B．30

C．40　　　　　　　　　　　D．50

57．根据《水利水电工程合理使用年限及耐久性设计规范》SL 654—2014，厚度为 2.0m 的水闸闸墩，环境类别为三类，则其混凝土保护层最小厚度为（　　　）mm。

A．30　　　　　　　　　　　B．35

C．45　　　　　　　　　　　D．50

二　多项选择题

1．永久性水工建筑物分为 5 级，划分的依据包括（　　　）。

A．工程等别　　　　　　　　B．工程类型

C．工程重要性　　　　　　　D．工程规模

E．工程投资

2．临时水工建筑物级别划分的依据包括（　　　）。

A．工程投资　　　　　　　　B．保护对象

C．失事后果　　　　　　　　D．临时性水工建筑物规模

E．使用年限

3．土石坝护坡的形式有草皮、抛石、干砌石、浆砌石、混凝土或钢筋混凝土、沥青混凝土或水泥土等。其作用包括（　　　）。

A．防止波浪淘刷　　　　　　B．防止顺坝水流冲刷

C．防止冰冻和其他形式的破坏　　D．防止坝坡滑动

E．防止坝坡变形

4．土坝排水设备中能够降低坝体浸润线的有（　　　）。

A．贴坡排水　　　　　　　　　　　B．堆石棱体排水

C．褥垫排水　　　　　　　　　　　D．管式排水

E．综合排水

5．对于贴坡排水，下列说法正确的是（　　　）。

A．顶部高于浸润线溢出点　　　　　B．底部要设反滤层

C．由浆砌石砌成　　　　　　　　　D．厚度大于冻土深度

E．能增强坝坡稳定性

6．土坝中设置防渗设施的作用是（　　　）。

A．减少通过坝体和坝基的渗流量

B．有效减少工程量

C．降低浸润线，增加下游坝坡的稳定性

D．增强土坝的抗震能力

E．降低渗透坡降，防止渗透变形

7．能用于土坝上游护坡的类型有（　　　）。

A．浆砌石护坡　　　　　　　　　　B．干浆砌石护坡

C．混凝土护坡　　　　　　　　　　D．草皮护坡

E．堆石护坡

8．影响均质土坝边坡稳定的因素有（　　　）。

A．地基承载力　　　　　　　　　　B．填土的压实度

C．外因扰动　　　　　　　　　　　D．土体的种类

E．边坡系数

9．水闸中的铺盖按材料分，其类型有（　　　）。

A．干砌石铺盖　　　　　　　　　　B．黏土铺盖

C．混凝土铺盖　　　　　　　　　　D．钢筋混凝土铺盖

E．堆石铺盖

10．海漫的作用是继续消除水流余能，调整流速分布，确保下游河床免受有害冲刷。它应该具有的特性有（　　　）。

A．粗糙性　　　　　　　　　　　　B．透水性

C．整体性　　　　　　　　　　　　D．保水性

E．柔性

11．橡胶坝的类型包括（　　　）。

A．整体式　　　　　　　　　　　　B．分离式

C．袋式　　　　　　　　　　　　　D．帆式

E．刚柔混合结构式

12．水闸中能起防冲消能作用的构造有（　　　）。

A．上游护坡　　　　　　　　　　　B．护坦

C．下游翼墙　　　　　　　　　　　D．防冲槽

E．海漫

13．对于水闸中闸底板与铺盖之间的缝，下列说法正确的是（　　　）。
A．是沉降缝　　　　　　　　　B．是温度缝
C．能适应地基的不均匀沉降　　D．能适应结构温度的变化
E．缝中应设止水

14．为适应低热性的要求，建筑物内部的大体积混凝土，通常选用（　　　）。
A．矿渣硅酸盐大坝水泥　　　　B．矿渣硅酸盐水泥
C．粉煤灰硅酸盐水泥　　　　　D．普通硅酸盐水泥
E．高强度等级水泥

15．对于重力坝坝体的防渗与排水设施，下列说法正确的是（　　　）。
A．防渗层设在坝体上游面和下游面水位以下部分
B．防渗层设在坝体中间
C．排水管设在防渗层下游侧
D．排水管设在防渗层上游侧
E．有防渗层就不需设排水管

16．对于检修排水廊道，下列说法正确的是（　　　）。
A．设置在上游坝踵处
B．每隔15～30m高度设一个
C．距上游坝面的距离不小于4～5m
D．距上游坝面的距离不小于3m
E．其内部可进行帷幕灌浆

17．重力坝中能减小地基渗透压力的构造有（　　　）。
A．防渗帷幕　　　　　　　　　B．基础灌浆廊道
C．地基主排水孔　　　　　　　D．检修排水廊道
E．宽缝

18．叶片泵的性能参数包括（　　　）。
A．流量　　　　　　　　　　　B．扬程
C．叶片数量　　　　　　　　　D．效率
E．允许吸上真空高度

19．水电站的平水建筑物包括（　　　）。
A．动力渠道　　　　　　　　　B．引水隧洞
C．压力管道　　　　　　　　　D．压力前池
E．调压室

20．对于水电站中的压力管道，下列说法正确的是（　　　）。
A．一般在进口设置闸门而在末端设置阀门
B．一般在进口设置阀门而在末端设置闸门
C．明钢管进入孔及排水设备一般设在高程较低的部位
D．伸缩节一般设在镇墩的下游及较长管道的中间
E．通气孔设置在进口闸门的下游

21. 对于水电站建筑物中的压力前池，下列说法正确的是（　　）。

    A．它相当于一个无压进水口

    B．它相当于一个有压进水口

    C．它是水电站的无压引水系统与压力管道的连接建筑物，能平稳水压、平衡水量

    D．它能宣泄多余水量，拦阻污物和泥沙

    E．前室和进水室的底部高程相同

22. 下列关于调压室的说法，正确的是（　　）。

    A．调压室用于水电站平水建筑物中的调节水轮机的工作水头

    B．调压室用来反射水击波以缩短压力管道的长度、改善机组在负荷变化时的运行条件

    C．设在较长的有压管道的远离厂房的位置

    D．设在较长的有压管道的靠近厂房的位置

    E．水电站上下游都可能设调压室

23. 下列关于水电站厂区枢纽中的主变压器场的说法，正确的是（　　）。

    A．要尽量靠近高压开关站   B．要尽量靠近主厂房

    C．有通向安装间的检修通道   D．通风条件要良好

    E．一般设在室内

24. 水电站厂房施工中属二期混凝土的部分有（　　）。

    A．蜗壳外围混凝土   B．尾水管外围混凝土

    C．机墩   D．风罩

    E．发电机层楼板

25. 下列关于涵洞构造的说法，正确的是（　　）。

    A．圆形管涵可适用于有压或无压涵洞

    B．盖板涵可用于有压涵洞

    C．有压涵洞各节间的沉降缝应设止水

    D．为防止洞身外围产生集中渗流可设截水环

    E．拱涵一般用于无压涵洞

26. 水头在30m以上的倒虹吸管一般采用（　　）。

    A．混凝土管   B．钢筋混凝土管

    C．铸铁管   D．钢管

    E．橡胶管

27. 某泵站工程包括防洪闸、挡土墙、围堰、清污机桥、导流明渠等建筑物，其中属于临时性建筑物的是（　　）。

    A．防洪闸   B．挡土墙

    C．围堰   D．清污机桥

    E．导流明渠

28. 水闸上游铺盖的常用材料有（　　）。

    A．黏土   B．混凝土

C．钢筋混凝土　　　　　　　　　D．浆砌石

E．土工膜

29．叶片泵按工作原理分为（　　　　）。

A．离心泵　　　　　　　　　　　B．漩涡泵

C．轴流泵　　　　　　　　　　　D．混流泵

E．射流泵

30．离心泵启动前泵壳和进水管必须充满水，充水方式有（　　　　）。

A．真空泵　　　　　　　　　　　B．电力

C．高位水箱　　　　　　　　　　D．人工

E．水力

31．钢筋的混凝土保护层厚度所起的主要作用有（　　　　）。

A．满足钢筋防锈的要求　　　　　B．满足钢筋防火的要求

C．满足混凝土防裂的要求　　　　D．满足混凝土抗冻的要求

E．满足钢筋与混凝土之间粘结力传递的要求

32．下列要求中，属于环境类别为五类的配筋混凝土耐久性基本要求的有（　　　　）。

A．混凝土最低强度等级为 C35　　B．最小水泥用量 360kg/m³

C．最大水胶比 0.4　　　　　　　D．最大氯离子含量 0.06%

E．最大碱含量不限制

【答案】

一、单项选择题

1．C；　2．B；　3．D；　4．A；　5．A；　6．D；　7．B；　8．C；

9．A；　10．C；　11．B；　12．D；　13．A；　14．A；　15．D；　16．C；

17．D；　18．D；　19．D；　20．B；　21．C；　22．A；　23．A；　24．C；

25．B；　26．C；　27．D；　28．B；　29．A；　30．D；　31．C；　32．B；

33．A；　34．B；　35．C；　36．D；　37．D；　38．C；　39．A；　40．A；

41．B；　42．B；　43．A；　44．B；　45．B；　46．B；　47．C；　48．C；

49．B；　50．C；　51．C；　52．A；　53．B；　54．C　55．C；　56．D；

57．C

二、多项选择题

1．A、C；　　　　2．B、C、D、E；　　　3．A、B、C；　　　4．B、C、D、E；

5．A、D；　　　　6．A、C、E；　　　　7．A、B、C、E；　　8．B、C、D、E；

9．B、C、D；　　10．A、B、E；　　　　11．C、D、E；　　　12．B、D、E；

13．A、C、E；　　14．A、B、C；　　　　15．A、C；　　　　16．B、D；

17．A、C、E；　　18．A、B、D、E；　　19．D、E；　　　　20．A、C、D、E；

21．B、C、D；　　22．B、D；　　　　　23．B、C、D；　　　24．A、C、D；

25．A、C、D、E；　26．C、D；　　　　　27．C、E；　　　　28．A、B、C、E；

29．A、C、D；　　30．A、C、D；　　　　31．A、B、E；　　　32．A、B、C、D

1.2 水利水电工程勘察与测量

复习要点

1. 工程地质与水文地质条件分析
2. 测量仪器的使用
3. 水利水电工程施工放样

一 单项选择题

1. 水工建筑物是建立在（　　）上。
   A. 岩石　　　　　　　　　　B. 土
   C. 混凝土　　　　　　　　　D. 地基

2. 岩层层面用（　　）种要素表示。
   A. 2　　　　　　　　　　　　B. 3
   C. 4　　　　　　　　　　　　D. 5

3. 岩层走向线与倾向线相差（　　）。
   A. 60°　　　　　　　　　　　B. 90°
   C. 120°　　　　　　　　　　D. 180°

4. 岩层走向线有（　　）个方向。
   A. 1　　　　　　　　　　　　B. 2
   C. 3　　　　　　　　　　　　D. 4

5. 岩层倾向线有（　　）个方向。
   A. 1　　　　　　　　　　　　B. 2
   C. 3　　　　　　　　　　　　D. 4

6. 岩层的原始产状为（　　）。
   A. 倾斜　　　　　　　　　　B. 直立
   C. 水平　　　　　　　　　　D. 倒立

7. 断裂构造的基本形态有（　　）类。
   A. 2　　　　　　　　　　　　B. 3
   C. 4　　　　　　　　　　　　D. 5

8. 断层是指断裂面两侧岩块发生了（　　）位移。
   A. 水平　　　　　　　　　　B. 上
   C. 相对　　　　　　　　　　D. 下

9. 断层运动中，上盘下降，称为（　　）。
   A. 正断层　　　　　　　　　B. 逆断层
   C. 平移断层　　　　　　　　D. 顺断层

10. 水文地质主要是研究（　　）。
    A. 地下水　　　　　　　　　B. 水文

C. 地质   D. 渗漏

11. 拱坝要求的河谷宽高比不大于（   ）。

   A. 4：1   B. 5：1

   C. 6：1   D. 7：1

12. 对坝基岩体完整性要求最高的是（   ）。

   A. 混凝土重力坝   B. 混凝土宽墩坝

   C. 混凝土拱坝   D. 混凝土支墩坝

13. 边坡卸荷裂隙又称为（   ）。

   A. 蠕动变形   B. 崩塌

   C. 滑胀裂隙   D. 松弛张裂

14. 蠕动变形属于（   ）。

   A. 土力变形   B. 岩力变形

   C. 弹性变形   D. 塑性变形

15. 按变形破坏发生时间由长到短的是（   ）。

   A. 蠕动变形、松弛胀裂、滑坡、崩塌

   B. 蠕动变形、滑坡、松弛胀裂、崩塌

   C. 滑坡、蠕动变形、松弛胀裂、崩塌

   D. 松弛胀裂、蠕动变形、滑坡、崩塌

16. 影响边坡稳定最重要的外在因素是（   ）。

   A. 振动   B. 水

   C. 地质构造   D. 地形

17. 基坑排水明排法适用于地下水位超出基坑底面标高不大于（   ）m。

   A. 2   B. 3

   C. 4   D. 5

18. 渗透变形又称为（   ）。

   A. 管涌破坏   B. 渗透破坏

   C. 土壤构造破坏   D. 塑性破坏

19. 地质图的基本内容是通过（   ）表示。

   A. 地质条件   B. 地质现象

   C. 图例   D. 柱状图

20. 描述第四纪沉积层的成因等特征的地质图称为（   ）地质图。

   A. 普通   B. 水文

   C. 工程   D. 地貌及第四纪

21. 下列降水方法中，依靠纯重力作用排水的是（   ）。

   A. 浅井点   B. 深井点

   C. 管井   D. 喷射点井

22. 下列放样方法中，不属于高程放样的是（   ）。

   A. 水准测量法   B. 光电测距三角高程法

   C. 极坐标法   D. GPS-RTK 高程测量法

23. 水工建筑物设计需要大于（　　　）地形图。
　　A．1：2000　　　　　　　　　　B．1：5000
　　C．1：10000　　　　　　　　　　D．1：20000

24. 流域规划需要大于（　　　）地形图。
　　A．1：10000　　　　　　　　　　B．1：25000
　　C．1：50000　　　　　　　　　　D．1：100000

25. 施工放样的基本网一般（　　　）。
　　A．在施工区域以外布设　　　　　B．在施工区域以内布设
　　C．按设计图要求布设　　　　　　D．根据需要布设

26. 水工建筑物基本控制网常采用（　　　）网。
　　A．三角　　　　　　　　　　　　B．四边
　　C．五边　　　　　　　　　　　　D．六边

27. 施工放样时，定线网又称为（　　　）。
　　A．基本网　　　　　　　　　　　B．一级控制网
　　C．放样网　　　　　　　　　　　D．细部网

28. 高程控制网中最靠近拟施工建筑物的是（　　　）水准点。
　　A．基本　　　　　　　　　　　　B．施工
　　C．临时作业　　　　　　　　　　D．永久

29. 基本网原则上是利用（　　　）。
　　A．国家一级水准网　　　　　　　B．国家二级水准网
　　C．国家普通水准网　　　　　　　D．测图控制网

30. 水工建筑物主轴线延长至施工影响范围外的目的是（　　　）。
　　A．检查轴线端点是否位移　　　　B．检查建筑物是否沉降
　　C．检查建筑物是否倾斜　　　　　D．与其他建筑物进行校核

31. 国产水准仪按精度不同划分为（　　　）个等级。
　　A．3　　　　　　　　　　　　　　B．4
　　C．5　　　　　　　　　　　　　　D．6

32. 水准仪基座一般装有（　　　）个脚螺旋。
　　A．3　　　　　　　　　　　　　　B．4
　　C．5　　　　　　　　　　　　　　D．6

33. 国产水准仪的偶然误差（绝对值）最大不超过（　　　）mm。
　　A．1　　　　　　　　　　　　　　B．2
　　C．3　　　　　　　　　　　　　　D．10

34. 水准仪主要测定地面点间（　　　）。
　　A．海拔　　　　　　　　　　　　B．绝对高程
　　C．高差　　　　　　　　　　　　D．相对高程

35. 我国水准测量按精度分为（　　　）个等级。
　　A．2　　　　　　　　　　　　　　B．3
　　C．4　　　　　　　　　　　　　　D．5

36. 具有条形码的水准尺是（　　　）水准尺。
    A. 木质　　　　　　　　　　　B. 玻璃纤维
    C. 铟瓦钢　　　　　　　　　　D. 碳纤维

37. 读取水准尺的数据是利用水准仪望远镜（　　　）。
    A. 十字丝　　　　　　　　　　B. 十字丝的横线
    C. 水平线　　　　　　　　　　D. 垂直线

38. 测量误差的主要来源是（　　　）。
    A. 水准尺误差　　　　　　　　B. 仪器校正不完善
    C. 外界条件　　　　　　　　　D. 观测误差

39. 经纬仪型号 DJ07，07 为一测回方向中误差的（　　　）。
    A. 秒数　　　　　　　　　　　B. 分数
    C. 度数　　　　　　　　　　　D. 微数

40. 经纬仪测量中，夹角区正号的为（　　　）。
    A. 竖直角　　　　　　　　　　B. 线路左边的角
    C. 仰角　　　　　　　　　　　D. 俯角

41. 采用"目测加花杆标定直线的方向"的距离测量方法，适用精度为相对误差
（　　　）。
    A. 1/500～1/1000　　　　　　B. 1/1000～1/2000
    C. 1/1000～1/3000　　　　　　D. 1/1000～1/4000

42. 用 20m 长度卷尺丈量距离时，200m 长度至少要分（　　　）段进行。
    A. 9　　　　　　　　　　　　　B. 10
    C. 11　　　　　　　　　　　　D. 12

43. 钢卷尺验定时的拉力一般为（　　　）N。
    A. 50　　　　　　　　　　　　B. 100
    C. 150　　　　　　　　　　　D. 200

44. 卫星定位系统中，"BDS"是（　　　）卫星系统。
    A. 美国　　　　　　　　　　　B. 俄罗斯
    C. 印度　　　　　　　　　　　D. 中国

45. 经纬仪测定两点间的水平距离，其相对误差为（　　　）。
    A. 1/100～1/200　　　　　　　B. 1/200～1/300
    C. 1/300～1/400　　　　　　　D. 1/400～1/500

46. 测量中，受到人的感觉器官限制形成的误差，称为（　　　）。
    A. 系统误差　　　　　　　　　B. 偶然误差
    C. 粗差　　　　　　　　　　　D. 多余误差

47. 距离测量时，标定每尺段端点位置采用（　　　）。
    A. 花杆　　　　　　　　　　　B. 木桩
    C. 测钎　　　　　　　　　　　D. 水准尺

48. 水平角测量时，一个测站只有两个方向需要测，可以采用（　　　）。
    A. 回测法　　　　　　　　　　B. 全圆测回法

C. 三角法　　　　　　　　　　D. 支线法

49. 水平角测量时，一个测站多于两个方向需要测，可以采用（　　　）。

    A. 回测法　　　　　　　　　　B. 全圆测回法
    C. 三角法　　　　　　　　　　D. 直线法

50. 激光测距仪可测距离达到（　　　）km。

    A. 40　　　　　　　　　　　　B. 50
    C. 60　　　　　　　　　　　　D. 70

二　多项选择题

1. 工程的水文地质条件包括地下水的（　　　）。

    A. 形成　　　　　　　　　　　B. 埋藏
    C. 分布　　　　　　　　　　　D. 运动规律
    E. 水量大小

2. 地质构造是指地壳运动变化残留在岩土中的（　　　）。

    A. 变形　　　　　　　　　　　B. 变位
    C. 裂缝　　　　　　　　　　　D. 行迹
    E. 地坑

3. 地质构造基本形态有（　　　）。

    A. 产状　　　　　　　　　　　B. 走向
    C. 褶皱　　　　　　　　　　　D. 断裂
    E. 断层

4. 岩层的产状分为（　　　）类型。

    A. 水平　　　　　　　　　　　B. 倾斜
    C. 直立　　　　　　　　　　　D. 倒立
    E. 平行

5. 褶皱的基本形态有（　　　）。

    A. 节理　　　　　　　　　　　B. 劈理
    C. 背斜　　　　　　　　　　　D. 向斜
    E. 断层

6. 岩层层面的产状用（　　　）表示。

    A. 走向　　　　　　　　　　　B. 倾向
    C. 斜向　　　　　　　　　　　D. 倾角
    E. 方位角

7. 断裂构造的基本形态有（　　　）。

    A. 节理　　　　　　　　　　　B. 劈理
    C. 断层　　　　　　　　　　　D. 向斜
    E. 背斜

8. 野外用地质罗盘测得的岩层产状要素为（　　　）。

A．走向 　　　　　　　　　　　B．倾向

C．方位角 　　　　　　　　　　D．倾向线

E．倾角

9．工程地质的节理可以用（　　　）描述。

A．节理玫瑰图 　　　　　　　　B．节理统计图

C．节理发育图 　　　　　　　　D．节理极点图

E．节理等密度图

10．断层分为（　　　）。

A．正断层 　　　　　　　　　　B．上断层

C．下断层 　　　　　　　　　　D．逆断层

E．平移断层

11．工程上地形地貌条件包括（　　　）。

A．地形 　　　　　　　　　　　B．地貌

C．地物 　　　　　　　　　　　D．地相

E．地表

12．水文地质条件包括（　　　）。

A．地下水埋藏 　　　　　　　　B．地下水分布

C．地下水来源 　　　　　　　　D．地下水运动

E．地下水产量

13．地下水对水工建筑物基础的影响有（　　　）。

A．可能腐蚀基础材料 　　　　　B．使基础膨胀

C．抬高基础 　　　　　　　　　D．泥化黏土质岩石

E．加大基础材料用量

14．坝区渗漏问题是指（　　　）。

A．坝基渗漏 　　　　　　　　　B．坝体渗漏

C．绕坝渗漏 　　　　　　　　　D．渗透稳定

E．抗滑稳定

15．边坡常见的变形破坏有（　　　）。

A．松弛胀裂 　　　　　　　　　B．蠕动变形

C．崩塌 　　　　　　　　　　　D．回弹

E．断裂

16．崩塌分为（　　　）。

A．土崩 　　　　　　　　　　　B．岩崩

C．瓦崩 　　　　　　　　　　　D．滑崩

E．断崩

17．滑坡按力学机制分类为（　　　）。

A．推移式滑坡 　　　　　　　　B．牵引式滑坡

C．惯性式滑坡 　　　　　　　　D．平移式滑坡

E．重力式滑坡

18. 描述滑坡的名词有（　　　　）。
　　A．滑体　　　　　　　　　　　B．滑坡周界
　　C．剪切面　　　　　　　　　　D．滑动面
　　E．滑坡床
19. 按滑动面与岩层构造之间的关系将滑坡分类为（　　　　）。
　　A．顺层滑坡　　　　　　　　　B．逆层滑坡
　　C．切层滑坡　　　　　　　　　D．深层滑坡
　　E．均质滑坡
20. 平原地区建水闸，其基坑降排水的目的主要有（　　　　）。
　　A．增加边坡的稳定性　　　　　B．防止流砂或管涌
　　C．保持基坑土体干燥　　　　　D．防止黏性土基坑底部隆起
　　E．施工用水
21. 渗透变形一般可分为（　　　　）等类型。
　　A．管涌　　　　　　　　　　　B．流土
　　C．接触冲刷　　　　　　　　　D．岩溶
　　E．接触流土
22. 工程建设地面点高程一般用（　　　　）表示。
　　A．绝对高程　　　　　　　　　B．海拔
　　C．高差　　　　　　　　　　　D．假定高程
　　E．平均高程
23. 已知 G 的高程和坐标，F 点的位置通过测定两点间的（　　　　）确定。
　　A．水平距离　　　　　　　　　B．水平角
　　C．高差　　　　　　　　　　　D．仰角
　　E．直线距离
24. 地形图比例尺一般分为（　　　　）比例尺。
　　A．特大　　　　　　　　　　　B．大
　　C．中　　　　　　　　　　　　D．小
　　E．特小
25. 施工放样的基本数据是（　　　　）。
　　A．距离　　　　　　　　　　　B．高程
　　C．角度　　　　　　　　　　　D．高差
　　E．尺寸
26. 施工放样的原则是（　　　　）。
　　A．由整体到局部　　　　　　　B．先控制、后碎部
　　C．先细部、后控制　　　　　　D．由整体到控制
　　E．由细部到局部
27. 根据《水利水电工程施工测量规范》SL 52—2015，施工测量工作应包括的内容有（　　　　）。
　　A．测量基准点、基准线　　　　B．布设施工控制网

C．进行建筑物轮廓点的放样　　D．施工期间的外部变形观测

　　E．收方测量及工程量计算

28．施工控制网分为（　　　）控制网。

　　A．平面　　　　　　　　　　B．高程

　　C．位移　　　　　　　　　　D．变形

　　E．沉降

29．基本网常布置成（　　　）形式。

　　A．闭合　　　　　　　　　　B．契合

　　C．加密　　　　　　　　　　D．附合

　　E．交会

30．临时性水准点应（　　　）。

　　A．根据施工进度及时设置　　B．与永久水准点构成附合水准路线

　　C．布置在施工区边缘　　　　D．定期进行检测

　　E．与永久水准点构成闭合水准路线

31．下列关于施工放样工作的描述正确的是（　　　）。

　　A．根据工程建筑物的设计尺寸

　　B．根据建筑物特征点与地面控制点之间的几何关系

　　C．根据建筑物特征点之间的几何关系

　　D．由整体到细部

　　E．先细部、后控制

32．精密水准仪主要用于（　　　）测量。

　　A．一等水准　　　　　　　　B．二等水准

　　C．三等水准　　　　　　　　D．四等水准

　　E．金属结构安装

33．水准仪主要部件是（　　　）。

　　A．望远镜　　　　　　　　　B．水准器

　　C．基座　　　　　　　　　　D．三脚架

　　E．脚螺旋

34．水准仪使用的主要步骤包括（　　　）。

　　A．支开三脚架安置稳定　　　B．仪器安置与粗略整平

　　C．瞄准　　　　　　　　　　D．精确整平和读数

　　E．转动微倾螺旋使水准管的水泡居中

35．水准尺横截面的形式有（　　　）。

　　A．丁字形　　　　　　　　　B．槽形

　　C．矩形　　　　　　　　　　D．工字形

　　E．三角形

36．水准尺的尺常数 K 为（　　　）mm。

　　A．4687　　　　　　　　　　B．4787

　　C．4887　　　　　　　　　　D．4987

E．5087

37．用于高程测量的主要是（　　　）水准网。

A．一等　　　　　　　　　　　B．二等

C．三等　　　　　　　　　　　D．四等

E．普通

38．判断水准测量成果是否存在错误可以采用（　　　）。

A．改变仪器高程法　　　　　　B．回路法

C．双面尺法　　　　　　　　　D．三人校核法

E．单面尺法

39．测量的基本要求是（　　　）。

A．随改　　　　　　　　　　　B．随记

C．随算　　　　　　　　　　　D．随核

E．随测

40．水准测量的线路可以选择（　　　）。

A．闭合水准线路　　　　　　　B．三角水准线路

C．双回水准线路　　　　　　　D．附合水准线路

E．支水准线路

41．经纬仪主要部件有（　　　）。

A．水准器　　　　　　　　　　B．照准部

C．水平度盘　　　　　　　　　D．基座

E．三脚架

42．测量误差分为（　　　）。

A．系统误差　　　　　　　　　B．偶然误差

C．仪器误差　　　　　　　　　D．粗差

E．观测者误差

43．测量中的"粗差"是指（　　　）。

A．测错　　　　　　　　　　　B．他人影响

C．记错　　　　　　　　　　　D．算错

E．气候影响

44．测量时，确定地面点位置的几何要素有（　　　）。

A．距离　　　　　　　　　　　B．仰角

C．俯角　　　　　　　　　　　D．方向

E．高程

45．用卷尺测距时，主要工具有（　　　）。

A．水准尺　　　　　　　　　　B．花杆

C．测钎　　　　　　　　　　　D．木桩

E．卷尺

46．光电测距仪是指（　　　）。

A．红外测距仪　　　　　　　　B．激光测距仪

C．微波测距仪　　　　　　　　D．光波测距仪

E．纳米波测距仪

47．表示直线的方向采用（　　　　）。

A．真子午线角　　　　　　　　B．子午线角

C．坐标方位角　　　　　　　　D．磁子午线角

E．方位角

48．卷尺测距的成果整理时，要考虑（　　　　）等因素。

A．钢尺不水平　　　　　　　　B．尺长改正

C．温度改正　　　　　　　　　D．倾斜改正

E．风力改正

49．直线定向时，可采用的标准方向包括（　　　　）。

A．北极点或南极点　　　　　　B．真子午线

C．磁子午线　　　　　　　　　D．坐标横轴

E．坐标纵轴

50．测量的精度可以通过（　　　　）衡量。

A．中误差　　　　　　　　　　B．相对误差

C．绝对误差　　　　　　　　　D．允许误差

E．极限误差

51．水准尺的尺垫形式有（　　　　）。

A．圆形　　　　　　　　　　　B．方形

C．六边形　　　　　　　　　　D．三角形

E．工字形

【答案】

一、单项选择题

1．D；　　2．B；　　3．B；　　4．B；　　5．A；　　6．C；　　7．A；　　8．C；

9．A；　　10．A；　11．C；　12．C；　13．D；　14．D；　15．A；　16．B；

17．A；　18．B；　19．C；　20．D；　21．C；　22．C；　23．A；　24．D；

25．A；　26．A；　27．C；　28．C；　29．D；　30．A；　31．B；　32．A；

33．D；　34．C；　35．C；　36．C；　37．B；　38．D；　39．A；　40．C；

41．D；　42．C；　43．B；　44．D；　45．B；　46．B；　47．C；　48．A；

49．B；　50．C

二、多项选择题

1．A、B、C、D；　　2．A、B、D；　　　3．A、C、D；　　4．A、B、C；

5．C、D；　　　　　6．A、B、D；　　　7．A、C；　　　8．A、E；

9．A、D、E；　　　10．A、D、E；　　11．A、B、C；　12．A、B、D；

13．A、B、C、D；　14．A、C；　　　15．A、B、C；　16．A、B；

17．A、B、D；　　18．A、B、D、E；　19．A、C、E；　20．A、B、C、D；

21. A、B、C、E;　　22. A、B;　　　　23. A、B、C;　　　24. B、C、D;
25. A、B、C;　　　26. A、B;　　　　27. B、C、D、E;　28. A、B;
29. A、D;　　　　30. A、B、D、E;　31. A、B、D;　　　32. A、B、E;
33. A、B、C;　　　34. B、C、D;　　35. A、B、D;　　　36. A、B;
37. C、D;　　　　38. A、C;　　　　39. B、C、E;　　　40. A、D、E;
41. B、C、D;　　　42. A、B、D;　　43. A、C、D;　　　44. A、D;
45. B、C、E;　　　46. A、B;　　　　47. C、E;　　　　48. B、C、D;
49. B、C、E;　　　50. A、B、D、E;　51. A、D

1.3　水利水电工程建筑材料

复习要点

1．建筑材料的类型和特性
2．混凝土的分类和质量要求
3．胶凝材料的分类和用途
4．外加剂的分类和应用
5．钢材的分类和应用
6．土工合成材料的分类和应用
7．材料试验

一　单项选择题

1．下列属于有机材料的是（　　　）。
　　A．沥青制品　　　　　　　　B．砂
　　C．天然石材　　　　　　　　D．钢材

2．下列属于复合材料的是（　　　）。
　　A．沥青制品　　　　　　　　B．钢筋混凝土
　　C．天然石材　　　　　　　　D．木材

3．下列属于隔热保温材料的是（　　　）。
　　A．轻质混凝土　　　　　　　B．泡沫混凝土
　　C．高强度混凝土　　　　　　D．钢筋混凝土

4．下列属于人工建筑材料的是（　　　）。
　　A．石棉　　　　　　　　　　B．石灰
　　C．砂石料　　　　　　　　　D．木材

5．下列属于结构材料的是（　　　）。
　　A．混凝土　　　　　　　　　B．砂浆
　　C．玻璃　　　　　　　　　　D．石膏

6．下列属于防水材料的是（　　　）。

A．沥青   B．水泥

C．石膏   D．水玻璃

7．下列属于胶凝材料的是（   ）。

A．水玻璃   B．砂浆

C．混凝土   D．泡沫玻璃

8．下列不属于合成高分子材料的是（   ）。

A．塑料   B．沥青

C．涂料   D．胶粘剂

9．混凝土抗冻等级是按（   ）d龄期的试件用快冻试验方法测定的。

A．3   B．7

C．28   D．90

10．粉状、颗粒状或纤维状材料在堆积状态下，单位体积的质量称为材料的（   ）。

A．表观密度   B．堆积密度

C．干表观密度   D．干堆积密度

11．材料体积内被固体物质所充实的程度称为材料的（   ）。

A．孔隙率   B．密实度

C．填充率   D．空隙率

12．孔隙体积占材料总体积的百分比称为材料的（   ）。

A．孔隙率   B．密实度

C．填充率   D．空隙率

13．粉状或颗粒状材料在某堆积体积内，被其颗粒填充的程度称为材料的（   ）。

A．孔隙率   B．密实度

C．填充率   D．空隙率

14．粉状或颗粒状材料在某堆积体积内，颗粒之间的空隙体积所占的比例称为材料的（   ）。

A．孔隙率   B．密实度

C．填充率   D．空隙率

15．材料与水接触时，水分子间的内聚力比材料分子间的相互吸引力小，该类材料称为（   ）。

A．亲水性材料   B．憎水性材料

C．吸水性材料   D．防水性材料

16．材料与水接触时，水分子间的内聚力比材料分子间的相互吸引力大，该类材料称为（   ）。

A．亲水性材料   B．憎水性材料

C．吸水性材料   D．防水性材料

17．材料在潮湿的空气中吸收空气中水分的性质称为（   ）。

A．亲水性   B．吸湿性

C．耐水性   D．吸水性

18. 材料长期在饱和水作用下不破坏，其强度也不显著降低的性质称为（　　）。

    A．亲水性   B．吸水性

    C．吸湿性   D．耐水性

19. 砂的粒径范围为（　　）mm。

    A．0.10～4.70   B．0.15～4.75

    C．0.20～4.80   D．0.25～4.85

20. 拌制混凝土时，在相同砂用量的条件下，为节省水泥用量一般（　　）。

    A．细砂比粗砂好   B．粗砂比细砂好

    C．粗砂、细砂一样好   D．中砂最好

21. 下列可采用海砂作为细集料的是（　　）。

    A．素混凝土   B．预应力混凝土

    C．普通钢筋混凝土   D．大体积钢筋混凝土

22. 砂的粗细程度用细度模数（M_x）表示，粗砂的 M_x 值范围为（　　）。

    A．3.7～3.1   B．3.0～2.3

    C．2.2～1.6   D．1.5～1.0

23. 砂的粗细程度用细度模数（M_x）表示，中砂的 M_x 值范围为（　　）。

    A．3.7～3.1   B．3.0～2.3

    C．2.2～1.6   D．1.5～1.0

24. 砂的粗细程度用细度模数（M_x）表示，细砂的 M_x 值范围为（　　）。

    A．3.7～3.1   B．3.0～2.3

    C．2.2～1.6   D．1.5～1.0

25. 混凝土粗集料的粒径范围为大于（　　）mm。

    A．4.50   B．4.75

    C．4.85   D．4.95

26. 计算普通混凝土配合比时，一般集料的基准状态为（　　）。

    A．干燥状态   B．气干状态

    C．饱和面干状态   D．湿润状态

27. 大型水利工程计算混凝土配合比时，一般集料的基准状态为（　　）。

    A．干燥状态   B．气干状态

    C．饱和面干状态   D．湿润状态

28. 集料因干湿或冻融交替等作用引起体积变化而导致混凝土破坏的性质，称为集料的（　　）。

    A．强度稳定性   B．湿度稳定性

    C．含水稳定性   D．体积稳定性

29. 下列属于水硬性胶凝材料的是（　　）。

    A．水泥   B．石灰

    C．水玻璃   D．沥青

30. 石灰的主要原料是石灰岩，其主要成分是（　　）。

    A．$CaCO_3$ B．CaO

C. Ca（HCO₃）₂   D. Ca（OH）₂

31. 生石灰的主要成分是（   ）。

A. CaCO₃   B. CaO

C. Ca（HCO₃）₂   D. Ca（OH）₂

32. 熟石灰的主要成分是（   ）。

A. CaCO₃   B. CaO

C. Ca（HCO₃）₂   D. Ca（OH）₂

33. 快硬硅酸盐水泥的初凝时间不得早于（   ）min。

A. 45   B. 60

C. 90   D. 135

34. 水泥是水硬性胶凝材料，它的硬化环境（   ）。

A. 只能在水中   B. 只能在潮湿环境中

C. 只能在空气中   D. 既能在空气中，又能在水中

35. 铝酸盐水泥用于钢筋混凝土时，钢筋保护层的厚度最少为（   ）mm。

A. 60   B. 50

C. 40   D. 30

36. 沥青不能溶于（   ）。

A. 水   B. 二硫化碳

C. 四氯化碳   D. 三氯乙烯

37. 沥青加工方法中不包括（   ）。

A. 直馏   B. 气化

C. 氧化   D. 裂化

38. 关于粉煤灰对混凝土性能的影响，下列描述正确的是（   ）。

A. 降低强度   B. 提高水化热

C. 节省水泥   D. 降低耐久性

39. 低碳钢的含碳量应低于（   ）。

A. 0.10%   B. 0.15%

C. 0.25%   D. 0.20%

40. 钢筋牌号中，HPB 表示钢筋属于（   ）。

A. 热轧带肋钢筋   B. 热轧光圆钢筋

C. 冷拉热轧钢筋   D. 冷轧带肋钢筋

41. 钢筋牌号 HRB500E 中的 E 代表的意思是（   ）。

A. 余热   B. 细

C. 地震   D. 带肋

42. 钢筋牌号中，CRB 表示钢筋属于（   ）。

A. 余热处理钢筋   B. 冷轧带肋钢筋

C. 冷轧扭钢筋   D. 冷拉钢丝

43. 能加速混凝土早期强度发展的外加剂称为（   ）。

A. 减水剂   B. 引气剂

C．早强剂　　　　　　　　D．膨胀剂

44．下列不属于土工特种材料的是（　　　）。

    A．土工格栅　　　　　　B．土工网

    C．土工格室　　　　　　D．土工膜

45．预应力混凝土结构的混凝土强度等级不小于（　　　）。

    A．C20　　　　　　　　B．C30

    C．C40　　　　　　　　D．C50

46．双快水泥的终凝时间不得迟于（　　　）min。

    A．30　　　　　　　　　B．45

    C．60　　　　　　　　　D．70

47．对于干硬性混凝土拌合物（坍落度小于10mm），其和易性指标采用（　　　）。

    A．坍落度　　　　　　　B．维勃稠度

    C．虎克稠度　　　　　　D．密度

48．混凝土含砂率（简称砂率）是指砂的用量与（　　　）的比值百分数。

    A．砂、石总用量（按质量计）　　B．石用量（按质量计）

    C．混凝土总量（按质量计）　　　D．水泥用量（按质量计）

49．混凝土的强度等级是指混凝土的抗压强度具有的保证率为（　　　）。

    A．80%　　　　　　　　B．85%

    C．90%　　　　　　　　D．95%

50．混凝土的抗渗等级以分组6个试件中（　　　）个出现渗水时的最大压力表示。

    A．1　　　　　　　　　　B．2

    C．3　　　　　　　　　　D．4

二　多项选择题

1．下列属于合成高分子材料的有（　　　）。

    A．塑料　　　　　　　　B．涂料

    C．胶粘剂　　　　　　　D．植物纤维

    E．木材

2．下列属于植物材料的有（　　　）。

    A．胶粘剂　　　　　　　B．木材

    C．竹子　　　　　　　　D．石棉

    E．植物纤维

3．建筑材料按材料的化学成分可分为（　　　）。

    A．无机材料　　　　　　B．有机材料

    C．金属材料　　　　　　D．非金属材料

    E．复合材料

4．下列属于复合材料的有（　　　）。

    A．聚合物混凝土　　　　B．沥青混凝土

C．人造花岗石　　　　　　　　　D．水玻璃

E．石灰

5．建筑材料按其材料来源可分为（　　　）。

A．天然材料　　　　　　　　　B．无机材料

C．人工材料　　　　　　　　　D．有机材料

E．复合材料

6．下列属于天然建筑材料的有（　　　）。

A．石棉　　　　　　　　　　　B．石灰

C．水泥　　　　　　　　　　　D．沥青

E．砂石料

7．下列属于人工建筑材料的有（　　　）。

A．石棉　　　　　　　　　　　B．石灰

C．水泥　　　　　　　　　　　D．沥青

E．砂石料

8．建筑材料按其功能用途分类可分为（　　　）等。

A．结构材料　　　　　　　　　B．防水材料

C．粘合材料　　　　　　　　　D．防护材料

E．隔热保温材料

9．下列属于结构材料的有（　　　）。

A．混凝土　　　　　　　　　　B．型钢

C．木材　　　　　　　　　　　D．砂浆

E．玻璃

10．下列属于防水材料的有（　　　）。

A．紫铜止水片　　　　　　　　B．土工布

C．防水砂浆　　　　　　　　　D．水玻璃

E．石膏

11．下列属于胶凝材料的有（　　　）。

A．石灰　　　　　　　　　　　B．水玻璃

C．水泥　　　　　　　　　　　D．沥青

E．砂浆

12．下列属于装饰材料的有（　　　）。

A．天然石材　　　　　　　　　B．建筑陶瓷制品

C．玻璃制品　　　　　　　　　D．石棉板

E．石棉纸

13．下列属于隔热保温材料的有（　　　）。

A．石棉纸　　　　　　　　　　B．石棉板

C．泡沫混凝土　　　　　　　　D．泡沫玻璃

E．水玻璃

14．下列与材料堆积密度大小有关的因素有（　　　）。

A．表观密度　　　　　　　　　B．堆积的密实程度

C．天气　　　　　　　　　　　D．材料的含水状态

E．颗粒体积

15．下列表示材料与水有关的性质有（　　　　）。

A．亲水性与憎水性　　　　　B．吸水性

C．吸湿性　　　　　　　　　　D．耐水性

E．抗滑性

16．砂按其产源不同可分为（　　　　）。

A．河砂　　　　　　　　　　　B．湖砂

C．海砂　　　　　　　　　　　D．山砂

E．江砂

17．砂属于细集料，其主要质量要求包括（　　　　）等。

A．有害物质含量　　　　　　B．体积稳定性

C．颗粒级配　　　　　　　　　D．色度

E．坚固性

18．卵石按其产源可分为（　　　　）等几种。

A．河卵石　　　　　　　　　　B．海卵石

C．山卵石　　　　　　　　　　D．湖卵石

E．江卵石

19．按技术要求，卵石、碎石可分为（　　　　）。

A．Ⅰ类　　　　　　　　　　　B．Ⅱ类

C．Ⅲ类　　　　　　　　　　　D．Ⅳ类

E．Ⅴ类

20．集料的含水状态可分为（　　　　）。

A．干燥状态　　　　　　　　　B．气干状态

C．饱和面干状态　　　　　　D．浸润状态

E．湿润状态

21．下列属于无机胶凝材料的有（　　　　）。

A．水泥　　　　　　　　　　　B．石灰

C．水玻璃　　　　　　　　　　D．沥青

E．石膏

22．下列属于气硬性胶凝材料的有（　　　　）。

A．水泥　　　　　　　　　　　B．石灰

C．水玻璃　　　　　　　　　　D．沥青

E．石膏

23．石灰的特点有（　　　　）。

A．可塑性好　　　　　　　　　B．强度低

C．耐水性差　　　　　　　　　D．体积收缩大

E．耐水性好

24. 下列关于水玻璃的说法，正确的是（　　　　）。

A．水玻璃是气硬性胶凝材料

B．水玻璃是水硬性胶凝材料

C．水玻璃只能在空气中硬化

D．水玻璃只能在水中硬化

E．水玻璃既能在空气中硬化，又能在水中硬化

25. 下列属于通用硅酸盐水泥的有（　　　　）。

A．普通硅酸盐水泥　　　　　　　B．矿渣硅酸盐水泥

C．粉煤灰硅酸盐水泥　　　　　　D．大坝水泥

E．低热微膨胀水泥

26. 下列属于特性水泥的有（　　　　）。

A．快凝快硬硅酸盐水泥　　　　　B．快硬硅酸盐水泥

C．粉煤灰水泥　　　　　　　　　D．大坝水泥

E．低热微膨胀水泥

27. 下列属于专用水泥的有（　　　　）。

A．硅酸盐水泥　　　　　　　　　B．矿渣水泥

C．粉煤灰水泥　　　　　　　　　D．大坝水泥

E．低热微膨胀水泥

28. 下列属于混凝土外加剂的是（　　　　）。

A．减水剂　　　　　　　　　　　B．粉煤灰

C．缓凝剂　　　　　　　　　　　D．早强剂

E．防冻剂

29. 在用水量及水胶比不变的条件下使用减水剂，可使混凝土（　　　　）。

A．坍落度增大　　　　　　　　　B．增加流动性

C．强度提高　　　　　　　　　　D．坍落度减小

E．强度降低

30. 在保持流动性及水泥用量不变的条件下使用减水剂，可使混凝土（　　　　）。

A．减少拌和水量　　　　　　　　B．降低水胶比

C．强度提高　　　　　　　　　　D．增大水胶比

E．强度降低

31. 使用减水剂可使混凝土（　　　　）。

A．提高抗渗能力　　　　　　　　B．提高抗冻能力

C．降低抗化学腐蚀能力　　　　　D．改善混凝土的耐久性

E．加快水泥水化放热速度

32. 早强剂是指能加速混凝土早期强度发展的外加剂，它可以（　　　　）。

A．促进水泥的水化进程　　　　　B．促进水泥的硬化进程

C．加快施工进度　　　　　　　　D．提高模板周转率

E．不适用于冬期施工或紧急抢修工程

33. 掺入引气剂能使混凝土（　　　　）。

A. 改善和易性 B. 提高抗渗性
C. 提高抗冻性 D. 降低强度
E. 提高强度

34. 掺入适量的缓凝剂能使混凝土（　　　）。
A. 缓凝 B. 减水
C. 降低水化热 D. 增强
E. 提高抗冻性

35. 下列关于混凝土外加剂掺加方法的叙述，正确的是（　　　）。
A. 对不溶于水的外加剂，直接加入混凝土搅拌机内
B. 对可溶于水的外加剂，直接加入混凝土搅拌机内
C. 对不溶于水的外加剂，应与适量水泥或砂混合均匀后加入搅拌机内
D. 直接加入混凝土搅拌机内
E. 对可溶于水的外加剂，应先配成一定浓度的水溶液，随水加入搅拌机

36. 钢筋按生产加工工艺的不同可分为（　　　）。
A. 普通低合金钢 B. 热轧钢筋
C. 热处理钢筋 D. 冷拉钢筋
E. 冷轧钢筋

37. 预应力混凝土用钢丝按外形分为（　　　）。
A. 低松弛钢丝 B. 普通松弛钢丝
C. 光圆钢丝 D. 刻痕钢丝
E. 螺旋肋钢丝

38. 冷拉热轧钢筋中可用做预应力混凝土结构预应力筋的有（　　　）。
A. Ⅰ型 B. Ⅱ型
C. Ⅲ型 D. Ⅳ型
E. Ⅴ型

39. 冷拉Ⅱ级钢筋不宜用于（　　　）。
A. 非预应力钢筋 B. 预应力钢筋
C. 常处于负温环境的混凝土结构 D. 受冲击荷载作用的结构
E. 受重复荷载作用的结构

40. 反映钢筋塑性性能的基本指标是（　　　）。
A. 伸长率 B. 冷弯性能
C. 比例极限 D. 屈服强度
E. 极限强度

41.《土工合成材料应用技术规范》GB/T 50290—2014把土工合成材料分为（　　　）。
A. 土工织物 B. 土工膜
C. 土工袋 D. 土工特种材料
E. 土工复合材料

42. 土工织物又称土工布，按制造方法不同，土工织物可分为（　　　）。
A. 织造（有纺）型 B. 机械缠合型

C．非织造型（无纺）　　　　　D．热粘合型

E．化学粘合型

43．下列属于土工复合材料的有（　　　）。

A．塑料排水带　　　　　　　　B．复合土工膜

C．软式排水管　　　　　　　　D．聚合物土工膜

E．沥青土工膜

44．粉煤灰对混凝土性能的影响包括（　　　）。

A．改善混凝土拌合物的工作性能　B．节省水泥

C．提高混凝土的强度　　　　　D．降低混凝土的水化热

E．降低混凝土的抗渗性能

45．关于混凝土指标 F50，下列说法正确的是（　　　）。

A．其是抗渗指标

B．其是抗冻指标

C．表示试件抵抗静水压力的能力为 50MPa

D．表示材料抵抗 50 次冻融循环，而强度损失未超过规定值

E．其是吸湿性指标

46．水泥按用途和性能可分为（　　　）。

A．通用水泥　　　　　　　　　B．专用水泥

C．特性水泥　　　　　　　　　D．大坝水泥

E．快硬硅酸盐水泥

47．水泥按照主要的水硬性物质不同可分为（　　　）。

A．硅酸盐水泥　　　　　　　　B．铝酸盐水泥

C．硫酸盐水泥　　　　　　　　D．铁铝酸盐水泥

E．通用水泥

48．下列关于混凝土外加剂的说法，正确的是（　　　）。

A．使用减水剂可提高混凝土强度

B．使用减水剂可减少水泥用量

C．引气剂不宜用于预应力钢筋混凝土

D．缓凝剂不宜用于有早强要求的混凝土

E．使用速凝剂可提高混凝土后期强度

49．影响混凝土拌合物的和易性的主要因素有（　　　）。

A．水泥浆含量　　　　　　　　B．水泥浆的稀稠

C．砂率大小　　　　　　　　　D．原材料的种类

E．拌和设备

【答案】

一、单项选择题

1．A；　　2．B；　　3．B；　　4．B；　　5．A；　　6．A；　　7．A；　　8．B；

9. C; 　　10. B; 　　11. B; 　　12. A; 　　13. C; 　　14. D; 　　15. A; 　　16. B;

17. B; 　　18. D; 　　19. B; 　　20. B; 　　21. A; 　　22. A; 　　23. B; 　　24. C;

25. B; 　　26. A; 　　27. C; 　　28. D; 　　29. A; 　　30. A; 　　31. B; 　　32. D;

33. A; 　　34. D; 　　35. A; 　　36. A; 　　37. B; 　　38. C; 　　39. C; 　　40. B;

41. C; 　　42. B; 　　43. C; 　　44. D; 　　45. B; 　　46. C; 　　47. B; 　　48. A;

49. D; 　　50. D

二、多项选择题

1. A、B、C; 　　　　2. B、C、E; 　　　　3. A、B、E; 　　　　4. A、B、C;

5. A、C; 　　　　　6. A、E; 　　　　　7. B、C、D; 　　　　8. A、B、D、E;

9. A、B、C; 　　　　10. A、C; 　　　　11. A、B、C、D; 　　12. A、B、C;

13. A、B、C、D; 　　14. A、B、D; 　　15. A、B、C、D; 　　16. A、B、C、D;

17. A、C、E; 　　　18. A、B、C; 　　　19. A、B、C; 　　　20. A、B、C、E;

21. A、B、C、E; 　　22. B、C、E; 　　　23. A、B、C、D; 　　24. A、C;

25. A、B、C; 　　　26. A、B; 　　　　27. D、E; 　　　　28. A、C、D、E;

29. A、B; 　　　　30. A、B、C; 　　　31. A、B、D; 　　　32. A、B、C、D;

33. A、B、C、D; 　　34. A、B、C、D; 　　35. C、E; 　　　　36. B、C、D、E;

37. C、D、E; 　　　38. B、C、D; 　　　39. C、D、E; 　　　40. A、B;

41. A、B、D、E; 　　42. A、C; 　　　　43. A、B、C; 　　　44. A、B、C、D;

45. B、D; 　　　　46. A、B、C; 　　　47. A、B、C、D; 　　48. A、B、C、D;

49. A、B、C、D

第2章 水利水电工程施工导流与截流

2.1 施工导流

复习要点

1. 导流标准
2. 导流方式
3. 围堰及基坑排水
4. 导流泄水建筑物
5. 施工险情判断与抢险技术

一 单项选择题

1. 在河床中修筑围堰围护基坑，并将河道中各时期的上游来水量按预定的方式导向下游，以创造干地施工的条件叫（　　　）。

　　A．导流方案　　　　　　　　　B．导流标准

　　C．导流时段　　　　　　　　　D．施工导流

2. 下列不属于导流标准的是（　　　）。

　　A．导流建筑物级别　　　　　　B．导流洪水标准

　　C．导流时段　　　　　　　　　D．施工期临时度汛标准

3. 施工导流的基本方式分为分段围堰导流和（　　　）。

　　A．明渠导流　　　　　　　　　B．全段围堰导流

　　C．隧洞导流　　　　　　　　　D．束窄河床导流

4. 根据《水利水电工程施工组织设计规范》SL 303—2017，导流明渠弯道半径不宜小于（　　　）倍明渠底宽。

　　A．3　　　　　　　　　　　　　B．5

　　C．8　　　　　　　　　　　　　D．10

5. 根据《水利水电工程施工组织设计规范》SL 303—2017，导流隧洞弯曲半径不宜小于（　　　）倍洞径（或洞宽）。

　　A．3　　　　　　　　　　　　　B．5

　　C．8　　　　　　　　　　　　　D．10

6. 打入式钢板桩围堰最大挡水水头不宜大于（　　　）m。

　　A．5　　　　　　　　　　　　　B．10

　　C．20　　　　　　　　　　　　 D．30

7. 某水利水电工程坝址处河床呈"V"形，河床狭窄，两岸山体为岩石，则其施工导流方式宜采用（　　　）。

　　A．明渠导流　　　　　　　　　B．隧洞导流

C．分期导流　　　　　　　　　　D．建闸导流

8．汛期来临，漏洞险情发生时，堵塞（　　　）是最有效、最常用的方法。

A．漏洞进口　　　　　　　　　　B．漏洞出口

C．漏洞中部　　　　　　　　　　D．上堵下排

9．管涌险情抢护时，围井内必须用（　　　）铺填。

A．砂石反滤料　　　　　　　　　B．土工织物

C．透水性材料　　　　　　　　　D．不透水性材料

10．漫溢险情抢护时，各种子堤的外脚一般都应距围堰外肩（　　　）m。

A．0.2～0.5　　　　　　　　　　B．0.5～1.0

C．1.0～1.3　　　　　　　　　　D．1.5～2.0

11．下列不属于全段围堰法导流的是（　　　）。

A．明渠导流　　　　　　　　　　B．隧洞导流

C．涵管导流　　　　　　　　　　D．束窄河床导流

12．实际洪水位超过现有堰顶高程，洪水漫进基坑内的现象称为（　　　）。

A．管涌　　　　　　　　　　　　B．流土

C．漏洞　　　　　　　　　　　　D．漫溢

13．在河岸边开挖隧洞，在基坑上下游修筑围堰，施工期间河道的水流由隧洞下泄，这种导流方法称为（　　　）。

A．明渠导流　　　　　　　　　　B．隧洞导流

C．涵管导流　　　　　　　　　　D．束窄河床导流

14．在河岸或河滩上开挖渠道，在基坑的上下游修建横向围堰，河道的水流经渠道下泄，这种导流方法称为（　　　）。

A．明渠导流　　　　　　　　　　B．隧洞导流

C．涵管导流　　　　　　　　　　D．束窄河床导流

15．3级过水围堰的安全加高应不低于（　　　）。

A．0.3m　　　　　　　　　　　　B．0.4m

C．0.5m　　　　　　　　　　　　D．可不予考虑

16．抢护管涌险情的原则应是（　　　）。

A．水涨堤高　　　　　　　　　　B．上堵下排

C．防止涌水带砂　　　　　　　　D．集中力量，堵死进口

二　多项选择题

1．导流标准是根据导流建筑物的（　　　）等指标，划分导流建筑物的级别（Ⅲ～Ⅴ级），再根据导流建筑物的级别和类型，并结合风险度分析，确定相应的洪水标准。

A．保护对象　　　　　　　　　　B．失事后果

C．使用特点　　　　　　　　　　D．导流建筑物规模

E．使用年限

2．导流时段的确定，与（　　　）有关。

A．河流的水文特征　　　　　　B．主体建筑物的布置与形式

C．导流方案　　　　　　　　　D．施工进度

E．主体建筑物施工方法

3．分段围堰导流法包括（　　　　）。

A．明渠导流　　　　　　　　　B．通过永久建筑物导流

C．涵管导流　　　　　　　　　D．束窄河床导流

E．隧洞导流

4．全段围堰导流按其导流泄水建筑物的类型可分为（　　　　）。

A．明渠导流　　　　　　　　　B．束窄河床导流

C．隧洞导流　　　　　　　　　D．涵管导流

E．通过建筑物导流

5．水利水电工程施工导流标准一般包括（　　　　）。

A．导流建筑物级别

B．导流洪水标准

C．施工期临时度汛洪水标准

D．导流建筑物封堵后坝体度汛洪水标准

E．施工期下游河道防洪标准

6．下列关于纵向围堰的说法，正确的是（　　　　）。

A．纵向围堰的顶面往往做成阶梯状或倾斜状

B．上游部分与上游围堰同高

C．上游部分比上游围堰稍高

D．下游部分与下游围堰同高

E．下游部分比下游围堰稍低

7．截流过程包括（　　　　）等工作。

A．进占形成龙口　　　　　　　B．龙口范围的加固

C．合龙　　　　　　　　　　　D．闭气

E．排水

8．漏洞险情的抢护方法有（　　　　）。

A．塞堵法　　　　　　　　　　B．盖堵法

C．戗堤法　　　　　　　　　　D．反滤围井

E．反滤层压盖

9．管涌险情的抢护方法有（　　　　）。

A．塞堵法　　　　　　　　　　B．盖堵法

C．戗堤法　　　　　　　　　　D．反滤围井

E．反滤层压盖

10．导流建筑物的级别划分为（　　　　）级。

A．1　　　　　　　　　　　　B．2

C．3　　　　　　　　　　　　D．4

E．5

11. 隧洞导流较适用于（　　　）。

    A．河谷狭窄的河流　　　　　　　B．两岸地形陡峭的河流

    C．山岩坚实的山区河流　　　　　D．岸坡平缓的河流

    E．有一岸具有较宽台地的河流

12. 选择围堰类型时，必须根据当时当地具体条件，主要原则有（　　　）。

    A．具有良好的技术经济指标

    B．安全可靠，能满足稳定、抗渗、抗冲要求

    C．结构简单，施工方便，易于拆除

    D．充分考虑材料回收利用

    E．堰基易于处理，堰体便于与岸坡或已有建筑物连接

13. 围堰设计顶高程应不低于（　　　）之和。

    A．施工期洪水位　　　　　　　　B．波浪爬高

    C．安全加高　　　　　　　　　　D．超标准洪水加高

    E．沉降超高

【答案】

一、单项选择题

1. D；　　2. C；　　3. B；　　4. A；　　5. B；　　6. C；　　7. B；　　8. A；

9. C；　　10. B；　　11. D；　　12. D；　　13. B；　　14. A；　　15. D；　　16. C

二、多项选择题

1. A、B、D、E；　　2. A、B、C、D；　　3. B、D；　　　　4. A、C、D；

5. A、B、C、D；　　6. A、B、D；　　　7. A、B、C、D；　　8. A、B、C；

9. D、E；　　　　10. C、D、E；　　　11. A、B、C；　　　12. A、B、C、E；

13. A、B、C

2.2　施工截流

复习要点

1. 截流方式
2. 截流设计与施工

一　单项选择题

1. 先在龙口建造浮桥或栈桥，由自卸汽车或其他运输工具运来抛投料，沿龙口前沿投抛的截流方法是（　　　）。

    A．立堵　　　　　　　　　　　　B．平堵

    C．混合堵　　　　　　　　　　　D．抛投块料堵

2. 混合堵是采用（　　　）相结合的方法。
　　A．立堵与平堵　　　　　　　　B．上堵与下堵
　　C．爆破堵与下闸堵　　　　　　D．抛投块料堵与爆破堵

3. 截流时采用当地材料主要有块石、石串、装石竹笼等。此外，当截流水力条件较差时，还须采用混凝土块体。一般应优先选用（　　　）截流。
　　A．石块　　　　　　　　　　　　B．石串
　　C．装石竹笼　　　　　　　　　　D．混凝土块体

4. 在截流中，截流材料的尺寸或重量取决于龙口（　　　）。
　　A．流量　　　　　　　　　　　　B．尺寸
　　C．落差　　　　　　　　　　　　D．流速

5. 下列不属于截流基本方法的是（　　　）。
　　A．抛投块石截流　　　　　　　　B．爆破截流
　　C．下闸截流　　　　　　　　　　D．水下现浇混凝土截流

6. 选择截流方法时，不需要进行（　　　）。
　　A．分析水力学参数（计算）　　　B．分析施工条件和难度
　　C．考虑抛投物数量和性质　　　　D．截流的进占方式

7. 立堵截流的戗堤轴线下游护底长度可按龙口平均水深的2～4倍，轴线以上可按最大水深的（　　　）倍取值。
　　A．1～2　　　　　　　　　　　　B．1～3
　　C．2～3　　　　　　　　　　　　D．2～4

二 多项选择题

1. 截流的基本方法有（　　　）。
　　A．抛投块料截流　　　　　　　　B．浇筑混凝土截流
　　C．爆破截流　　　　　　　　　　D．下闸截流
　　E．水力冲填法截流

2. 选择龙口位置时要考虑的技术要求有（　　　）。
　　A．龙口应设置在河床主流部位
　　B．龙口方向力求避开主流
　　C．龙口应选择在耐冲河床上
　　D．龙口附近应有较宽阔的场地
　　E．如果龙口河床覆盖层较薄，则应清除

3. 为了提高龙口的抗冲能力，减少合龙的工程量，须对龙口加以保护。龙口的保护措施有（　　　）。
　　A．护底　　　　　　　　　　　　B．裹头
　　C．抗冲板　　　　　　　　　　　D．防冲桩
　　E．戗堤护面

4. 抛投块料截流按照抛投合龙方法可分为（　　　）。

A．平堵　　　　　　　　　B．立堵

C．混合堵　　　　　　　　D．顺直堵

E．斜堵

5. 下列属于改善龙口水力条件的措施有（　　　）。

A．下闸截流　　　　　　　B．双戗截流

C．三戗截流　　　　　　　D．宽戗截流

E．平抛垫底

6. 截流备料总量应根据截流料物的（　　　）等因素综合分析确定。

A．堆存条件　　　　　　　B．运输条件

C．可能流失量　　　　　　D．运输损耗

E．戗堤沉陷

7. 下列关于截流的说法，正确的是（　　　）。

A．一般条件下，可考虑选用平堵截流、建闸等截流方法

B．截流流量大且落差大于4.0m时，宜选择双戗或多戗立堵截流

C．截流落差不超过4.0m时，宜选择单戗立堵截流

D．截流过程包括戗堤的进占形成龙口、龙口范围的加固、合龙和闭气

E．应充分分析水力学参数、施工条件和难度、抛投物数量和性质，并进行技术经济比较

【答案】

一、单项选择题

1. B;　　2. A;　　3. A;　　4. D;　　5. D;　　6. D;　　7. A

二、多项选择题

1. A、C、D;　　　　2. A、C、D、E;　　　　3. A、B;　　　　4. A、B、C;

5. B、C、D、E;　　6. A、B、C、E;　　　　7. B、C、D、E

第 3 章　水利水电工程主体工程施工

3.1　土石方开挖工程

复习要点

1. 土方开挖技术
2. 石方开挖技术

一　单项选择题

1. 岩石根据形成条件的不同，分为岩浆岩、沉积岩和（　　　）。
   A．花岗岩
   B．闪长岩
   C．玄武岩
   D．变质岩

2. 可以用镐、三齿耙或锹，用力加脚踩开挖的土一般为（　　　）类。
   A．Ⅰ
   B．Ⅱ
   C．Ⅲ
   D．Ⅳ

3. 水利水电工程施工中根据坚固系数大小，岩石分为（　　　）级。
   A．6
   B．8
   C．10
   D．12

4. 岩石根据坚固系数的大小分级，ⅩⅤ级的坚固系数的范围是（　　　）。
   A．10～25
   B．20～30
   C．20～25
   D．25～30

5. 土方开挖不宜采用（　　　）。
   A．自上而下开挖
   B．上下结合开挖
   C．自下而上开挖
   D．分期分段开挖

6. 正铲挖掘机是土方开挖中常用的一种机械，适用于（　　　）类土及爆破石渣的挖掘。
   A．Ⅰ
   B．Ⅱ
   C．Ⅰ～Ⅲ
   D．Ⅰ～Ⅳ

7. 反铲挖掘机是土方开挖中常用的一种机械，适用于（　　　）类土。
   A．Ⅰ
   B．Ⅱ
   C．Ⅰ～Ⅲ
   D．Ⅰ～Ⅳ

8. 抓铲挖掘机可以挖掘停机面以上及以下的掌子面，水利水电工程中常用于开挖（　　　）土。
   A．Ⅰ～Ⅱ类
   B．Ⅰ～Ⅲ类
   C．Ⅰ～Ⅳ类
   D．砂

9. 多斗挖掘机是一种连续工作的挖掘机械，按（　　　）可以分为链斗式、斗轮式、滚切式三种。

    A．构造   B．结构

    C．行走方式   D．铲斗材料

10．推土机宜用于（　　　）m 以内运距、Ⅰ～Ⅲ类土的挖运。

    A．50   B．100

    C．500   D．1000

11．推土机的开行方式基本是（　　　）的。

    A．穿梭式   B．回转式

    C．进退式   D．错距式

12．某装载机额定载重量为 5t，则该装载机属于（　　　）。

    A．小型装载机   B．轻型装载机

    C．中型装载机   D．重型装载机

13．人工开挖基坑土方临近设计高程时，应留出（　　　）m 的保护层暂不开挖。

    A．0.2～0.3   B．0.3～0.4

    C．0.4～0.5   D．0.5～0.6

14．下列属于火成岩的是（　　　）。

    A．石灰岩   B．石英岩

    C．玄武岩   D．砂岩

15．片麻岩属于（　　　）。

    A．火成岩   B．水成岩

    C．沉积岩   D．变质岩

16．可适应各种地形条件，便于控制开挖面的形状和规格的爆破方法是（　　　）。

    A．浅孔爆破法   B．深孔爆破法

    C．洞室爆破法   D．光面爆破法

17．大型基坑开挖和大型采石场开采的主要爆破方法是（　　　）。

    A．浅孔爆破法   B．深孔爆破法

    C．洞室爆破法   D．光面爆破法

18．一次爆破方量大，钻孔工作量小，一般不受气候等自然因素影响的爆破方法是（　　　）。

    A．浅孔爆破法   B．深孔爆破法

    C．洞室爆破法   D．光面爆破法

19．在开挖区未爆之前先行爆破，保护保留岩体或邻近建筑物免受爆破破坏的方法是（　　　）。

    A．浅孔爆破法   B．深孔爆破法

    C．洞室爆破法   D．预裂爆破法

20．利用布置在设计开挖轮廓线上的爆破炮孔，将作为围岩保护层的"光爆层"爆除，从而获得一个平整的洞室开挖壁面的一种控制爆破方式是（　　　）。

    A．浅孔爆破法   B．光面爆破法

    C．洞室爆破法   D．预裂爆破法

21. 对于大断面洞室分台阶的下部岩体开挖、有特殊轮廓要求的关键部位开挖和大断面洞室软岩体开挖，宜采用（　　）。

    A．洞室爆破法　　　　　　　　　B．光面爆破法

    C．预裂爆破法　　　　　　　　　D．深孔爆破法

22. 对于专门设计开挖的洞室或巷道，宜采用（　　）。

    A．光面爆破法　　　　　　　　　B．洞室爆破法

    C．浅孔爆破法　　　　　　　　　D．预裂爆破法

23. 孔径小于 75mm、深度小于 5m 的钻孔爆破称为（　　）。

    A．光面爆破法　　　　　　　　　B．洞室爆破法

    C．浅孔爆破法　　　　　　　　　D．预裂爆破法

24. 孔径大于 75mm、深度大于 5m 的钻孔爆破称为（　　）。

    A．光面爆破法　　　　　　　　　B．洞室爆破法

    C．浅孔爆破法　　　　　　　　　D．深孔爆破法

25. 大理石属于（　　）。

    A．火成岩　　　　　　　　　　　B．水成岩

    C．变质岩　　　　　　　　　　　D．花岗岩

二　多项选择题

1. 下列属于描述黏性土软硬状态的是（　　）。

    A．坚硬　　　　　　　　　　　　B．可塑

    C．密实　　　　　　　　　　　　D．松散

    E．全风化

2. 对于正铲挖掘机的挖土特点，描述正确的是（　　）。

    A．向前向上

    B．强制切土

    C．主要挖掘停机面以上的掌子

    D．有侧向开挖和正向开挖两种方式

    E．侧向开挖时，挖掘机回转角度大，生产效率较低

3. 对于反铲挖掘机的挖土特点，描述正确的是（　　）。

    A．一般斗容量较正铲小

    B．向后向下强制切土

    C．主要挖掘停机面以下的掌子

    D．开挖方式分沟端开挖和沟侧开挖

    E．工作循环时间比正铲少 8%～30%

4. 斗轮式挖掘机多用于料场大规模取土作业，它的特点是（　　）。

    A．连续作业　　　　　　　　　　B．生产效率高

    C．斗臂倾角固定　　　　　　　　D．开挖范围有限

    E．可适应不同形状的工作面

5. 为了提高推土机的生产效率，可采取（   ）措施。

    A．槽形开挖   B．下坡推土

    C．近距离推土   D．多机并列推土

    E．分段铲土、集中推运

6. 铲运机是一种能综合地完成（   ）等工作的施工机械。

    A．挖土   B．装土

    C．运土   D．卸土

    E．平土

7. 土方开挖的一般技术要求有（   ）。

    A．合理布置开挖工作面和出土路线

    B．合理选择和布置出土地点和弃土地点

    C．应采用高效率施工设备

    D．开挖边坡要防止塌滑，保证开挖安全

    E．地下水位以下土方的开挖，应切实做好排水工作

8. 渠道开挖时，选择开挖方法取决于（   ）。

    A．施工机械   B．技术条件

    C．土壤种类   D．地下水位

    E．渠道纵横断面尺寸

9. 下列属于变质岩的是（   ）。

    A．辉绿岩   B．石英岩

    C．片麻岩   D．石灰岩

    E．闪长岩

10. 石方开挖中，常用的爆破方法有（   ）等。

    A．浅孔爆破法   B．深孔爆破法

    C．洞室爆破法   D．光面爆破法

    E．钻孔爆破法

11. 合理布置炮孔是提高爆破效率的关键所在，布置时应遵循的原则有（   ）。

    A．炮孔方向最好不与最小抵抗线方向重合

    B．炮孔方向最好与最小抵抗线方向重合

    C．要充分地利用有利地形，尽量利用和创造自由面，减少爆破阻力

    D．当布置有几排炮孔时，应交错布置成梅花形

    E．根据岩石的层面、节理、裂缝等情况进行布孔

12. 深孔爆破法是大型基坑开挖和大型采石场开采的主要方法，与浅孔法比较，具有的优点是（   ）。

    A．单位体积岩石所需的钻孔工作量小

    B．单位耗药量低

    C．设备费低

    D．简化起爆操作过程

    E．劳动生产率高

13. 提高深孔爆破质量的措施有（　　　　）。
   A．多排孔微差爆破　　　　　　B．挤压爆破
   C．合理的装药结构爆破　　　　D．倾斜孔爆破法
   E．装载足够炸药

14. 岩基爆破开挖的技术要求主要包括（　　　　）。
   A．岩基上部一般应采用梯段爆破方式，预留保护层
   B．采用减震爆破技术
   C．力求爆后块度大、爆堆分散
   D．对爆破进行有效控制
   E．力求爆后块度均匀、爆堆集中

15. 地下工程开挖方法主要采用（　　　）等。
   A．钻孔爆破方法　　　　　　　B．掘进机开挖法
   C．盾构法　　　　　　　　　　D．顶管法
   E．人工开挖法

16. 浅孔爆破法被广泛地应用于（　　　　）。
   A．基坑的开挖　　　　　　　　B．渠道的开挖
   C．采石场作业　　　　　　　　D．隧洞的开挖
   E．爆除围岩保护层

17. 链斗式挖掘机与单斗挖掘机相比，具有的特点是（　　　　）。
   A．链斗式挖掘机作业过程连续进行，运行不另占时间
   B．在同样生产率情况下，链斗式挖掘机的自重较轻
   C．链斗式挖掘机动力消耗少，生产率高
   D．链斗式挖掘机开挖后，一般需要再进行人工修整
   E．链斗式挖掘机操纵比较简单，装载时对车辆造成的冲击小

18. 岩石由于形成条件的不同，分为火成岩、水成岩及变质岩，其中水成岩包括
（　　　）。
   A．石灰岩　　　　　　　　　　B．砂岩
   C．花岗岩　　　　　　　　　　D．大理岩
   E．玄武岩

19. 岩石由于形成条件的不同，分为火成岩、水成岩及变质岩，其中变质岩包括
（　　　）。
   A．石灰岩　　　　　　　　　　B．砂岩
   C．片麻岩　　　　　　　　　　D．大理岩
   E．石英岩

20. 下列岩石属于火成岩的是（　　　　）。
   A．片麻岩　　　　　　　　　　B．闪长岩
   C．辉长岩　　　　　　　　　　D．辉绿岩
   E．玄武岩

1．D；　　2．C；　　3．D；　　4．C；　　5．C；　　6．D；　　7．C；　　8．A；

9．A；　　10．B；　　11．A；　　12．C；　　13．A；　　14．C；　　15．D；　　16．A；

17．B；　　18．C；　　19．D；　　20．B；　　21．C；　　22．B；　　23．C；　　24．D；

25．C

1．A、B；　　　　　　2．A、B、C、D；　　3．A、B、C、D；　　4．A、B、E；

5．A、B、D、E；　　6．A、B、C、D；　　7．A、B、E；　　　　8．B、C、D、E；

9．B、C；　　　　　　10．A、B、C；　　　11．A、C、D、E；　　12．A、B、D、E；

13．A、B、C、D；　　14．A、B、D、E；　　15．A、B、C、D；　　16．A、B、C、D；

17．A、B、C、E；　　18．A、B；　　　　　19．C、D、E；　　　　20．B、C、D、E

3.2　地基处理工程

复习要点

1．地基开挖与清理
2．地基处理方法
3．灌浆技术
4．防渗墙施工技术

一　单项选择题

1．下列关于混凝土坝地基开挖与清理的说法，错误的是（　　　　）。

　　A．高坝应挖至新鲜或微风化的基岩，中坝宜挖至微风化或弱风化的基岩

　　B．坝段的基础面上下游高差不宜过大，并尽可能开挖成略向上游倾斜

　　C．两岸岸坡坝段基岩面，尽量开挖成平顺的斜坡

　　D．开挖至距利用基岩面 0.5～1.0m 时，应采用手风钻钻孔，小药量爆破

2．土坝地基开挖过程中，两岸边坡应开挖成（　　　　）。

　　A．大台阶状　　　　　　　　　　B．顺坡，且变坡系数不超过 0.25

　　C．顺坡，变坡系数没有限制　　　D．小台阶状

3．通过面状布孔灌浆，改善岩基的力学性能，减少基础的变形，以减少基础开挖深度的一种灌浆方法是（　　　　）。

　　A．固结灌浆　　　　　　　　　　B．帷幕灌浆

　　C．接触灌浆　　　　　　　　　　D．高压喷射灌浆

4．在平行于建筑物的轴线方向，向基础内钻一排或几排孔，用压力灌浆法将浆液灌入到岩石的裂隙中去，形成一道防渗帷幕，截断基础渗流，降低基础扬压力的灌浆方

法是（　　　）。

    A．固结灌浆　　　　　　　　　　B．帷幕灌浆

    C．接触灌浆　　　　　　　　　　D．高压喷射灌浆

5．在建筑物和岩石接触面之间进行，以加强两者间的结合程度和基础的整体性，提高抗滑稳定的灌浆方法是（　　　）。

    A．固结灌浆　　　　　　　　　　B．帷幕灌浆

    C．接触灌浆　　　　　　　　　　D．高压喷射灌浆

6．钻孔后用高压水泵或高压泥浆泵将浆液通过喷嘴喷射出来，冲击破坏土体，使土粒与浆液搅拌混合，待浆液凝固以后，在土内就形成一定形状的固结体的灌浆方法是（　　　）。

    A．固结灌浆　　　　　　　　　　B．帷幕灌浆

    C．接触灌浆　　　　　　　　　　D．高压喷射灌浆

7．施工完成后形成复合地基的地基处理方法是（　　　）。

    A．强夯　　　　　　　　　　　　B．端承桩

    C．高速旋喷桩　　　　　　　　　D．沉井

8．地基处理方法中防渗墙主要适用于（　　　）。

    A．岩基　　　　　　　　　　　　B．较浅的砂砾石地基

    C．较深的砂砾石地基　　　　　　D．黏性土地基

9．在灌浆孔深度较大，孔内岩性有一定变化而裂隙又大的情况下通常用（　　　）。

    A．一次灌浆　　　　　　　　　　B．帷幕灌浆

    C．固结灌浆　　　　　　　　　　D．分段灌浆

10．固结灌浆施工程序依次是（　　　）。

    A．钻孔、压水试验、灌浆、封孔和质量检查

    B．钻孔、压水试验、灌浆、质量检查和封孔

    C．钻孔、灌浆、压水试验、封孔和质量检查

    D．钻孔、灌浆、压水试验、质量检查和封孔

11．由于化学材料配制成的浆液中不存在固体颗粒灌浆材料那样的沉淀问题，故化学灌浆都采用（　　　）。

    A．循环式灌浆　　　　　　　　　B．纯压式灌浆

    C．气压法灌浆　　　　　　　　　D．泵压法灌浆

12．高压喷射灌浆形成凝结体的形状与喷嘴移动方向和持续时间有密切关系，要形成柱状体则采用（　　　）。

    A．侧喷　　　　　　　　　　　　B．定喷

    C．摆喷　　　　　　　　　　　　D．旋喷

13．高压喷射灌浆形成凝结体的形状与喷嘴移动方向和持续时间有密切关系，要形成板状体则采用（　　　）。

    A．旋喷　　　　　　　　　　　　B．摆喷

    C．定喷　　　　　　　　　　　　D．侧喷

14．固结灌浆孔应按分序加密的原则进行，浆液浓度应（　　　）。

A．先浓后稀　　　　　　　　　B．先稀后浓

C．保持不变　　　　　　　　　D．无需控制

15．同一地段的基岩灌浆必须按（　　）顺序进行。

A．先帷幕灌浆，后固结灌浆　　B．先固结灌浆，后帷幕灌浆

C．同时进行　　　　　　　　　D．不分次序

16．防渗墙墙体质量检查应在成墙（　　）d后进行。

A．7　　　　　　　　　　　　　B．14

C．28　　　　　　　　　　　　D．35

二　多项选择题

1．对于土坝地基的开挖与清理，下列说法正确的是（　　）。

A．开挖的岸坡应大致平顺

B．岸坡应成台阶状

C．应留有一定厚度的保护层，填土前进行人工开挖

D．清理的对象仅是淤泥

E．应开挖至新鲜岩石

2．土坝地基开挖与清理的对象有（　　）。

A．大面积且较厚的砂砾石层　　B．蛮石

C．有机质　　　　　　　　　　D．少量淤泥

E．局部少量砂砾石

3．水工建筑物的地基处理中能够提高地基承载力的方法有（　　）。

A．固结灌浆　　　　　　　　　B．帷幕灌浆

C．置换法　　　　　　　　　　D．防渗墙

E．高速旋喷桩复合地基

4．水工建筑物的地基处理中能够提高地基防渗性的方法有（　　）。

A．桩基　　　　　　　　　　　B．帷幕灌浆

C．置换法　　　　　　　　　　D．防渗墙

E．高速旋喷桩复合地基

5．固结灌浆的主要技术要求有（　　）。

A．浆液应按先浓后稀的原则进行

B．浆液应按先稀后浓的原则进行

C．固结灌浆压力一般控制在 3～5MPa

D．固结灌浆压力一般控制在 0.3～0.5kPa

E．灌浆前简易压水试验，试验孔数一般不宜少于总孔数的 5%

6．帷幕灌浆的主要技术要求有（　　）。

A．浆液应按先浓后稀的原则进行

B．浆液应按先稀后浓的原则进行

C．帷幕灌浆尽可能采用比较高的压力，但应控制在合理范围内而不能破坏基岩

D. 帷幕灌浆压力一般控制在 0.3～0.5MPa

E. 形成帷幕的深度、厚度必须符合防渗设计标准

7. 地基处理基本方法中的灌浆包括（　　　）等。

A. 固结灌浆 　　　　　　　　B. 帷幕灌浆

C. 接触灌浆 　　　　　　　　D. 化学灌浆

E. 物理灌浆

8. 软土地基处理的方法包括（　　　）等。

A. 开挖 　　　　　　　　　　B. 桩基础

C. 置换法 　　　　　　　　　D. 挤实法

E. 灌浆

9. 防渗墙墙体质量检查内容包括（　　　）等。

A. 墙体物理力学性能指标 　　B. 墙段接缝

C. 可能存在的缺陷 　　　　　D. 墙体深度

E. 工序施工情况

【答案】

一、单项选择题

1. C；　　2. B；　　3. A；　　4. B；　　5. C；　　6. D；　　7. C；　　8. C；

9. D；　　10. A；　　11. B；　　12. D；　　13. C；　　14. B；　　15. B；　　16. C

二、多项选择题

1. A、C；　　　　2. B、C、D、E；　　　3. A、C、E；　　　4. B、D；

5. B、E；　　　　6. B、C、E；　　　7. A、B、C、D；　　8. A、B、C、D；

9. A、B、C

3.3　土石方填筑工程

复习要点

1. 土方填筑技术
2. 石方填筑技术

一　单项选择题

1. 在确定土料压实参数的碾压试验中，一般以单位压实遍数的压实厚度（　　　）者为最经济合理。

A. 最大 　　　　　　　　　　B. 最小

C. 等于零 　　　　　　　　　D. 无穷小

2. 土石坝工作面的划分，应尽可能（　　　）。

A．垂直坝轴线方向 B．平行坝轴线方向
C．根据施工方便灵活设置 D．不需考虑压实机械工作条件

3. 某坝面碾压施工设计碾压遍数为5遍，碾滚净宽为4m，则错距宽度为（　　）m。
　　A．0.5 B．0.8
　　C．1.0 D．1.5

4. 以拖拉机为原动机械，另加切土刀片的推土器组成的机械为（　　）。
　　A．推土机 B．铲运机
　　C．装载机 D．挖掘机械

5. 在碾压滚筒表面设有交错排列的截头圆锥体，并且适用于黏性土的压实机械是（　　）。
　　A．振动碾 B．夯板
　　C．羊足碾 D．气胎碾

6. 能够调整与土体的接触面积，能始终保持均匀的压实效果的压实机械是（　　）。
　　A．夯板 B．羊足碾
　　C．振动碾 D．气胎碾

7. 利用冲击作用对土体进行压实，适用于黏性土和非黏性土压实的是（　　）。
　　A．夯板 B．羊足碾
　　C．振动碾 D．气胎碾

8. 适用于非黏性土料及黏粒含量、含水量不高的黏性土料压实的压实机械是（　　）。
　　A．夯板 B．振动碾
　　C．羊足碾 D．气胎碾

9. 坝面作业保证压实质量的关键要求是（　　）。
　　A．铺料均匀 B．按设计厚度铺料平整
　　C．铺料宜平行坝轴线进行 D．采用推土机散料平土

10. 具有生产效率高等优点的碾压机械开行方式是（　　）。
　　A．进退错距法 B．圈转套压法
　　C．进退平距法 D．圈转碾压法

11. 贯穿于土石坝施工的各个环节和施工全过程的是（　　）。
　　A．施工质量检查和控制 B．施工监督
　　C．施工前的准备工作 D．施工中的安全第一原则

12. 常用推土机的形式是（　　）。
　　A．万能式 B．移动式
　　C．固定式 D．行走式

13. 黏性土的压实标准由（　　）指标控制。
　　A．相对密实度 B．天然密度
　　C．干密度 D．含水量

14. 非黏性土的压实标准由（　　）指标控制。

A. 相对密度   B. 天然密度

C. 干密度   D. 含水量

15. 黏性土的压实试验中，w_p 表示（   ）。

    A. 土料相对密实度   B. 土料干密度

    C. 土料塑限   D. 土料天然含水量

16. 一般堆石体压实的质量指标用（   ）表示。

    A. 孔隙率   B. 压实度

    C. 相对密度   D. 表观密度

17. 堆石坝坝体中，压实标准要求最高，级配、石料质量等要求最严的是（   ）。

    A. 垫层区   B. 过渡区

    C. 主堆石区   D. 下游堆石区

18. 采用较大石料填筑，允许有少量分散的风化岩的是（   ）。

    A. 垫层区   B. 过渡区

    C. 主堆石区   D. 下游堆石区

19. 堆石坝坝体中，垫层区压实后要求平均空隙率小于（   ）。

    A. 16%   B. 21%

    C. 25%   D. 28%

20. 堆石坝坝体中，垫层区要求压实后内部渗透稳定，渗透系数为（   ）cm/s 左右。

    A. 1×10^{-3} B. 1×10^{-4}

    C. 1×10^{-5} D. 1×10^{-6}

21. 垫层料铺筑上游边线水平超宽一般为（   ）cm。

    A. 10～20   B. 20～30

    C. 30～40   D. 40～50

22. 堆石坝中多用后退法施工的分区为（   ）。

    A. 主堆石区   B. 过渡区

    C. 铺盖区   D. 垫层区

23. 一般堆石体最大粒径不应超过层厚的（   ）。

    A. 1/2   B. 1/3

    C. 2/3   D. 3/4

24. 一般堆石坝坝体过渡料的最大粒径不超过（   ）mm。

    A. 80～100   B. 200

    C. 300   D. 400

25. 堤防加固工程可分为水上护坡及水下护脚两部分。两者一般以（   ）为界 划分。

    A. 校核洪水位   B. 设计洪水位

    C. 设计枯水位   D. 常年水位

26. 护脚工程施工中常采用的做法有（   ）。

    A. 干砌石   B. 浆砌石

C．抛石　　　　　　　　　　　　D．混凝土

27．下列不是料场加水的有效方法的是（　　　）。

A．分块筑畦埂　　　　　　　　B．轮换取土

C．灌水浸渍　　　　　　　　　D．人工洒水

28．碾压土石坝施工前的"四通一平"属于（　　　）的内容。

A．准备作业　　　　　　　　　B．基本作业

C．辅助作业　　　　　　　　　D．附加作业

29．碾压土石坝的基本作业不包括（　　　）等内容。

A．排水清基　　　　　　　　　B．坝面铺平

C．坝面压实　　　　　　　　　D．料场土石料的开采

30．碾压土石坝施工中的坝坡修整属于（　　　）的内容。

A．准备作业　　　　　　　　　B．基本作业

C．辅助作业　　　　　　　　　D．附加作业

31．选择压实机械时，可以不必考虑（　　　）。

A．填筑强度　　　　　　　　　B．土的含水量

C．气候条件　　　　　　　　　D．压实标准

32．土料填筑压实参数不包括（　　　）。

A．碾压机具的种类　　　　　　B．碾压遍数及铺土厚度

C．无黏性土和堆石的加水量　　D．振动碾的振动频率及行走速率

33．大坝土料干密度的测定，下列说法正确的是（　　　）。

A．黏性土可用体积为 $100cm^3$ 的环刀测定

B．砂可用体积为 $300cm^3$ 的环刀测定

C．堆石一般用灌砂法测定

D．砂砾料、反滤料用灌水法测定

34．采用挖坑灌水（砂）法测堆石料密度，其试坑直径最大不超过（　　　）m。

A．1　　　　　　　　　　　　B．2

C．3　　　　　　　　　　　　D．4

35．坝身与混凝土结构物连接部位的填土含水率应大于最优含水率（　　　）。

A．0.5%～1.0%　　　　　　　B．1.0%～1.5%

C．1.5%～2.0%　　　　　　　D．1.0%～3.0%

36．坝身与混凝土结构物的连接部位，填土前应涂刷浓黏性土浆，泥浆土与水质量比宜为（　　　）。

A．1∶1.5～1∶1　　　　　　B．1∶2.0～1∶1.5

C．1∶3.0～1∶2.0　　　　　D．1∶3.0～1∶2.5

二　多项选择题

1．压实机械分为（　　　）等。

A．静压碾压　　　　　　　　　B．羊足碾

C．振动碾压　　　　　　　　D．夯击

E．气胎碾

2．下列适用于土石坝施工中黏性土的压实机械有（　　　）。

A．羊足碾　　　　　　　　B．气胎碾

C．振动碾　　　　　　　　D．夯板

E．压路机

3．碾压土石坝的施工作业包括（　　　）。

A．准备作业　　　　　　　B．基本作业

C．辅助作业　　　　　　　D．附加作业

E．验收作业

4．根据施工方法、施工条件及土石料性质的不同，坝面作业可分为（　　　）几道主要工序。

A．覆盖层清除　　　　　　B．铺料

C．整平　　　　　　　　　D．质量检验

E．压实

5．下列关于土石坝施工中铺料与整平的说法，正确的是（　　　）。

A．铺料宜平行坝轴线进行，铺土厚度要匀

B．进入防渗体内铺料，自卸汽车卸料宜用进占法倒退铺土

C．黏性土料含水量偏低，主要应在坝面加水

D．非黏性土料含水量偏低，主要应在料场加水

E．铺填中不应使坝面起伏不平，避免降雨积水

6．选择压实机械的原则是（　　　）。

A．施工队伍有足够数量的设备

B．能够满足设计压实标准

C．满足施工强度要求

D．与压实土料的物理力学性质相适应

E．设备类型、规格与工作面的大小、压实部位相适应

7．碾压机械的开行方式通常有（　　　）。

A．环行路线　　　　　　　B．进退错距法

C．圈转套压法　　　　　　D．8 字形路线法

E．大环行路线法

8．圈转套压法的特点是（　　　）。

A．开行的工作面较小　　　B．适合于多碾滚组合碾压

C．生产效率较高　　　　　D．转弯套压交接处重压过多，易于超压

E．当转弯半径小时，质量难以保证

9．土石坝施工质量控制主要包括（　　　）的质量检查和控制。

A．填筑工艺　　　　　　　B．施工机械

C．料场　　　　　　　　　D．坝面

E．压实参数

10. 挖掘机械按构造和工作特点可分为（　　　）。
    A. 循环单斗式　　　　　　　　B. 连续多斗式
    C. 索式　　　　　　　　　　　D. 链式
    E. 液压传动式

11. 在挖运组合机械中，自行式铲运机的优点有（　　　）。
    A. 结构轻便
    B. 行驶速度高
    C. 少用低压轮胎，有较好的越野性能
    D. 可带较大的铲斗
    E. 多用低压轮胎，越野性好

12. 根据施工方法的不同，土石坝可分为（　　　）等类型。
    A. 干填碾压式　　　　　　　　B. 湿填碾压式
    C. 水中填土　　　　　　　　　D. 水力冲填
    E. 定向爆破修筑

13. 不同的压实机械设备产生的压实作用外力不同。因此，进行碾压施工要对压实机械进行选择，选择压实机械的原则是（　　　）。
    A. 可能取得的设备类型
    B. 能够满足设计压实标准
    C. 与压实土料的物理力学性质相适应
    D. 满足施工强度要求
    E. 扩大的施工队伍

14. 土石坝施工质量控制主要包括（　　　）。
    A. 场地平整　　　　　　　　　B. 料场的质量检查和控制
    C. 坝面的质量检查和控制　　　D. 建筑材料的准备
    E. 料场施工中注意的安全问题

15. 土石坝坝面作业包含（　　　）等工序。
    A. 铺料　　　　　　　　　　　B. 排水
    C. 整平　　　　　　　　　　　D. 压实
    E. 修坡

16. 在黏土心墙施工中，可采用（　　　）等施工方法。
    A. 先土后砂平起施工　　　　　B. 先砂后土平起施工
    C. 先修墙再填筑　　　　　　　D. 先填筑再修墙
    E. 土砂平起

17. 堆石坝坝体材料分区基本定型，主要有（　　　）。
    A. 反滤区　　　　　　　　　　B. 垫层区
    C. 过渡区　　　　　　　　　　D. 主堆石区
    E. 下游堆石区

18. 土石坝填筑施工中，与主堆石的填筑平起施工的有（　　　）。
    A. 反滤区　　　　　　　　　　B. 垫层区

C．过渡区　　　　　　　　　　　　D．主堆石区

E．下游堆石区

19．堆石体填筑可采用（　　　）。

A．自卸汽车后退法卸料　　　　　B．自卸汽车进占法卸料

C．铲运机卸料　　　　　　　　　D．推土机卸料

E．推土机摊平

20．堆石体施工质量控制中，垫层料、过渡料和主副堆石均需作（　　　）检查。

A．颗分　　　　　　　　　　　　B．密度

C．渗透性　　　　　　　　　　　D．过渡性

E．内部渗透稳定性

21．堤防防护工程施工包括（　　　）部分。

A．护脚　　　　　　　　　　　　B．护坡

C．封顶　　　　　　　　　　　　D．封腰

E．护肩

22．护坡工程常见结构形式有（　　　）。

A．抛石　　　　　　　　　　　　B．浆砌块石

C．干砌块石　　　　　　　　　　D．混凝土板

E．模袋混凝土

23．下列属于静压碾压的压实机械是（　　　）。

A．跳动碾压　　　　　　　　　　B．羊足碾

C．振动碾压　　　　　　　　　　D．夯击

E．气胎碾

24．土料填筑压实参数主要包括（　　　）。

A．碾压机具的重量　　　　　　　B．含水量

C．碾压遍数　　　　　　　　　　D．铺土厚度

E．土的物理力学指标

25．土方填筑的坝面作业中，应对（　　　）等进行检查，并提出质量控制措施。

A．土块大小　　　　　　　　　　B．含水量

C．压实后的干密度　　　　　　　D．铺土厚度

E．孔隙率

26．下列土石坝施工中，描述正确的是（　　　）。

A．防渗体分段碾压时，垂直碾压方向搭接带宽度应为 0.3～0.5m

B．防渗体分段碾压时，顺碾压方向搭接带宽度应为 1.0～1.5m

C．砂砾料、堆石及其他坝壳料纵横相结合部位，宜采用台阶收坡法

D．在混凝土或岩石面上填土时，应洒水湿润，并涂刷浓泥浆

E．在混凝土或岩石面上填土时，应待泥浆干后铺土和压实

27．若土料的含水量偏高，可以采取的措施有（　　　）。

A．掺石灰

B．掺入含水量低的土料

C. 轮换掌子面开挖

D. 将含水量偏高的土料进行翻晒处理

E. 改善料场的排水条件和采取防雨措施

28. 在填筑排水反滤层前，应对坝基覆盖层进行试验分析。对于无黏性土，应做的试验包括（　　）。

A. 颗粒级配试验　　　　　　　B. 含水量试验

C. 塑性指数试验　　　　　　　D. 颗粒分析试验

E. 天然干密度试验

29. 在填筑排水反滤层过程中，对反滤层（　　）应全面检查。

A. 含水量　　　　　　　　　　B. 颗粒级配

C. 填料的质量　　　　　　　　D. 铺填的厚度

E. 是否混有杂物

30. 土石坝施工，辅助作业是保证准备及基本作业顺利进行，创造良好工作条件的作业，包括（　　）。

A. 排水清基　　　　　　　　　B. 平整场地

C. 层间刨毛　　　　　　　　　D. 剔除超径石块

E. 清除料场的覆盖层

31. 现场检测防渗碎石土的含水率，可采用（　　）。

A. 烘干法　　　　　　　　　　B. 烤干法

C. 酒精燃烧法　　　　　　　　D. 红外线烘干法

E. 核子水分—密度仪法

32. 坝身与混凝土涵管连接部位的填土，须注意的事项有（　　）。

A. 浓黏性土浆涂刷高度与铺土厚度一致

B. 水泥黏性土浆涂刷高度与铺土厚度一致

C. 水泥砂浆涂刷高度与铺土厚度一致

D. 在泥浆干涸后铺土

E. 在泥浆干涸后压实土方

【答案】

一、单项选择题

1. A；　2. B；　3. B；　4. A；　5. C；　6. D；　7. A；　8. B；

9. B；　10. B；　11. A；　12. C；　13. C；　14. A；　15. C；　16. A；

17. A；　18. D；　19. B；　20. A；　21. B；　22. D；　23. C；　24. C；

25. C；　26. C；　27. D；　28. A；　29. A；　30. D；　31. B；　32. A；

33. D；　34. B；　35. D；　36. D

二、多项选择题

1. A、C、D；　　2. A、B、D；　　3. A、B、C、D；　　4. B、C、E；

5. A、B、E；　　6. B、C、D、E；　　7. B、C；　　8. B、C、D、E；

9. C、D;　　10. A、B;　　11. A、B、D、E;　　12. A、C、D;

13. A、B、C、D;　14. B、C;　15. A、C、D、E;　16. A、B、E;

17. B、C、D、E;　18. B、C;　19. A、B、E;　20. A、B、C;

21. A、B、C;　22. B、C、D、E;　23. B、E;　24. A、B、C、D;

25. A、B、C、D;　26. A、B、C、D;　27. C、D、E;　28. D、E;

29. B、C、D、E;　30. C、D、E;　31. A、B、D、E;　32. A、B、C

3.4　混凝土工程

复习要点

1. 模板制作与安装
2. 钢筋制作与安装
3. 混凝土拌和与运输
4. 混凝土浇筑与防裂
5. 分缝与止水的施工要求
6. 混凝土工程加固技术

一　单项选择题

1. 模板拉杆的最小安全系数应为（　　）。
   A. 1.0　　　　　　　　　　B. 1.5
   C. 2.0　　　　　　　　　　D. 2.5

2. 同一浇筑仓的模板应按（　　）原则拆除。
   A. 先装的先拆、后装的后拆　B. 先装的后拆、后装的先拆
   C. 同时拆　　　　　　　　　D. 随意

3. 下列模板种类中，属于按架立和工作特征分类的是（　　）。
   A. 承重模板　　　　　　　　B. 悬臂模板
   C. 移动式模板　　　　　　　D. 混凝土模板

4. 模板设计中，对一般钢筋混凝土，钢筋重量可按（　　）kN/m³ 计算。
   A. 1　　　　　　　　　　　B. 5
   C. 10　　　　　　　　　　D. 24～25

5. 跨度不大于 2m 的悬臂板、梁的模板拆除，混凝土强度应达到设计强度等级的
（　　）。
   A. 50%　　　　　　　　　　B. 60%
   C. 75%　　　　　　　　　　D. 100%

6. 当承重模板的跨度大于 4m 时，其设计起拱值通常取跨度的（　　）左右。
   A. 0.1%　　　　　　　　　　B. 0.2%
   C. 0.3%　　　　　　　　　　D. 0.4%

7. 对于大体积混凝土浇筑块，成型后的偏差不应超过木模安装允许偏差的（   ），取值大小视结构物的重要性而定。

    A．30%   B．50%

    C．100%   D．50%～100%

8. 非承重侧面模板，混凝土强度应达到（   ）Pa 以上，其表面和棱角不因拆模而损坏时方可拆除。

    A．25×10^2 B．25×10^3

    C．25×10^4 D．25×10^5

9. 某跨度为3m的悬臂梁的模板拆除，混凝土强度应达到设计强度等级的（   ）。

    A．50%   B．60%

    C．70%   D．100%

10. 跨度在 2～8m 的其他梁、板、拱的模板拆除，混凝土强度应达到设计强度等级的（   ）。

    A．50%   B．60%

    C．75%   D．100%

11. 钢筋检验现场取样时，钢筋端部至少应先截去（   ）mm 再取试件。

    A．300   B．400

    C．500   D．600

12. 现场对每批钢筋进行试验检验时，选取钢筋根数为（   ）根。

    A．2   B．3

    C．4   D．5

13. 钢筋绑扎连接的搭接处，应在中心和两端用绑丝扎牢，绑扎不少于（   ）道。

    A．2   B．3

    C．4   D．5

14. 当构件设计是按强度控制时，可按钢筋（   ）相等的原则进行钢筋代换。

    A．强度   B．刚度

    C．受力   D．面积

15. 当构件设计是按最小配筋率配筋时，可按钢筋（   ）相等的原则进行钢筋代换。

    A．强度   B．刚度

    C．受力   D．面积

16. 下列方法中，适用于钢筋调直的是（   ）和机械调直。

    A．手工调直   B．冷拉方法调直

    C．氧气焰烘烤取直   D．乙炔焰烘烤取直

17. 除结构尺寸、混凝土保护层厚度、弯钩增加长度外，钢筋下料长度还应考虑（   ）。

    A．钢筋胀缩   B．钢筋损耗

    C．钢筋弯曲调整值   D．结构形状

18. 焊接和绑扎接头距离钢筋弯头起点不得小于（   ）倍直径。

    A．8   B．10

C. 12   D. 14

19. 配置在同一截面内的受力钢筋，绑扎接头的截面面积占受力钢筋总截面面积的百分比，在构件的受拉区中不超过（　　　　）。

    A. 25%   B. 30%

    C. 40%   D. 50%

20. 配置在同一截面内的受力钢筋，绑扎接头的截面面积占受力钢筋总截面面积的百分比，在构件的受压区中不超过（　　　　）。

    A. 25%   B. 30%

    C. 40%   D. 50%

21. 配置在同一截面内的受力钢筋，焊接接头的截面面积占受力钢筋总截面面积的百分比，在构件的受拉区中不超过（　　　　）。

    A. 25%   B. 30%

    C. 40%   D. 50%

22. 混凝土模板的主要作用是（　　　　）。

    A. 成型   B. 强度

    C. 刚度   D. 稳定性

23. 混凝土正常的养护时间是（　　　）d。

    A. 7   B. 14

    C. 21   D. 28

24. 混凝土入仓铺料多用（　　　　）。

    A. 斜浇法   B. 平浇法

    C. 薄层浇筑   D. 阶梯浇筑

25. 降低混凝土入仓温度的措施不包括（　　　　）。

    A. 合理安排浇筑时间   B. 采用薄层浇筑

    C. 对集料进行预冷   D. 采用加冰或加冰水拌和

26. 在施工中块体大小必须与混凝土制备、运输和浇筑的生产能力相适应，即要保证在混凝土初凝时间内所浇的混凝土方量，必须等于或大于块体的一个浇筑层的混凝土方量。这主要是为了避免（　　　　）出现。

    A. 冷缝   B. 水平缝

    C. 临时缝   D. 错缝

27. 不是混凝土入仓铺料的方法有（　　　　）。

    A. 平浇法   B. 间隔浇筑法

    C. 斜层浇筑法   D. 阶梯浇筑法

28. 关于混凝土振捣器插入位置，下列说法正确的是（　　　　）。

    A. 混凝土振捣器插入深度为浇筑层厚度的 2/3

    B. 混凝土振捣器插入深度为浇筑层厚度

    C. 插入下层混凝土约 5cm

    D. 插入下层混凝土约 10cm

29. 水泥运至工地的入罐温度最高不宜高于（　　　　）℃。

A．45 B．55

C．65 D．75

30. 混凝土浇筑结束后，还需进一步取样检查，对在质检过程中发现的混凝土质量问题应及时进行处理。对极细微裂缝可用（　　）处理。

A．水泥灌浆 B．化学灌浆

C．水泥砂浆 D．环氧砂浆

31. 混凝土坝在整个建筑物施工完毕交付使用前还须进行（　　）。

A．竣工测量 B．原型测量

C．交工测量 D．使用前测量

32. 碾压混凝土的干湿度一般用 VC 值来表示，VC 值大表示（　　）。

A．拌合料湿，不易压实 B．拌合料湿，易压实

C．拌合料干，不易压实 D．拌合料干，易压实

33. 碾压混凝土的干湿度一般用 VC 值来表示，VC 值小表示（　　）。

A．拌合料湿，不便施工 B．拌合料湿，便于施工

C．拌合料干，不易压实 D．拌合料干，易压实

34. 为防止碾压混凝土浇筑层顶面出现裂缝，通常采用的方法是（　　）。

A．延长层间养护时间 B．缩短层间养护时间

C．延长层间间歇时间 D．缩短层间间歇时间

35. 为了便于常态混凝土与碾压混凝土在浇筑时能同步上升，应对常态混凝土掺加（　　）。

A．高效缓凝剂 B．高效速凝剂

C．高效减水剂 D．大量粉煤灰

36. 卸料、平仓、碾压中的质量控制，主要应保证（　　）。

A．层间结合良好

B．卸料、铺料厚度要均匀

C．入仓混凝土及时摊铺和碾压

D．防止集料分离和拌合料过干

37. 碾压过程中，在振动碾压（　　）遍后，混凝土表面有明显灰浆泌出，表面平整、润湿、光滑，碾滚前后有弹性起伏现象，则表明混凝土料干湿适度。

A．2～3 B．3～4

C．4～5 D．5～6

38. 考虑碾压混凝土的养护和防护，施工组织安排上应尽量避免（　　）施工。

A．春季 B．夏季

C．秋季 D．冬期

39. 机身下部有一门架，可供运输车辆通行，这样便可使起重机和运输车辆在同一高程上行驶的混凝土运输设备是（　　）。

A．门式起重机 B．塔式起重机

C．缆式起重机 D．履带式起重机

40. 拌合设备的生产能力应能满足混凝土质量、品种和浇筑强度的要求，其小时

生产能力可按混凝土（　　　）高峰强度计算。

　　A．日　　　　　　　　　　　　B．周

　　C．旬　　　　　　　　　　　　D．月

　　41．拌合楼按工艺流程分层布置，分为进料、贮料、配料、拌和及出料共五层，其中（　　　）是全楼的控制中心，设有主操纵台。

　　A．进料层　　　　　　　　　　B．配料层

　　C．贮料层　　　　　　　　　　D．拌合层

　　42．混凝土坝的分缝分块，首先是沿坝轴线方向，将坝的全长划分为（　　　）m的若干坝段。

　　A．5～15　　　　　　　　　　B．15～24

　　C．25～30　　　　　　　　　　D．30～34

　　43．垂直于坝轴线方向的缝称为（　　　）。

　　A．纵缝　　　　　　　　　　　B．斜缝

　　C．错缝　　　　　　　　　　　D．横缝

　　44．平行于坝轴线方向的缝称为（　　　）。

　　A．纵缝　　　　　　　　　　　B．斜缝

　　C．错缝　　　　　　　　　　　D．横缝

　　45．用平行于坝轴线的铅直缝，把坝段分成为若干柱状体，称（　　　），又称柱状分块。

　　A．斜缝分块　　　　　　　　　B．纵缝分块

　　C．错缝分块　　　　　　　　　D．横缝分块

　　46．采用纵缝分块时，纵缝间距越大，则块体水平断面越（　　　），则纵缝数目和缝的总面积越（　　　）。

　　A．大，小　　　　　　　　　　B．小，小

　　C．小，大　　　　　　　　　　D．大，大

　　47．竖缝分块，浇块高度一般在（　　　）m以内。

　　A．1　　　　　　　　　　　　B．2

　　C．3　　　　　　　　　　　　D．4

　　48．缝面上出现的剪应力很小，使坝体能保持较好的整体性的分块方式是（　　　）。

　　A．斜缝分块　　　　　　　　　B．纵缝分块

　　C．错缝分块　　　　　　　　　D．横缝分块

　　49．采用（　　　），坝块浇筑的先后程序须受一定的限制，必须是上游块先浇，下游块后浇。

　　A．通仓浇筑　　　　　　　　　B．横缝分块

　　C．斜缝分块　　　　　　　　　D．错缝分块

　　50．整个坝段不设纵缝，以一个坝段进行浇筑的方式是（　　　）。

　　A．通仓浇筑　　　　　　　　　B．平浇法

　　C．薄层浇筑　　　　　　　　　D．阶梯浇筑

　　51．将填充材料用铁钉固定在模板内侧后，再浇混凝土，这样拆模后填充材料即

可贴在混凝土上。这种填料安装方法是（　　　）。

    A．先装法
               B．先浇法

    C．后装法
               D．后浇法

52．先在缝的一侧立模浇混凝土，并在模板内侧预先钉好安装填充材料的长铁钉数排，并使铁钉的 1/3 留在混凝土外面，然后安装填料、敲弯铁钉尖，使填料固定在混凝土面上。这种填料安装方法是（　　　）。

    A．先装法
               B．先浇法

    C．后装法
               D．后浇法

53．在水闸设计中均设置永久性结构缝，并常用（　　　）。

    A．伸缩缝取代温度缝
        B．沉陷缝取代温度缝

    C．温度缝取代沉陷缝
        D．伸缩缝取代沉陷缝

54．在水闸设计中，为了适应地基的不均匀沉降和伸缩变形，缝有铅直和水平两种，缝宽一般为（　　　）。

    A．1.0～2.5mm
        B．5.0～10.0mm

    C．1.0～2.5cm
        D．5.0～10.0cm

55．将金属止水片的接头部分埋在沥青块体中，这种连接方法是（　　　）。

    A．柔性连接
               B．刚性连接

    C．接触连接
               D．非接触连接

56．水平交叉时将金属止水片剪裁后焊接成整体，这种连接方法是（　　　）。

    A．柔性连接
               B．刚性连接

    C．接触连接
               D．非接触连接

57．止水铅直交叉常用（　　　）。

    A．柔性连接
                B．刚性连接

    C．接触连接
               D．非接触连接

58．经拌和好之后再归堆放置 30～90min 才使用的干硬性砂浆是（　　　）。

    A．干缩砂浆
                B．预缩砂浆

    C．干贫砂浆
                D．收缩砂浆

59．预缩砂浆配置时，掺入与水泥重量比为 1/1000 的（　　　），以提高砂浆的流动性。

    A．早强剂
               B．缓凝剂

    C．加气剂
               D．速凝剂

60．修补处于高流速区的表层缺陷，为保证强度和平整度，减少砂浆干缩，可采用（　　　）。

    A．喷浆修补
                B．灌浆修补

    C．钢纤维混凝土修补
        D．预缩砂浆修补法

61．把水泥和砂的混合物，通过压缩空气的作用，在喷头中与水混合喷射的喷浆修补法叫（　　　）。

    A．干料法
               B．先混法

    C．湿料法
               D．后混法

62．只起加固连接作用，不承担结构应力的金属网叫（　　　）。

A．刚性网　　　　　　　　　　B．柔性网

C．钢筋网　　　　　　　　　　D．连接网

63．当喷浆层较厚时，应分层喷射，每次喷射厚度应根据喷射条件而定，仰喷为（　　）mm。

A．10～20　　　　　　　　　　B．20～30

C．30～40　　　　　　　　　　D．50～60

64．当喷浆层较厚时，应分层喷射，每次喷射厚度应根据喷射条件而定，侧喷为（　　）mm。

A．10～20　　　　　　　　　　B．20～30

C．30～40　　　　　　　　　　D．50～60

65．钢纤维混凝土在拌制过程中，正确的投料顺序是（　　）。

A．砂、石、钢纤维、水泥、外加剂、水

B．砂、石、钢纤维、水泥、水、外加剂

C．砂、石、水泥、钢纤维、外加剂、水

D．砂、石、水泥、钢纤维、水、外加剂

66．喷混凝土施工时，为防止混凝土因自重而脱落，可掺用适量（　　）。

A．早强剂　　　　　　　　　　B．缓凝剂

C．加气剂　　　　　　　　　　D．速凝剂

67．将砂、石、水、水泥同时加入搅拌筒进行搅拌的拌和方式称为（　　）。

A．一次投料法　　　　　　　　B．二次投料法

C．三次投料法　　　　　　　　D．混合投料法

68．保证混凝土密实的关键措施是（　　）。

A．振捣　　　　　　　　　　　B．平仓

C．运输　　　　　　　　　　　D．搅拌

69．模板设计中，振捣混凝土产生的荷载（　　）。

A．属于基本荷载　　　　　　　B．属于特殊荷载

C．可忽略不计　　　　　　　　D．属于特定荷载

70．模板设计中，新浇筑混凝土的荷载，通常可按（　　）kN/m³ 计。

A．1　　　　　　　　　　　　　B．5

C．10　　　　　　　　　　　　　D．24～25

71．关于止水缝部位混凝土浇筑，下列说法不正确的是（　　）。

A．水平止水片应在浇筑层中间

B．浇筑混凝土时，不得冲撞止水片

C．振捣器可触及止水片

D．嵌固止水片的模板应适当推迟拆模时间

72．振捣混凝土产生的荷载，可按（　　）计。

A．1kN/m　　　　　　　　　　B．1kN/m²

C．1kN/m³　　　　　　　　　　D．1N/mm²

73．运入加工现场的钢筋，每捆（盘）钢筋均应挂上标牌，标牌标记中不包含

（　　　）。

    A．生产厂家　　　　　　　　　　B．牌号

    C．产品批号　　　　　　　　　　D．注意事项

74．到货钢筋应分批进行检验。检验时以（　　　）t 同一炉（批）号、同一规格尺寸的钢筋为一批。

    A．40　　　　　　　　　　　　　B．50

    C．60　　　　　　　　　　　　　D．70

75．在钢筋拉力检验项目中，可以不检验的指标是（　　　）。

    A．屈服点　　　　　　　　　　　B．伸长率

    C．弹性模量　　　　　　　　　　D．抗拉强度

76．用同钢号某直径钢筋代替另一种直径钢筋时，其直径变化范围不宜超过（　　　）mm。

    A．2　　　　　　　　　　　　　　B．4

    C．6　　　　　　　　　　　　　　D．8

77．配置在同一截面内的受力钢筋，焊接接头在受弯构件的受压区，接头数量（　　　）。

    A．不宜超过 75%　　　　　　　　B．不宜超过 50%

    C．不宜超过 25%　　　　　　　　D．不受限制

78．混凝土拌和时水泥的允许称量误差是（　　　）。

    A．±1%　　　　　　　　　　　　B．±2%

    C．±3%　　　　　　　　　　　　D．±4%

79．同一次投料相比，相同配比的混凝土水泥裹砂法的强度可提高（　　　）。

    A．10%～20%　　　　　　　　　B．20%～30%

    C．25%～35%　　　　　　　　　D．30%～40%

80．同一次投料相比，相同配比的混凝土二次投料的强度可提高（　　　）。

    A．5%　　　　　　　　　　　　　B．10%

    C．15%　　　　　　　　　　　　　D．20%

81．振捣器振捣混凝土时，振捣器插入下层混凝土约（　　　）cm。

    A．5～10　　　　　　　　　　　　B．5～15

    C．10～15　　　　　　　　　　　D．15～20

82．振捣器振捣混凝土时，插入点不要触碰钢筋和模板，但离模板的距离不要大于（　　　）cm。

    A．5　　　　　　　　　　　　　　B．10

    C．15　　　　　　　　　　　　　D．20

83．振捣器振捣混凝土时，相邻插入点间距不应大于振捣器作用半径 R 的（　　　）倍。

    A．1～1.5　　　　　　　　　　　B．1.5～1.75

    C．1.75～2.0　　　　　　　　　D．2.0～2.5

84．振捣器振捣混凝土时，每个插点振捣时间一般为（　　　）s。

    A．5～10　　　　　　　　　　　　B．10～20

C．20～30   D．30～35

85．振捣器作用半径 R 与振捣器性能有关，一般为（   ）cm。

    A．10～20   B．20～30

    C．30～40   D．30～50

86．根据《水工建筑物止水带技术规范》DL/T 5215—2005，止水带类型分为（   ）种。

    A．三   B．四

    C．五   D．六

87．止水带离混凝土表面的距离宜为（   ）mm。

    A．100～200   B．200～300

    C．300～400   D．200～500

88．橡胶或 PVC 止水带嵌入混凝土中的宽度一般为（   ）mm。

    A．20～50   B．50～100

    C．60～120   D．120～260

89．铜止水带接头焊接采用搭接时，搭接长度不小于（   ）mm。

    A．10   B．20

    C．30   D．40

二　多项选择题

1．按架立和工作特征，模板可分为（   ）。

    A．拆移式   B．移动式

    C．钢筋混凝土模板   D．固定式

    E．钢模板

2．模板及其支架承受的荷载分为（   ）。

    A．基本荷载   B．永久荷载

    C．临时荷载   D．固定荷载

    E．特殊荷载

3．模板设计中，基本荷载包括（   ）。

    A．钢筋重量   B．风荷载

    C．振捣混凝土产生的荷载   D．新浇筑混凝土重量

    E．模板及其支架的自重

4．新浇筑混凝土的侧压力，与混凝土初凝前的（   ）等因素有关。

    A．强度等级   B．坍落度

    C．凝固速度   D．捣实方法

    E．浇筑速度

5．确定拆模的程序和方法时，在同一浇筑仓的模板，按（   ）的原则，有次序、有步骤地进行。

    A．先装的先拆   B．先装的后拆

C．后装的先拆
D．后装的后拆

E．不论先装后装，从高处向低处进行

6．钢筋连接方法有（　　　）。

A．铆接
B．榫接

C．焊接连接
D．绑扎连接

E．机械连接

7．钢筋可在调直或冷拉过程中除锈，可采用（　　　）等方法。

A．手工除锈
B．机械除锈

C．喷砂除锈
D．酸洗除锈

E．碱洗除锈

8．下列钢筋接头的形式中，适宜选用机械切断机切割的接头有（　　　）。

A．绑扎接头
B．砂轮锯切割

C．钢锯片切割
D．帮条焊

E．搭接焊

9．钢筋机械连接接头类型包括（　　　）。

A．套筒挤压连接
B．锥螺纹连接

C．直螺纹连接
D．斜螺纹连接

E．套筒焊接连接

10．浇筑前的准备作业主要包括（　　　）。

A．基础面的处理
B．施工缝的处理

C．立模
D．预埋件的安设

E．平仓振捣

11．混凝土坝的施工质量控制要点有（　　　）。

A．混凝土坝的施工质量控制应从原料的质量控制入手，直至混凝土的拌和、运输、入仓、平仓、振捣、养护等各个环节

B．混凝土浇筑结束后，还需进一步取样检查，如不符合要求，应及时采用补救措施

C．对在质检过程中发现的质量问题应及时进行处理

D．混凝土内预埋水管通水冷却

E．混凝土施工中采用自然散热冷却降温

12．为做好大体积混凝土的温控，应对施工期混凝土温度控制全过程进行监测，监测内容主要包括（　　　）等。

A．原材料温度监测
B．混凝土温度监测

C．钢筋温度监测
D．通水冷却监测

E．浇筑仓气温监测

13．大体积混凝土温控中，减少混凝土发热量的措施有（　　　）。

A．采用干硬性贫混凝土
B．采用薄层浇筑

C．掺加高效减水剂
D．合理安排浇筑时间

E．大量掺加粉煤灰

14. 大体积混凝土温控中，降低混凝土入仓温度的措施有（　　　）。

    A．加冰水拌和   B．采用薄层浇筑

    C．预埋水管通水冷却   D．合理安排浇筑时间

    E．对集料预冷

15. 大体积混凝土温控中，加速混凝土散热的措施有（　　　）。

    A．加冰水拌和   B．采用薄层浇筑

    C．预埋水管通水冷却   D．合理安排浇筑时间

    E．对集料预冷

16. 混凝土施工质量常用的检查和监测方法有（　　　）等。

    A．物理监测   B．原型观测

    C．钻孔压水检查   D．大块取样试验

    E．承包商自检

17. 下列属大体积混凝土温度裂缝的是（　　　）。

    A．表面裂缝   B．贯穿裂缝

    C．深层裂缝   D．冷缝

    E．永久缝

18. 混凝土浇筑的施工过程包括（　　　）。

    A．浇筑前的运输   B．浇筑前的准备作业

    C．浇筑时入仓铺料   D．平仓振捣

    E．混凝土的养护

19. 混凝土坝层间间歇超过混凝土初凝时间，会出现冷缝，从而使层间的（　　　）明显降低。

    A．抗渗能力   B．抗剪能力

    C．抗拉能力   D．抗压能力

    E．抗冻能力

20. 就混凝土的质量控制而言，不仅要在出机口取样，也应在仓内取样，测试其质量指标，按试件强度的（　　　）进行控制。

    A．平均值   B．中位数

    C．极差   D．标准差

    E．离差系数

21. 影响碾压混凝土坝施工质量的因素主要有（　　　）。

    A．碾压时拌合料的干湿度

    B．碾压的质量控制

    C．碾压混凝土的养护

    D．碾压混凝土的防护

    E．拌合料的卸料、平仓、捣实、降温

22. 碾压混凝土卸料、平仓、碾压中的质量控制要求主要有（　　　）。

    A．卸料落差不应大于 2m

    B．堆料高不大于 1.5m

C．入仓混凝土及时摊铺和碾压

D．两种混凝土结合部位重新碾压，同时常态混凝土应掺速凝剂

E．避免层间间歇时间太长

23．下列关于混凝土拌和与运输的说法，正确的是（　　　）。

A．采用一次投料法拌和可节约水泥用量

B．采用二次投料法拌和可提高混凝土强度

C．采用二次投料法拌和的混凝土相对不易产生离析

D．运输过程中为防止混凝土初凝应根据情况适量加水

E．运输过程中混凝土失去塑性时应作废料处理

24．混凝土的水平运输设备主要有（　　　）。

A．有轨运输　　　　　　　　B．门机

C．无轨运输　　　　　　　　D．缆机

E．履带式起重机

25．门、塔机无栈桥方案，对于中低水头工程，其布置（　　　）。

A．可放在围堰顶上

B．放在基坑内的地面上

C．放在已浇筑好的部分建筑物上

D．放在浇筑好的浇筑块上

E．任意放置

26．门式起重机又称门机，它所具有的优点是（　　　）。

A．运行灵活　　　　　　　　B．操纵方便

C．定位准　　　　　　　　　D．工作效率高

E．单位时间内工作量较少

27．确定混凝土拌合设备容量和台数时要考虑的内容有（　　　）。

A．能满足同时拌制不同强度等级的混凝土

B．容量与集料最大粒径相适应

C．容量与运载重量和装料容器的大小相匹配

D．有利于整体安装，整体转移

E．减少堆料场地

28．选择混凝土运输浇筑方案的原则有（　　　）。

A．起重设备能够控制整个建筑物的浇筑部位

B．在保证工程质量前提下能满足高峰浇筑强度的要求

C．主要设备型号要多，性能良好，配套设备能使主要设备的生产能力充分发挥

D．运输效率高，成本低，转运次数少，不易分离，质量容易保证

E．全部承担模板、钢筋、金属结构及仓面小型机具

29．混凝土坝坝段分缝分块形式可分为（　　　）等。

A．纵缝分块　　　　　　　　B．斜缝分块

C．横缝分块　　　　　　　　D．错缝分块

E．通仓分块

30．下列关于坝段分缝分块形式中的斜缝分块叙述，正确的有（　　　）。

A．缝是向上游或下游倾斜的

B．缝是向下游倾斜的

C．斜缝可以不进行接缝灌浆

D．斜缝不能直通到坝的上游面，以避免库水渗入缝内

E．斜缝必须进行接缝灌浆，否则库水渗入缝内

31．纵缝设计时必须要设置键槽，并进行接缝灌浆处理，或设置宽缝回填膨胀混凝土。键槽的形式有（　　　）等。

A．不等边直角三角形　　　　　　B．等边直角三角形

C．不等边梯形　　　　　　　　　D．等边梯形

E．等边三角形

32．水闸闸墩施工中，常用的沉降缝填充材料有（　　　）等。

A．沥青油毛毡　　　　　　　　　B．水泥砂浆

C．沥青杉木板　　　　　　　　　D．黏土

E．泡沫板

33．运行多年的混凝土工程普遍存在（　　　）等质量问题。

A．混凝土表层损坏　　　　　　　B．结构渗漏

C．混凝土强度不足　　　　　　　D．混凝土裂缝

E．钢筋老化

34．混凝土表层损坏的原因有（　　　）。

A．冻胀　　　　　　　　　　　　B．钢筋锈蚀

C．气蚀破坏　　　　　　　　　　D．表面碳化

E．施工质量缺陷

35．混凝土表层损坏的危害有（　　　）。

A．局部剥蚀　　　　　　　　　　B．钢筋锈蚀

C．气蚀破坏　　　　　　　　　　D．表面碳化

E．表层混凝土强度降低

36．下列关于施工缝处理的说法，正确的是（　　　）。

A．所有施工缝均应采取凿毛处理

B．纵缝表面可不凿毛，但应冲洗干净

C．采用高压水冲毛宜在浇筑后 5～20h 进行

D．风砂枪打毛时应在浇筑后一两天进行

E．施工缝凿毛后应冲洗干净

37．混凝土表层加固常用方法有（　　　）。

A．喷浆修补　　　　　　　　　　B．灌浆修补

C．预缩砂浆修补　　　　　　　　D．水泥砂浆修补

E．钢纤维混凝土修补

38．喷浆修补法按其结构特点，又可分为（　　　）。

A．钢筋网喷浆　　　　　　　　B．金属网喷浆

C．无筋素喷浆　　　　　　　　D．柔性网喷浆

E．刚性网喷浆

39．喷浆修补的特点是（　　　）。

A．工效快　　　　　　　　　　B．强度大

C．不易产生裂缝　　　　　　　D．密实性好

E．水泥用量少

40．钢纤维喷射混凝土具有（　　　）等特点。

A．韧性大　　　　　　　　　　B．耐疲劳

C．抗冲击　　　　　　　　　　D．成本低

E．抗裂性能强

41．压浆混凝土与普通混凝土相比，具有（　　　）等特点。

A．强度高　　　　　　　　　　B．收缩率小

C．造价低廉　　　　　　　　　D．拌和工作量小

E．可用于水下加固

42．混凝土工程裂缝，按产生原因不同有（　　　）等类型。

A．沉降缝　　　　　　　　　　B．干缩缝

C．温度缝　　　　　　　　　　D．应力缝

E．水平施工缝

43．混凝土坝裂缝处理的目的是（　　　）。

A．保证刚度　　　　　　　　　B．保证抗渗性

C．提高混凝土的强度　　　　　D．保持混凝土的耐久性

E．恢复结构整体性

44．下列关于混凝土裂缝处理的说法，正确的是（　　　）。

A．受气温影响的裂缝宜在高温季节修补

B．不受气温影响的裂缝宜在裂缝尚未稳定时修补

C．龟裂缝可用表面涂抹环氧砂浆的方法处理

D．渗漏裂缝可在渗水出口进行表面凿槽嵌补水泥砂浆处理

E．施工冷缝一般应采用钻孔灌浆处理

45．模板按照架立和工作特征，可分为（　　　）。

A．固定式　　　　　　　　　　B．拆移式

C．移动式　　　　　　　　　　D．滑动式

E．滚动式

46．沉陷缝填充材料的安装方法可分为（　　　）。

A．先装法　　　　　　　　　　B．后装法

C．内装法　　　　　　　　　　D．外装法

E．居中装法

47．压浆混凝土修补法具有（　　　）等特点。

A．收缩率小　　　　　　　　　B．拌和工作量小

C．收缩率大　　　　　　　　　D．拌和工作量大

E．可用于水下加固

48．下列关于钢筋检验的说法，正确的是（　　　）。

A．不得在同一根钢筋上取两个或两个以上试件

B．在拉力检验项目中，包括屈服点、抗拉强度和伸长率三个指标

C．如有一个指标不符合规定，即认为拉力检验项目不合格

D．钢筋取样时，钢筋端部要先截去 500mm 再取试件

E．冷弯试件弯曲后，不得有裂纹、剥落或断裂

49．锚筋安装前应按设计要求检查（　　　）等。

A．孔位　　　　　　　　　　　B．孔向

C．孔深　　　　　　　　　　　D．孔宽

E．孔径

50．钢筋的调直方法包括（　　　）。

A．机械调直　　　　　　　　　B．冷拉方法调直

C．氧气焰烘烤取直　　　　　　D．乙炔焰烘烤取直

E．手工调直

51．下列关于止水及其相应部位的混凝土浇筑施工的说法，正确的是（　　　）。

A．金属止水片严禁交叉布置

B．垂直交叉的金属止水片可采取将接头埋在沥青块体中的方法处理

C．水平交叉的金属止水片可经裁剪后焊接成整体

D．在止水片高程处不得设置施工缝

E．混凝土浇筑振捣时，振捣器不得触及止水片

52．混凝土工程普遍存在的质量问题主要有（　　　）。

A．表面损坏　　　　　　　　　B．裂缝

C．强度低　　　　　　　　　　D．几何尺寸误差

E．渗漏

53．关于混凝土振捣，说法正确的有（　　　）。

A．平仓振捣机同时进行平仓和振捣两项工序

B．大仓面，可用平仓机进行平仓

C．平仓可用插入式振捣器插入料堆顶部振动

D．集料下沉，砂浆上翻，则表明过振

E．振捣应在平仓且间歇一段时间后进行

54．混凝土振捣时，实际操作振实判断标准包括混凝土（　　　）。

A．表面不再显著下沉

B．不再出现气泡

C．表面出现一层薄而均匀的水泥浆

D．砂浆上翻

E．集料下沉

55．关于振捣器选择，说法正确的有（　　　）。

A. 电动软轴式适用于钢筋密、断面比较小的部位

B. 振动台适用于混凝土桩

C. 表面式适用于渠道护坡

D. 电动硬轴式适用于大体积混凝土

E. 外部式适用于墙等结构尺寸小且钢筋密的结构

56. 关于止水带类型和选择，说法正确的有（   ）。

A. 施工缝一般采用平板型止水带

B. 运行环境温度较低时，选用 PVC 止水带

C. 变形缝选择封闭型止水带

D. 变形缝选择开敞型止水带

E. 采用多道止水带并有抗振要求时，选择开敞型止水带

57. 关于止水带安装和加工，说法正确的有（   ）。

A. 铜止水带接头焊接宜采用搭接在双面进行

B. 铜止水带接头焊接宜采用对接在双面进行

C. 采用紧固件固定止水带时，宜将紧固件焊接在钢筋架上

D. 采用螺栓固定止水带时，宜用锚固剂回填螺栓孔

E. PVC 止水带应采用焊接连接

【答案】

一、单项选择题

1. C;　　2. B;　　3. C;　　4. A;　　5. C;　　6. C;　　7. D;　　8. D;

9. D;　　10. C;　　11. C;　　12. A;　　13. B;　　14. A;　　15. D;　　16. B;

17. C;　　18. B;　　19. A;　　20. D;　　21. D;　　22. A;　　23. D;　　24. B;

25. B;　　26. A;　　27. B;　　28. C;　　29. C;　　30. B;　　31. A;　　32. C;

33. A;　　34. D;　　35. A;　　36. A;　　37. B;　　38. B;　　39. A;　　40. D;

41. B;　　42. B;　　43. D;　　44. A;　　45. B;　　46. A;　　47. C;　　48. A;

49. C;　　50. A;　　51. A;　　52. C;　　53. B;　　54. C;　　55. A;　　56. B;

57. A;　　58. B;　　59. C;　　60. D;　　61. A;　　62. B;　　63. B;　　64. C;

65. A;　　66. D;　　67. A;　　68. A;　　69. A;　　70. D;　　71. C;　　72. B;

73. D;　　74. C;　　75. C;　　76. B;　　77. D;　　78. A;　　79. B;　　80. C;

81. A;　　82. D;　　83. B;　　84. C;　　85. D;　　86. A;　　87. D;　　88. D;

89. B

二、多项选择题

1. A、B、D;　　2. A、E;　　3. A、C、D、E;　　4. B、C、D、E;

5. B、C;　　6. C、D、E;　　7. A、B、C、D;　　8. A、D、E;

9. A、B、C;　　10. A、B、C、D;　　11. A、B、C;　　12. A、B、D、E;

13. A、C、E;　　14. A、D、E;　　15. B、C;　　16. A、B、C、D;

17. A、B、C;　　18. B、C、D、E;　　19. A、B、C;　　20. D、E;

21. A、B、C、D;　　22. A、B、C、E;　　23. B、C、E;　　24. A、C;
25. A、B、C、D;　　26. A、B、C、D;　　27. A、B、C;　　28. A、B、D;
29. A、B、D、E;　　30. A、C、D;　　31. A、C;　　32. A、C、E;
33. A、B、D;　　34. A、C、D、E;　　35. A、B、E;　　36. B、C、D、E;
37. A、C、D、E;　　38. C、D、E;　　39. A、B、D;　　40. A、B、C、E;
41. B、D、E;　　42. A、B、C、D;　　43. B、D、E;　　44. C、D、E;
45. A、B、C、D;　　46. A、B;　　47. A、B、E;　　48. B、C、D、E;
49. A、B、C、E;　　50. A、B、C;　　51. B、C、D、E;　　52. A、B、E;
53. A、D;　　54. A、B、C;　　55. A、C、D、E;　　56. A、C、D;
57. A、B、D、E

3.5　水利水电工程机电设备及金属结构安装工程

复习要点

1. 机电设备分类及安装要求
2. 金属结构分类及安装要求

一　单项选择题

1. 弧形闸门吊装包括：① 支臂吊装；② 附件安装；③ 穿铰轴；④ 门叶吊装；⑤ 门叶与支臂相连。下列吊装顺序正确的是（　　　）。
　　A. ①②③④⑤　　　　　　　　B. ②①③④⑤
　　C. ①③④⑤②　　　　　　　　D. ③①④⑤②

2. 下列设备中，不属于水泵机组的是（　　　）。
　　A. 水泵　　　　　　　　　　B. 接力器
　　C. 动力机　　　　　　　　　D. 传动设备

3. 启闭机试验分为（　　　）种。
　　A. 2　　　　　　　　　　　　B. 3
　　C. 4　　　　　　　　　　　　D. 5

4. 闸门在承受设计水头的压力时，通过任意1m长度的水封范围内漏水量不应超过（　　　）L/s。
　　A. 0.1　　　　　　　　　　　B. 0.5
　　C. 1　　　　　　　　　　　　D. 5

5. 有底座机组安装，先将底座放于浇筑好的基础上，套上地脚螺栓和螺母，调整位置。底座的纵横中心位置和浇筑基础时所定的纵横中心线误差不能超过（　　　）mm。
　　A. ±5　　　　　　　　　　　B. ±4
　　C. ±2　　　　　　　　　　　D. ±1

6. 水泵安装时，卧式机组安装的流程是（　　　）。

A．基础施工→安装前准备→水泵安装→动力机安装→验收

B．安装前准备→基础施工→水泵安装→动力机安装→验收

C．安装前准备→基础施工→水泵安装→验收→动力机安装

D．基础施工→安装前准备→水泵安装→验收→动力机安装

7．闸门安装合格后，应在无水情况下作（　　　）。

A．静载试验　　　　　　　　　B．动水启闭试验

C．动水关闭试验　　　　　　　D．全行程启闭试验

8．启闭机动载试验时，采用（　　　）倍额定荷载。

A．1.1　　　　　　　　　　　B．1.2

C．1.3　　　　　　　　　　　D．1.4

9．固定卷扬式启闭机空载试验时，应在全行程往返（　　　）次。

A．2　　　　　　　　　　　　B．3

C．4　　　　　　　　　　　　D．5

10．事故闸门固定卷扬式启闭机的动水闭门和静水启门试验，全行程升降各
（　　　）次。

A．2　　　　　　　　　　　　B．3

C．4　　　　　　　　　　　　D．5

11．螺杆式启闭机荷载试验，应将闸门在门槽内无水或静水中全行程启闭（　　　）次。

A．2　　　　　　　　　　　　B．3

C．4　　　　　　　　　　　　D．5

二　多项选择题

1．下列水泵类型中，属于叶片泵的是（　　　）。

A．离心泵　　　　　　　　　　B．轴流泵

C．混流泵　　　　　　　　　　D．潜水泵

E．容积泵

2．下列水轮机形式中，属于反击式水轮机的是（　　　）。

A．混流式　　　　　　　　　　B．轴流式

C．斜流式　　　　　　　　　　D．贯流式

E．水斗式

3．下列水轮机形式中，属于冲击式水轮机的是（　　　）。

A．混流式　　　　　　　　　　B．轴流式

C．斜击式　　　　　　　　　　D．双击式

E．水斗式

4．预留二期混凝土的安装闸门预埋件时，下列说法正确的是（　　　）。

A．应采用较粗集料的混凝土，并细心捣固

B．应采用较细集料的混凝土，并细心捣固，不要振动已装好的金属构件

C．二期混凝土拆模后，应对埋件进行复测，并做好记录

D．门槽较高时，不要直接从高处下料，可以分段安装和浇筑

E．二期混凝土拆模后，不必对埋件进行复测

5．对于平面闸门安装的基本要求，下列说法正确的是（　　　　）。

A．闸门的检查应在门槽内进行

B．安装行走部件时，应使其所有滚轮（或滑块）都同时紧贴主轨

C．闸门压向主轨时，所有止水都同时紧贴预埋件

D．闸门压向主轨时，止水与预埋件之间应保持 3～5mm 的裕度

E．闸门的检查应在水平台架上进行

6．水利水电工程中金属结构的主要类型包括（　　　　）。

A．闸门
B．启闭机

C．拦污栅
D．压力钢管

E．水轮机

7．水工钢闸门按结构形式分类，主要包括（　　　　）。

A．平面闸门
B．弧形闸门

C．人字闸门
D．螺旋形闸门

E．快速闸门

【答案】

一、单项选择题

1．C；　2．B；　3．C；　4．A；　5．A；　6．B；　7．D；　8．A；

9．B；　10．A；　11．A

二、多项选择题

1．A、B、C；　2．A、B、C、D；　3．C、D、E；　4．B、C、D；

5．B、D、E；　6．A、B、C、D；　7．A、B、C

3.6　单项工程施工

复习要点

1．水闸

2．堤防

3．橡胶坝

4．质量通病防治

5．工程养护修理

一　单项选择题

1．根据《水闸施工规范》SL 27—2014，施工高程放样可采用的方法不包括（　　　　）。

A．轴线交会法   B．水准测量法

C．电测波测距三角高程法   D．视距法

2．根据《水闸施工规范》SL 27—2014，施工导流包括（   ）。

A．基坑开挖   B．基坑防护

C．土石方填筑   D．围堰拆除

3．根据《水利水电工程闸门制造、安装及验收规范》GB/T 14173—2008，若采用常温胶粘剂粘合，抗拉强度应不低于橡胶水封抗拉强度的（   ）。

A．65   B．75

C．85   D．95

4．根据《堤防工程施工规范》SL 260—2014，堤防工程基线相对于邻近基本控制点，高程允许误差为（   ）。

A．±10   B．±20

C．±30   D．±40

5．下列施工内容，属于橡胶坝基础土建部分施工的是（   ）。

A．上下游翼墙   B．坝体安装

C．控制系统施工   D．安全观测系统施工

6．根据《水利水电工程施工质量通病防治导则》SL/Z 690—2013，属于主观与客观因素上的质量通病分类是（   ）。

A．因违背施工规范产生的质量通病

B．可能引起质量隐患的质量通病

C．发生在主体结构的质量通病

D．设计原因的质量通病

7．混凝土防洪墙出现大于0.3mm的活缝，进行修补时可采用的措施是（   ）。

A．喷涂法   B．粘贴法

C．充填法   D．灌浆法

8．根据《混凝土坝养护修理规程》SL 230—2015，水压大于0.1MPa的集中渗漏，可采用（   ）进行处理。

A．直接堵漏法   B．导管止漏法

C．粘贴法   D．灌浆堵漏法

二　多项选择题

1．根据《水工混凝土施工规范》SL 677—2014，水闸主体结构混凝土施工宜按照（   ）的原则进行。

A．先浅后深   B．先重后轻

C．先矮后高   D．先主后次

E．先深后浅

2．根据《水工混凝土施工规范》SL 677—2014，粗集料最大粒径的选定，应符合的规定有（   ）。

A．不宜大于 80mm

B．不宜大于 90mm

C．不应大于结构截面最小尺寸的 1/4

D．不应大于结构截面最小尺寸的 1/3

E．不应大于钢筋净间距的 2/3

3．根据《水利水电工程施工质量通病防治导则》SL/Z 690—2013，土石方开挖工程出现预裂爆破效果差的主要原因有（　　　）。

A．孔位、孔向偏差大

B．爆破设计不合理，爆破参数选择不当

C．炸药猛度不足

D．在抛掷爆破作业时，炮孔方向单一，抛掷物在空中不能互相撞击，二次破碎

E．施工人员未掌握规范和设计要求，且经验不足

4．工程养护修理分为（　　　）。

A．经常性养护　　　　　　　　B．突发性养护

C．及时性养护　　　　　　　　D．定期养护

E．专门性养护

5．堤防抢修中，险情按"临水截渗，背水导渗"或"临水截堵，背水滤导"的原则抢修的是（　　　）。

A．渗水抢修　　　　　　　　　B．漏洞抢修

C．管涌抢修　　　　　　　　　D．风浪冲刷抢护

E．裂缝抢修

【答案】

一、单项选择题

1. A；　　2. D；　　3. C；　　4. C；　　5. A；　　6. D；　　7. B；　　8. D

二、多项选择题

1. B、D、E；　　　2. A、C、E；　　　3. A、B；　　　4. A、D、E；

5. A、B

第2篇 水利水电工程相关法规与标准

第4章 相关法规

4.1 水工程保护和建设许可的相关规定

复习要点

1. 水工程保护的规定
2. 水工程建设许可要求

微信扫一扫
在线做题 + 答疑

一 单项选择题

1.《中华人民共和国水法》从保持河道、运河、渠道畅通以及保证湖泊、水库正常发挥效益出发，针对各类生产建设活动的特点以及可能产生的危害，分别作出了（　　）。
    A．禁止性规定
    B．非禁止性规定和限制性规定
    C．禁止性规定和非限制性规定
    D．禁止性规定和限制性规定

2. 根据《中华人民共和国水法》规定，在河道滩地种植阻碍行洪的林木及高秆作物属于（　　）。
    A．禁止性规定
    B．非禁止性规定
    C．限制性规定
    D．非限制性规定

3. 根据《中华人民共和国水法》规定，在河道管理范围内铺设跨河管道、电缆属于（　　）。
    A．禁止性规定
    B．非禁止性规定
    C．限制性规定
    D．非限制性规定

4. 根据《中华人民共和国水法》规定，在行洪河道滩地建商业用房属于（　　）。
    A．禁止性规定
    B．非禁止性规定
    C．限制性规定
    D．非限制性规定

5.《中华人民共和国水法》对为了生产和防洪安全的共同需要而建设涉水工程，没有绝对禁止，而是通过（　　）加以限制。
    A．法律、法规
    B．水利水电工程设计规范
    C．行政许可
    D．建设监理

6. 根据《中华人民共和国水法》规定，河道采砂许可制度实施办法由（　　）规定。

A．国务院   B．水利部

C．流域管理机构   D．省级及以上水行政主管部门

7. 按照《中华人民共和国水法》规定，堤防工程护堤地属于水工程（   ）。

    A．限制利用范围   B．管理范围

    C．保护范围   D．以上都是

8. 根据《中华人民共和国水法》规定，在国家确定的重要江河、湖泊上建设水工程，建设单位在工程开工前，（   ）应当对水工程的建设是否符合流域综合规划进行审查并签署意见。

    A．水利部   B．有关流域管理机构

    C．省级以上水行政主管部门   D．县级以上水行政主管部门

9. 根据《中华人民共和国水法》规定，当流域范围内的流域规划与区域规划相矛盾时，两者之间的关系应当是（   ）。

    A．流域规划服从区域规划   B．区域规划服从流域规划

    C．两者均可独立执行   D．由主管部门协调一致

10. 流域的划分依据是（   ）。

    A．积水面积   B．行政区划

    C．分水线   D．历史遗留及人为划定

11. 进行水资源开发利用规划的基本单元是（   ）。

    A．城市   B．河流

    C．河流及湖泊   D．流域

12. 流域防洪规划是（   ）。

    A．综合规划   B．专业规划

    C．总体规划   D．局部规划

13. 国家对水工程实施保护。国家所有的水工程应当按照（   ）的规定划定工程管理和保护范围。

    A．国务院或地方政府   B．《中华人民共和国水法》

    C．国务院   D．省级水行政主管部门

14. 根据《中华人民共和国水法》规定，在国家确定的重要江河、湖泊上建设水工程，在（   ）前，应当取得流域管理机构签署的水工程的建设符合流域综合规划要求的规划同意书。

    A．项目建议书报请批准   B．可行性研究报告报请批准

    C．初步设计报告报请批准   D．建设单位开工建设

15. 江河、湖泊治理和防洪工程设施建设的基本依据是（   ）。

    A．区域规划   B．水资源综合规划

    C．防洪规划   D．流域规划

16. 为开发、利用、节约、保护水资源和防治水害，在流域范围内制定的防洪、治涝、水资源保护等规划属于（   ）。

    A．区域规划   B．水资源综合规划

    C．流域专业规划   D．流域综合规划

17. 根据有关规定，为了保证工程设施正常运行管理的需要而划分的范围称为（   ）。

    A．保护范围   B．管理范围

    C．运用范围   D．法定范围

18. 根据有关规定，为了防止在工程设施周边进行对工程设施安全有不良影响的其他活动，满足工程安全需要而划定的一定范围称为（   ）。

    A．保护范围   B．管理范围

    C．运用范围   D．法定范围

二 多项选择题

1.《中共中央办公厅 国务院办公厅关于全面推行河长制的意见》提出的主要任务包括（   ）。

    A．加强规划管理   B．加强水资源保护

    C．加强水环境治理   D．加强水生态修复

    E．加强工程监管

2. 水资源规划按层次划分为（   ）。

    A．全国战略规划   B．供水规划

    C．流域规划   D．灌溉规划

    E．区域规划

3. 区域规划是按（   ）对水资源开发利用和防治水害等进行总体部署。

    A．地理   B．水系

    C．流域   D．经济

    E．行政单元

4. 根据《中华人民共和国水法》规定，流域规划可划分为（   ）。

    A．区域规划   B．流域综合规划

    C．流域专业规划   D．流域战略规划

    E．流域发展规划

【答案】

一、单项选择题

1. D；   2. A；   3. C；   4. A；   5. C；   6. A；   7. B；   8. B；
9. B；   10. C；   11. D；   12. B；   13. C；   14. D；   15. D；   16. C；
17. B；   18. A

二、多项选择题

1. B、C、D；   2. A、C、E；   3. A、D、E；   4. B、C

4.2 防洪的相关规定

复习要点

1. 河道湖泊上建设工程设施的防洪要求
2. 防汛抗洪的组织要求

一 单项选择题

1. 《中华人民共和国防洪法》于（　　　）施行。
   - A. 1995 年 1 月 1 日
   - B. 1995 年 10 月 1 日
   - C. 1998 年 1 月 1 日
   - D. 1998 年 10 月 1 日

2. 防洪标准是指根据防洪保护对象的重要性和经济合理性而由（　　　）确定的防御洪水标准。
   - A. 水利部
   - B. 国家
   - C. 国务院
   - D. 水行政主管部门

3. 工程设施建设影响防洪但尚可采取补救措施的，责令限期采取补救措施，可以处（　　　）的罚款。
   - A. 1 万元以上 5 万元以下
   - B. 5 万元以上 10 万元以下
   - C. 10 万元以上 20 万元以下
   - D. 1 万元以上 10 万元以下

4. 河道管理范围按（　　　）而有所不同。
   - A. 工程设施建设的位置
   - B. 有堤防和无堤防
   - C. 项目防御洪涝的设防标准
   - D. 堤防安全、河道行洪、河水水质的影响

5. 根据《中华人民共和国防洪法》规定，在蓄滞洪区内建造房屋应采用（　　　）结构。
   - A. 蒙古式
   - B. 坡顶式
   - C. 平顶式
   - D. 圆顶式

6. 属于国家所有的防洪工程设施，在竣工验收前由（　　　）划定管理和保护范围。
   - A. 县级以上人民政府
   - B. 县级人民政府
   - C. 省级以上人民政府
   - D. 省级人民政府

7. 防汛抗洪工作实行各级人民政府（　　　），统一指挥、分级分部门负责。
   - A. 常委分工负责制
   - B. 行政执法责任制
   - C. 省长负责制
   - D. 行政首长负责制

8. 国务院设立国家防汛指挥机构，负责领导、组织全国的防汛抗洪工作，其办事机构设在（　　　）。
   - A. 流域管理机构
   - B. 国务院水行政主管部门
   - C. 县（市）人民政府
   - D. 省、自治区、直辖市人民政府

9. 省、自治区、直辖市人民政府防汛指挥机构根据（　　）规定汛期起止日期。

    A．国家规定日期　　　　　　B．险情发生前后

    C．当地规定日期　　　　　　D．当地的洪水规律

10. 保证江河、湖泊在汛期安全运用的上限水位是指（　　）。

    A．保证水位　　　　　　　　B．最高洪水位

    C．设计水位　　　　　　　　D．校核水位

11. 安全流量是指（　　）时的流量。

    A．相应警戒水位　　　　　　B．相应校核水位

    C．相应保证水位　　　　　　D．相应设计水位

12. 根据《中华人民共和国防洪法》，包括分洪口在内的河堤背水面以外临时贮存洪水的低洼地区及湖泊等，称为（　　）。

    A．洪泛区　　　　　　　　　B．蓄滞洪区

    C．防洪保护区　　　　　　　D．洪水区

13. 江河、湖泊的水位在汛期上涨可能出现险情之前而必须开始警戒并准备防汛工作时的水位称为（　　）。

    A．危险水位　　　　　　　　B．警戒水位

    C．防汛水位　　　　　　　　D．保护水位

14. 国家防汛总指挥部的指挥长由（　　）担任。

    A．国家副主席　　　　　　　B．国务院副总理

    C．国务院副秘书长　　　　　D．国务院水行政主管部门负责人

15. 在蓄滞洪区内的建设项目投入生产或使用时，其防洪工程设施应当经（　　）验收。

    A．水利部　　　　　　　　　B．建设行政主管部门

    C．国务院　　　　　　　　　D．水行政主管部门

16. 国家确定防洪标准的根据是（　　）。

    A．保护地区的面积

    B．防洪规划

    C．保护对象的重要性及经济合理性

    D．保护地区的人口及经济状况

17. 水库管理部门，应当根据工程规划设计、经批准的防御洪水方案和洪水调度方案以及工程实际状况，在兴利服从防洪，保证安全的前提下，制订汛期调度运用计划，经有关部门审查批准后，报（　　）备案。

    A．上级主管部门　　　　　　B．有管辖权的安全监督管理部门

    C．有管辖权的人民政府　　　D．有管辖权的人民政府防汛指挥部

二　多项选择题

1. 根据《中华人民共和国防洪法》，防洪区是指洪水泛滥可能淹及的地区，分为（　　）。

A．洪泛区　　　　　　　　　B．行洪区

C．蓄滞洪区　　　　　　　　D．防洪保护区

E．低洼区

2．有堤防的河道、湖泊，其管理范围为两岸堤防之间的（　　）和堤防及护堤地。

A．水域　　　　　　　　　　B．沙洲

C．滩地　　　　　　　　　　D．行洪区

E．桥梁

3．洪水影响评价的主要内容包括（　　）。

A．洪水对建设项目可能产生的影响

B．建设项目可能对防洪产生的影响

C．减轻或避免影响防洪的措施

D．建设项目对通航可能产生的影响

E．建设项目对水工程可能产生的影响

4．根据《中华人民共和国水法》规定，下列（　　）行为构成犯罪的，依照刑法的有关规定需追究刑事责任。

A．未按照有关水行政主管部门审查批准的位置、界限，在河道、湖泊管理范围内从事工程设施建设活动

B．侵占、毁坏水工程及堤防、护岸等有关设施

C．在洪泛区、蓄滞洪区内建设非防洪建设项目

D．在水工程保护范围内，从事影响水工程运行和危害水工程安全的爆破活动

E．毁坏水文监测和水文地质监测设施

5．有防汛抗洪任务的县级以上地方人民政府设立的防汛指挥机构由有关部门及（　　）负责人组成。

A．人民政府　　　　　　　　B．流域机构

C．人民武装部　　　　　　　D．当地驻军

E．水行政主管部门

6．《中华人民共和国防洪法》上的重要江河、湖泊是指（　　）。

A．长江、黄河、淮河、钱塘江　　B．辽河、珠江、洞庭湖、松花江

C．长江、黄河、淮河、海河　　　D．辽河、太湖、珠江、黑龙江

E．辽河、太湖、珠江、松花江

7．根据《中华人民共和国防洪法》规定，有关县级以上人民政府防汛指挥机构可以宣布进入紧急防汛期的情况有（　　）。

A．当江河、湖泊的水情接近保证水位或者安全流量

B．水库水位接近设计洪水位

C．河道、湖泊范围内障碍物阻碍行洪

D．防洪工程设施发生重大险情时

E．水情预报接近历史最高洪水位

8．下列流域中，其防御洪水方案应由国家防汛总指挥部制定的是（　　）。

A．长江　　　　　　　　　　B．黄河

C．淮河　　　　　　　　　　D．珠江
E．海河

【答案】

1．C；　　2．B；　　3．D；　　4．B；　　5．C；　　6．A；　　7．D；　　8．B；
9．D；　　10．A；　　11．C；　　12．B；　　13．B；　　14．B；　　15．D；　　16．C；
17．D

二、多项选择题

1．A、C、D；　　　　2．A、B、C、D；　　　　3．A、B、C；　　　　4．B、D、E；
5．C、D；　　　　　6．C、E；　　　　　7．A、B、D；　　　　　8．A、B、C、E

4.3　与工程建设有关的水土保持规定

复习要点

1．修建工程设施的水土保持预防规定
2．水土流失的治理要求

一　单项选择题

1．根据开发建设项目所处地理位置可将其水土流失防治标准分为（　　　）级。
　　A．二　　　　　　　　　　B．三
　　C．四　　　　　　　　　　D．五

2．《中华人民共和国水土保持法》所称的水土保持是指（　　　）。
　　A．水资源的开发利用　　　B．水土流失防治
　　C．合理利用土地　　　　　D．水害防治

3．保护性耕作是指禁止在（　　　）度以上陡坡地开垦种植农作物，在 5 度以上坡地植树造林、抚育幼林、种植中药材等，应当采取水土保持措施等。
　　A．15　　　　　　　　　　B．25
　　C．35　　　　　　　　　　D．45

4．建设工程中水土保持设施投产使用时间是（　　　）。
　　A．水土保持设施通过验收后
　　B．与主体工程同步
　　C．整体工程通过验收并投入使用后
　　D．工程投入使用前

5．根据《中华人民共和国水土保持法》，企事业单位在建设和生产过程中对造成的水土流失负责治理；本单位无力治理的，由水行政主管部门治理，其治理费用由

81

（　　）负担。

  A．国家统一   B．水行政主管部门

  C．该企事业单位   D．建设行政主管部门

6．衡量水土流失程度的指标是（　　）。

  A．流失指数   B．流失系数

  C．侵蚀模数   D．侵蚀度

7．崩塌滑坡危险区和泥石流易发区的范围，由（　　）划定。

  A．国务院   B．国土资源部

  C．县级以上地方人民政府 D．水行政主管部门

二 多项选择题

1．《中华人民共和国水土保持法》规定，水土保持工作实行（　　）、全面规划、科学管理、注重效益的方针。

  A．保护优先   B．预防为主

  C．重点防治   D．综合治理

  E．因地制宜

2．水土保持措施应因地制宜，对水力侵蚀地区采取的措施包括（　　）。

  A．工程措施   B．植物措施

  C．轮封轮牧措施   D．保护性耕作措施

  E．复垦措施

3．建设项目水土保持设施必须与主体工程"三同时"是指（　　）。

  A．同时报批   B．同时设计

  C．同时施工   D．同时竣工验收

  E．同时投产使用

4．下列属于防止风力侵蚀措施的有（　　）。

  A．轮封轮牧   B．植树种草

  C．设置人工沙障   D．设置网格林带

  E．设置挡土墙

5．水土流失严重、生态脆弱的地区，应当限制或者禁止可能造成水土流失的生产建设活动，严格保护（　　）。

  A．动物   B．植物

  C．沙壳   D．结皮

  E．地衣

6．水土保持规划的内容包括（　　）。

  A．水土流失状况   B．水土流失类型区划分

  C．水土流失防治目标   D．水土流失防治任务和措施

  E．专家和公众意见

7．开发建设项目水土流失防治指标应包括（　　）等。

A．扰动土地比例　　　　　　　　B．扰动土地整治率

C．水土流失总治理度　　　　　　D．土壤流失控制比

E．拦渣率

【答案】

一、单项选择题

1．B；　　2．B；　　3．B；　　4．B；　　5．C；　　6．C；　　7．C

二、多项选择题

1．A、B、D、E；　　2．A、B、D；　　3．B、C、E；　　4．A、B、C、D；

5．B、C、D、E；　　6．A、B、C、D；　　7．B、C、D、E

第5章　相 关 标 准

5.1　水利工程建设标准体系

05

微信扫一扫
在线做题 + 答疑

复习要点

1. 标准的使用要求
2. 标准的框架

一　单项选择题

1. 技术标准分为（　　）个层次。
   - A. 2
   - B. 3
   - C. 4
   - D. 5

2. 国家工程建设标准分为（　　）个类别。
   - A. 2
   - B. 3
   - C. 4
   - D. 5

3. 强制性国家标准文本自发布之日起（　　）日内，在全国标准信息公共服务平台免费公开。
   - A. 10
   - B. 15
   - C. 20
   - D. 30

4. 水利标准分为（　　）个层次。
   - A. 2
   - B. 3
   - C. 4
   - D. 5

5. 水利行业标准制定分为（　　）个阶段。
   - A. 2
   - B. 3
   - C. 4
   - D. 5

6. 水利行业标准（等同采用国际标准时）制定分为（　　）阶段。
   - A. 2
   - B. 3
   - C. 4
   - D. 5

7. 水利行业标准的制定周期原则上不超过（　　）个月。
   - A. 6
   - B. 12
   - C. 18
   - D. 24

8. 水利行业标准的修订周期原则上不超过（　　）个月。
   - A. 6
   - B. 12
   - C. 18
   - D. 24

9. 行业标准的发布时间为水利部批准时间，开始实施时间不应超过其后的（　　）个月。

A．1   B．3

C．6   D．9

10．2021 年版水利技术标准体系中，水利水电工程标准有（   ）项。

A．210   B．220

C．240   D．250

11．2021 年版水利技术标准体系中，水利水电工程标准涉及（   ）个功能。

A．11   B．12

C．13   D．14

二   多项选择题

1．下列关于水利技术标准的说法，正确的有（   ）。

A．国家标准分为强制性标准和推荐性标准

B．水利行业标准分为强制性标准和推荐性标准

C．团体标准和企业标准不属于水利行业技术标准

D．推荐性标准的技术要求不得低于强制性国家标准的相关技术要求

E．标准复审周期一般不超过 5 年

2．2021 年版水利技术标准体系结构由（   ）构成。

A．专业门类   B．层次

C．功能序列   D．专业序列

E．综合序列

3．水利技术标准的内容包括（   ）。

A．前言部分   B．正文部分

C．补充部分   D．条文说明部分

E．引用资料部分

4．下列关于水利行业标准制定方面的说法，正确的有（   ）。

A．可以同时制定国家标准和水利行业标准

B．水利行业的工程建设类可以制定强制性标准

C．水利行业地方标准同时接受水利部和地方有关部门管理

D．有行业标准时，可以制定企业标准

E．水利部对团体标准进行规范管理

5．水利行业标准用词有（   ）。

A．严禁   B．应

C．必须   D．可

E．宜

【答案】

一、单项选择题

1. D;　　2. A;　　3. C;　　4. D;　　5. C;　　6. B;　　7. D;　　8. B;
9. B;　　10. D;　　11. C

二、多项选择题

1. A、B、D、E;　　2. A、C;　　　　3. A、B、C;　　　　4. B、D、E;
5. B、D、E

5.2　与施工相关的标准

复习要点

1. 强制性标准
2. 推荐性标准

一　单项选择题

1. 根据《水工建筑物岩石地基开挖施工技术规范》SL 47—2020，严禁在设计建基面、设计边坡附近采用洞室爆破法或（　　）施工。

　　A. 药壶爆破法　　　　　　　　B. 深孔爆破法
　　C. 浅孔爆破法　　　　　　　　D. 预裂爆破法

2. 根据《水工建筑物地下开挖工程施工规范》SL 378—2007，下列关于水利水电工程土石方开挖施工的说法，错误的是（　　）。

　　A. 特大断面洞室采用先拱后墙法施工时，拱脚下部的岩体开挖，拱顶混凝土衬砌强度不应低于设计强度的 75%

　　B. 特大断面隧洞采用先拱后墙法施工时，拱脚线的最低点至下部开挖面的距离，不宜小于 1.2m

　　C. 洞口削坡应自上而下进行，严禁上下垂直作业

　　D. 竖井或斜井单向自下而上开挖，距离贯通 5m 时，应自上而下贯通

3. 根据《水工建筑物地下开挖工程施工规范》SL 378—2007，当相向开挖的两个工作面相距（　　）m 时，应停止一方工作，单向开挖贯通。

　　A. 15　　　　　　　　　　　　B. 20
　　C. 30　　　　　　　　　　　　D. 40

4. 根据《水工建筑物地下开挖工程施工规范》SL 378—2007，洞室开挖时，相向开挖的两个工作面相距（　　）m 放炮时，双方人员均须撤离工作面。

　　A. 30　　　　　　　　　　　　B. 25
　　C. 20　　　　　　　　　　　　D. 15

5. 根据《水工混凝土施工规范》SL 677—2014，水利水电工程施工中，跨度不大

于 2m 的混凝土悬臂板、梁的承重模板在混凝土达到设计强度的（　　）后才能拆除。

    A．60%   B．75%

    C．80%   D．90%

6．根据《水工混凝土施工规范》SL 677—2014，水利水电工程施工中，跨度大于 8m 的混凝土梁、板、拱的承重模板在混凝土达到设计强度的（　　）后才能拆除。

    A．60%   B．70%

    C．90%   D．100%

7．根据《水工碾压混凝土施工规范》SL 53—1994，连续上升铺筑的碾压混凝土，层间允许间隔时间，应控制在（　　）以内。

    A．初凝时间   B．终凝时间

    C．45min   D．90min

8．根据《水利水电工程施工质量检验与评定规程》SL 176—2007，对涉及工程结构安全的试块、试件及有关材料，其见证取样资料应由（　　）制备。

    A．检测单位   B．施工单位

    C．监理单位   D．项目法人

9．水利水电工程施工生产区内机动车辆行驶道路最小转弯半径不得小于（　　）m。

    A．12   B．13

    C．14   D．15

10．水利水电工程生产车间和作业场所工作地点日接触噪声时间高于 8h 的噪声声级卫生限值为（　　）dB（A）。

    A．85   B．88

    C．91   D．94

11．施工作业噪声传至以居住、文教机关为主的区域的夜间噪声声级卫生限值为（　　）dB（A）。

    A．45   B．50

    C．55   D．60

12．粉尘作业区至少每（　　）测定一次粉尘浓度，作业区浓度严重超标应及时监测，并采取可靠的防范措施。

    A．天   B．月

    C．季   D．半年

13．毒物作业点至少每（　　）测定一次，浓度超过最高允许浓度的测点应及时测定，直至浓度降至最高允许浓度以下。

    A．天   B．月

    C．季   D．半年

14．根据施工生产防火安全的需要，合理布置消防通道和各种防火标志，消防通道应保持通畅，宽度不得小于（　　）m。

    A．5   B．4.5

    C．4   D．3.5

15．用火作业区距所建的建筑物和其他区域不得小于（　　）m。

A. 15   B. 25
C. 35   D. 45

16. 加油站应安装覆盖站区的避雷装置，其接地电阻不大于（   ）Ω。
    A. 5   B. 10
    C. 15   D. 20

17. 独立的木材加工厂与周围其他设施、建筑之间的安全防火距离不小于（   ）m。
    A. 10   B. 20
    C. 30   D. 40

18. 在建工程（含脚手架）的外侧边缘与外电架空线路（电压35~110kV）的边线之间应保持的安全操作距离是（   ）m。
    A. 4   B. 6
    C. 8   D. 10

19. 施工现场的机动车道与外电架空线路（电压1~10kV）交叉时，架空线路的最低点与路面的垂直距离应不小于（   ）m。
    A. 6   B. 7
    C. 8   D. 9

20. 机械如在220kV高压线下进行工作或通过时，其最高点与高压线之间的最小垂直距离不得小于（   ）m。
    A. 4   B. 5
    C. 6   D. 7

21. 旋转臂架式起重机的任何部位或被吊物边缘与10kV以下的架空线路边线最小水平距离不得小于（   ）m。
    A. 2   B. 3
    C. 4   D. 5

22. 下列关于特殊场所照明器具安全电压的规定，正确的是（   ）。
    A. 地下工程，有高温、导电灰尘，且灯具离地面高度低于2.5m等场所的照明，电源电压应不大于48V
    B. 在潮湿和易触及带电体场所的照明电源电压不得大于12V
    C. 地下工程，有高温、导电灰尘，且灯具离地面高度低于2.5m等场所的照明，电源电压应不大于36V
    D. 在潮湿和易触及带电体场所的照明电源电压不得大于36V

23. 凡在坠落高度基准面（   ）m以上有可能坠落的高处进行作业，均称为高处作业。
    A. 2   B. 3
    C. 4   D. 5

24. 高处作业的安全网距离工作面的最大高度不超过（   ）m。
    A. 2   B. 3
    C. 4   D. 5

25. 遇有（   ）级及以上的大风，禁止从事高处作业。

A. 6 B. 7

C. 8 D. 9

26. 钢脚手架的立杆的间距不小于（　　　）m。

A. 2 B. 1.8

C. 1.5 D. 1.2

27. 低于（　　　）℃运输易冻的硝化甘油炸药时，应采取防冻措施。

A. 7 B. 8

C. 9 D. 10

28. 在工区内用汽车运输爆破器材，在视线良好的情况下行驶时，时速不得超过（　　　）km/h。

A. 5 B. 10

C. 12 D. 15

29. 地下相向开挖的两端在相距（　　　）m 以内时，装炮前应通知另一端暂停工作。

A. 60 B. 50

C. 40 D. 30

30. 电力起爆中，供给每个电雷管的实际电流应大于准爆电流，下列要求错误的是（　　　）。

A. 直流电源：一般爆破不小于 2.5A

B. 直流电源：洞室爆破或大规模爆破不小于 3.5A

C. 交流电源：一般爆破不小于 3A

D. 交流电源：洞室爆破或大规模爆破不小于 4A

31. 一个 8 号雷管起爆导爆管的数量不宜超过（　　　）根。

A. 30 B. 40

C. 50 D. 60

32. 高度在 20m 处的作业属于（　　　）高处作业。

A. 特级 B. 一级

C. 二级 D. 三级

33. 下列不能用于电器灭火的灭火剂是（　　　）。

A. 二氧化碳 B. 泡沫灭火剂

C. 四氯化碳 D. 二氟一氯一溴甲烷

34. 滑模装置设计时，模板与混凝土之间的摩阻力，可取（　　　）kN/m²。

A. 0.8～1.0 B. 1.0～1.3

C. 1.3～2.0 D. 1.3～3.0

35. 滑模施工混凝土时，振捣器插入下层混凝土的深度，宜为（　　　）cm 左右。

A. 3 B. 4

C. 5 D. 6

36. 无轨滑模施工时，振捣器与模板的间距不应小于（　　　）cm。

A. 10 B. 15

C. 20 D. 25

二 多项选择题

1. 根据《水工建筑物岩石地基开挖施工技术规范》SL 47—2020，下列关于明挖工程中的钻孔爆破的说法，正确的是（　　　）。
   - A. 严禁在设计建基面采用洞室爆破法施工
   - B. 严禁在设计边坡附近采用洞室爆破法施工
   - C. 在设计建基面可以采用药壶爆破法施工
   - D. 在设计边坡附近可以采用药壶爆破法施工
   - E. 未经安全技术论证和主管部门批准，严禁采用自下而上的开挖方式

2. 根据《水工建筑物地下开挖工程施工技术规范》SL 378—2007，下列说法正确的有（　　　）。
   - A. 地下洞室洞口削坡应自上而下分层进行，严禁上下垂直作业
   - B. 拱脚线的最低点至下部开挖面的距离，不宜小于 2.5m
   - C. 顶拱混凝土衬砌强度不应低于设计强度的 75%
   - D. 地下洞室开挖施工过程中，洞内氧气体积不应小于 20%
   - E. 斜井、竖井自上而下扩大开挖时，应有防止导井堵塞和人员坠落的措施

3. 根据《水工建筑物地下开挖工程施工技术规范》SL 378—2007，下列关于洞室开挖爆破安全要求，正确的是（　　　）。
   - A. 相向开挖的两个工作面相距 5 倍洞径距离爆破时，双方人员均须撤离工作面
   - B. 相向开挖的两个工作面相距 3 倍洞径距离爆破时，双方人员均须撤离工作面
   - C. 相向开挖的两个工作面相距 30m 放炮时，双方人员均须撤离工作面
   - D. 相向开挖的两个工作面相距 50m 放炮时，双方人员均须撤离工作面
   - E. 相向开挖的两个工作面相距 15m 时，应停止一方工作，单项开挖贯通

4. 根据《水工建筑物地下开挖工程施工技术规范》SL 378—2007，下列关于洞室开挖爆破安全要求，正确的是（　　　）。
   - A. 竖井单向自下而上开挖，距贯通面 5m 时，应自上而下贯通
   - B. 竖井单向自下而上开挖，距贯通面 10m 时，应自上而下贯通
   - C. 采用电力引爆方法，装炮时距工作面 30m 以内，应断开电流
   - D. 采用电力引爆方法，装炮时距工作面 50m 以内，应断开电流
   - E. 斜井单向自下而上开挖，距贯通面 5m 时，应自上而下贯通

5. 根据《水利水电工程锚喷支护技术规范》SL 377—2007，竖井中的锚喷支护施工应遵守（　　　）。
   - A. 采用溜筒运送喷混凝土的干混合料时，井口溜筒喇叭口周围必须封闭严密
   - B. 喷射机置于地面时，竖井内输料钢管宜用法兰连接，悬吊应垂直牢固
   - C. 采取措施防止机具、配件和锚杆等物件掉落伤人
   - D. 竖井深度超过 10m 时，必须在井口设鼓风机往井内通风

E．操作平台应设置栏杆，作业人员必须佩戴安全带

6．根据《水工建筑物岩石地基开挖工程施工技术规范》SL 47—2020，在设计建基面、设计边坡附近严禁采用（　　）施工。

A．洞室爆破法　　　　　　　　B．药壶爆破法

C．自卸汽车　　　　　　　　　D．铲运机

E．挖掘机

7．水利水电工程施工现场架设临时性跨越沟槽的便桥和边坡栈桥，应符合的要求是（　　）。

A．基础稳固、平坦畅通

B．人行便桥、栈桥宽度不得小于1.5m

C．手推车便桥、栈桥宽度不得小于2m

D．机动翻斗车便桥、栈桥，应根据荷载进行设计施工，其最小宽度不得小于2.5m

E．设有防护栏杆

8．下列关于加油站、油库的规定，正确的是（　　）。

A．独立建筑，与其他设施、建筑之间的防火安全距离应不小于50m

B．周围应设有高度不低于1.5m的围墙、栅栏

C．应配备相应数量的泡沫、干粉灭火器和砂土等灭火器材

D．库区内严禁一切火源、吸烟及使用手机

E．运输使用的油罐车应密封，并有防静电设施

9．下列气温条件下应按低温季节施工的是（　　）。

A．日平均气温连续5d稳定在5℃以下

B．昼夜平均气温低于8℃

C．最低气温连续5d稳定在−3℃以下

D．最低温度低于0℃

E．昼夜平均气温低于6℃，且最低温度低于0℃

10．下列关于施工场地照明器具选择的说法，正确的是（　　）。

A．含有大量尘埃但无爆炸和火灾危险的场所，应采用防尘型照明器

B．对有爆炸和火灾危险的场所，应按危险场所等级选择相应的防爆型照明器

C．在振动较大的场所，应选用防爆型照明器

D．对有酸、碱等强腐蚀的场所，应采用耐酸碱型照明器

E．正常湿度时，选用开启式照明器

11．下列关于行灯的说法，正确的是（　　）。

A．电源电压不超过24V

B．灯体与手柄连接坚固、绝缘良好并耐热、耐潮湿

C．灯头与灯体结合牢固，灯头无开关

D．灯泡外部有金属保护网

E．金属网、反光罩、悬吊挂钩固定在灯具的绝缘部位上

12．下列属于特殊高处作业的是（　　）。

A．高度超过 30m 的特级高处作业 B．强风高处作业

C．异温高处作业　　　　　　　　D．雨天高处作业

E．悬空高处作业

13．在带电体附近进行高处作业时，距带电体的最小安全距离应满足（　　　）。

A．工作人员的活动范围与带电体（10kV 及以下）的距离应不小于 2m

B．工作人员的活动范围与带电体（10kV 及以下）的距离应不小于 4m

C．工器具、安装构件、接地线等与带电体（220kV）的距离应不小于 3m

D．工器具、安装构件、接地线等与带电体（220kV）的距离应不小于 5m

E．整体组立杆塔与带电体的距离应大于倒杆距离

14．下列关于脚手架的说法，正确的是（　　　）。

A．脚手架应根据施工荷载经设计确定，施工常规负荷量不得超过 3.0kPa

B．脚手架钢管外径应为 48.3mm，壁厚 3.6mm

C．脚手架钢管立杆、大横杆的接头应错开，搭接长度不小于 30cm

D．架子高度在 7m 以上或无法设支杆时，竖向每隔 4m，水平每隔 7m，应使
脚手架牢固地连接在建筑物上

E．脚手架底脚扫地杆、水平横杆离地面距离为 20～30cm

15．下列关于带电体灭火的操作方法，正确的是（　　　）。

A．当用水灭火时，电压 220kV 及其以上者，人体与带电体距离不得小于 3m

B．当使用二氧化碳灭火时，机体至 10kV 带电体的距离不得小于 0.4m

C．对架空线路灭火时，人体位置与带电体之间的仰角不得超过 45°

D．蓄电池发生火灾时，应用专用灭火器

E．发动机等旋转电机灭火时，可用干粉灭火剂

16．下列关于火花起爆的规定，正确的是（　　　）。

A．深孔、竖井、倾角大于 30° 的斜井、有瓦斯和粉尘爆炸危险等工作面的爆
破，禁止采用火花起爆

B．炮孔的排距较密时，导火索的外露部分不得超过 0.5m，以防止导火索互相
交错而起火

C．一人连续单个点火的火炮，暗挖不得超过 8 个，明挖不得超过 12 个，并应
在爆破负责人指挥下，做好分工及撤离工作

D．当信号炮响后，全部人员应立即撤出炮区，迅速到安全地点掩蔽

E．点燃导火索应使用香或专用点火工具，禁止使用火柴、香烟和打火机

17．下列关于电力起爆的规定，正确的是（　　　）。

A．用于同一爆破网路内的电雷管，电阻值应相同。康铜桥丝雷管的电阻极差
不得超过 0.25Ω，镍铬桥丝雷管的电阻极差不得超过 0.5Ω

B．装炮前工作面一切电源应切除，照明至少设于距工作面 30m 以外，只有确
认炮区无漏电、感应电后，才可装炮

C．雷雨天若采用电力起爆应设置必要的避雨措施

D．网路中全部导线应绝缘；有水时导线应架空；各接头应用绝缘胶布包好，
两条线的搭接口禁止重叠，至少应错开 0.1m

E．测量电阻只许使用经过检查的专用爆破测试仪表或线路电桥；严禁使用其他电气仪表进行量测

18．下列关于导爆索起爆的规定，正确的是（　　　）。

A．导爆索只准用快刀切割，不得用剪刀剪断导火索

B．起爆导爆索的雷管，其聚能穴应朝向导爆索，与传爆方向相反

C．支线要顺主线传爆方向连接，搭接长度不应少于 15cm，支线与主线传爆方向的夹角应不大于 90°

D．导爆索交叉敷设时，应在两根交叉导爆索之间设置厚度不小于 10cm 的木质垫板

E．连接导爆索中间不应出现断裂破皮、打结或打圈现象

19．下列关于导爆管起爆的规定，正确的是（　　　）。

A．用导爆管起爆时，应有设计起爆网路，并进行传爆试验

B．禁止导爆管打结，禁止在药包上缠绕

C．一个 8 号雷管起爆导爆管的数量不宜超过 40 根，层数不宜超过 4 层

D．只有确认网路连接正确，与爆破无关人员已经撤离，才准许接入引爆装置

E．网路的连接处应牢固，两元件应相距 2m

20．下列关于安全工具检验标准与周期的说法，正确的是（　　　）。

A．塑料安全帽应可抗 3kg 的钢球从 5m 高处垂直坠落的冲击力

B．塑料安全帽应半年检验一次

C．安全带应满足悬吊 255kg 重物 5min 无损伤的要求

D．安全带在每次使用前均应检查

E．安全网应每年检查一次，且在每次使用前进行外表检查

21．滑模装置的组成部分包括（　　　）。

A．模板组件　　　　　　　　　B．平台组件

C．液压提升组件　　　　　　　D．精度控制系统

E．保险装置

22．根据《混凝土结构通用规范》GB 55008—2021，混凝土结构拆除可以采用（　　　）。

A．机械拆除　　　　　　　　　B．动态破碎拆除

C．静态破碎拆除　　　　　　　D．爆破拆除

E．液压拆除

23．根据《混凝土结构通用规范》GB 55008—2021，混凝土结构拆除物的处置应符合（　　　）的规定。

A．对可重复利用构件，应考虑其使用寿命和维护方法

B．对切割的块体，应进行重复利用或再生利用

C．对破碎的混凝土，应拟定再生利用计划

D．对拆除的钢筋，应回收再生利用

E．对多种材料的混合拆除物，按建筑垃圾处置

【答案】

1. A;　　2. B;　　3. A;　　4. A;　　5. B;　　6. D;　　7. A;　　8. B;
9. D;　　10. A;　11. A;　12. C;　13. D;　14. D;　15. B;　16. B;
17. B;　18. C;　19. B;　20. C;　21. A;　22. C;　23. A;　24. B;
25. A;　26. A;　27. D;　28. D;　29. D;　30. B;　31. B;　32. D;
33. B;　34. D;　35. C;　36. B

二、多项选择题

1. A、B、E;　　　　2. A、C、D、E;　　3. A、C、E;　　　4. A、C、E;
5. A、B、C、E;　　6. A、B;　　　　　7. A、D、E;　　　8. A、C、D、E;
9. A、C;　　　　　10. A、B、D、E;　　11. B、C、D、E;　12. B、C、D、E;
13. D、E;　　　　　14. A、B、D、E;　　15. B、C、D;　　　16. A、D、E;
17. A、B、D、E;　　18. A、C、D、E;　　19. A、B、D、E;　　20. A、C、D、E;
21. A、B、C、D;　　22. A、C、D　　　　23. A、B、C、D

第3篇　水利水电工程项目管理实务

第6章　水利水电工程企业资质与施工组织

6.1　水利水电工程企业资质

复习要点

微信扫一扫
在线做题＋答疑

1．资质等级标准
2．承包工程范围

一　单项选择题

1．水利水电工程施工企业资质分为（　　　）个序列。

    A．2　　　　　　　　　　　　　　B．3

    C．4　　　　　　　　　　　　　　D．5

2．水利水电工程施工总承包企业资质等级分为（　　　）级。

    A．2　　　　　　　　　　　　　　B．3

    C．4　　　　　　　　　　　　　　D．5

3．水利水电工程施工总承包特级资质企业的企业经理应当具有（　　　）年以上从事工程管理工作经历。

    A．5　　　　　　　　　　　　　　B．8

    C．10　　　　　　　　　　　　　D．15

4．水利水电工程施工总承包特级资质企业的技术负责人应当具有（　　　）年以上从事工程技术管理工作经历。

    A．5　　　　　　　　　　　　　　B．8

    C．10　　　　　　　　　　　　　D．15

5．水利水电工程施工总承包特级资质企业应当具有注册一级建造师（　　　）人以上。

    A．20　　　　　　　　　　　　　B．30

    C．40　　　　　　　　　　　　　D．50

6．水利水电工程施工总承包一级资质企业应当具有注册一级建造师（　　　）人以上。

    A．15　　　　　　　　　　　　　B．20

    C．25　　　　　　　　　　　　　D．30

7. 水利水电工程施工总承包二级资质企业应当具有专业注册建造师不少于（　　　）人。

  A．15　　　　　　　　　　B．20

  C．25　　　　　　　　　　D．30

8. 水利水电工程施工总承包二级资质企业应当具有注册一级建造师不少于（　　　）人。

  A．4　　　　　　　　　　B．6

  C．8　　　　　　　　　　D．10

9. 水利水电工程施工总承包三级资质企业应当具有专业注册建造师不少于（　　　）人。

  A．5　　　　　　　　　　B．8

  C．10　　　　　　　　　　D．13

10. 水工金属结构制作与安装工程专业承包资质分为（　　　）级。

  A．2　　　　　　　　　　B．3

  C．4　　　　　　　　　　D．5

11. 水利水电机电安装工程专业承包资质分为（　　　）级。

  A．2　　　　　　　　　　B．3

  C．4　　　　　　　　　　D．5

12. 水利水电工程企业资质标准中，持有岗位证书的施工现场管理人员有（　　　）种。

  A．2　　　　　　　　　　B．3

  C．4　　　　　　　　　　D．5

13. 河湖整治工程专业承包资质分为（　　　）级。

  A．2　　　　　　　　　　B．3

  C．4　　　　　　　　　　D．5

二 多项选择题

1. 水利水电工程施工企业资质分为（　　　）等。

  A．综合总承包　　　　　　B．总承包

  C．专业承包　　　　　　　D．劳务分包

  E．项目管理承包

2. 水工金属结构制作与安装工程专业承包资质分为（　　　）。

  A．总承包级　　　　　　　B．一级

  C．二级　　　　　　　　　D．三级

  E．四级

3. 水利水电工程企业资质标准中，持有岗位证书的施工现场管理人员是指（　　　）。

  A．施工员　　　　　　　　B．质量员

  C．安全员　　　　　　　　D．材料员

  E．造价员

4. 下列关于河湖整治工程专业承包资质标准的说法，正确的有（　　　）。

    A．资质分为3级

    B．水利水电工程专业注册建造师不少于5人

    C．持有岗位证书的施工现场管理人员不少于8人

    D．企业经理须注册建造师担任

    E．企业技术负责人须注册建造师担任

5. 下列关于水利水电工程企业承包工程范围的说法，正确的有（　　　）。

    A．总承包特级资质的企业可承担水利水电工程各等级工程施工总承包

    B．总承包一级资质可承担各类型水利水电工程的施工

    C．总承包二级资质可承担工程规模大（2）型以下水利水电工程施工

    D．总承包三级资质可承担工程规模中型以下水利水电工程施工

    E．总承包四级资质可承担工程规模小（1）型以下水利水电工程施工

6. 下列关于河湖整治工程专业承包企业承包工程范围的说法，正确的有（　　　）。

    A．一级资质可承担水库、湖泊的河势控导工程施工

    B．二级资质可承担堤防工程级别2级以下河势控导工程施工

    C．三级资质可承担堤防工程级别3级以下险工处理工程施工

    D．三级资质可承担堤防工程级别3级以下吹填工程施工

    E．四级资质可承担堤防工程级别4级以下河势控导工程施工

【答案】

一、单项选择题

1. B；　　2. C；　　3. C；　　4. D；　　5. D；　　6. A；　　7. A；　　8. B；

9. B；　　10. B；　　11. B　　12. D；　　13. B

二、多项选择题

1. B、C、D；　　　　2. B、C、D；　　　　3. A、B、C、D；　　　　4. A、B、C

5. A、B；　　　　　6. A、B、D

6.2　二级建造师执业范围

复习要点

1. 执业工程规模标准和范围
2. 施工管理签章文件

一　单项选择题

1. 注册建造师应当在其注册证书所注明的专业范围内从事建设工程施工管理活动，注册水利水电工程建造师执业工程范围不包括（　　　）。

A．消防设施   B．防腐保温

C．送变电   D．无损检测

2．为适应建筑市场发展需要，有利于建设工程项目与施工管理，人事部办公厅对建造师资格考试《专业工程管理与实务》科目的专业类别进行了调整，调整后二级建造师资格考试科目设置为（   ）个专业类别。

A．6   B．7

C．8   D．9

3．某单项合同额为 1000 万元的农村饮水工程，其注册建造师执业工程规模标准为（   ）型。

A．大（2）   B．中

C．小（1）   D．小（2）

4．大中型工程施工项目负责人必须由本专业注册建造师担任，二级注册建造师可以承担（   ）工程施工项目负责人。

A．大、中、小型   B．大、中型

C．中、小型   D．小型

二 多项选择题

1．下列验收管理文件中，属于水利水电工程注册建造师施工管理签章文件的有（   ）。

A．验收申请报告

B．法人验收质量结论

C．施工管理工作报告

D．建设管理工作报告

E．代表施工单位参加工程验收人员名单确认表

2．水利水电工程注册建造师施工管理签章文件中关于施工组织的文件包括（   ）。

A．施工组织设计报审表

B．施工月报

C．现场组织机构及主要人员报审表

D．施工进度计划报审表

E．施工技术方案报审表

3．水利水电工程注册建造师施工管理签章文件中关于成本费用管理的文件包括（   ）。

A．费用索赔签认单   B．工程材料预付款申请表

C．工程预付款申请表   D．工程价款月支付申请表

E．完工／最终付款申请表

【答案】

一、单项选择题

1. B; 2. A; 3. B; 4. C

二、多项选择题

1. A、B、C、E; 2. A、C; 3. B、C、D、E

6.3 水利水电工程施工组织设计

复习要点

1. 施工总布置的要求
2. 临时设施的要求
3. 施工总进度的要求
4. 专项施工方案

一 单项选择题

1. 处理能力为 800t/h 的砂石料加工系统，其生产规模为（   ）。

   A. 特大型　　　　　　　　　　B. 大型

   C. 中型　　　　　　　　　　　D. 小型

2. 处理能力为 100t/h 的砂石料加工系统，其生产规模为（   ）。

   A. 特大型　　　　　　　　　　B. 大型

   C. 中型　　　　　　　　　　　D. 小型

3. 根据施工用电的重要性和停电造成的损失程度，将施工用电分为（   ）类负荷。

   A. 2　　　　　　　　　　　　B. 3

   C. 4　　　　　　　　　　　　D. 5

4. 需按低温季节进行混凝土施工的气温标准为（   ）。

   A. 日平均气温连续 5d 稳定在 5℃以下或最低气温连续 5d 稳定在 −3℃以下

   B. 日平均气温连续 3d 稳定在 5℃以下或最低气温连续 5d 稳定在 −3℃以下

   C. 日平均气温连续 5d 稳定在 5℃以下或最低气温连续 5d 稳定在 −5℃以下

   D. 日平均气温连续 3d 稳定在 5℃以下或最低气温连续 5d 稳定在 −5℃以下

5. 水利水电工程施工中，汛期的防洪、泄洪设施的用电负荷属于（   ）。

   A. 一类负荷　　　　　　　　　B. 二类负荷

   C. 三类负荷　　　　　　　　　D. 四类负荷

6. 下列施工用电中属于三类负荷的是（   ）。

   A. 供水系统　　　　　　　　　B. 供风系统

   C. 混凝土预制构件厂　　　　　D. 木材加工厂

7. 下列关于施工总布置的说法，错误的是（　　）。

    A．对于大规模水利水电工程，应在主体工程施工前征用所有永久和临时占地，以方便统筹考虑临时设施的布置

    B．临时设施最好不占用拟建永久性建筑物和设施的位置，以避免不必要的损失和浪费

    C．为了降低临时工程的费用，应尽最大可能利用现有的建筑物以及可供施工使用的设施

    D．储存燃料及易燃物品的仓库距拟建工程及其他临时性建筑物不得小于50m

8. 编制施工总进度时，工程施工总工期不包括（　　）。

    A．工程筹建期　　　　　　　　B．工程准备期

    C．主体工程施工期　　　　　　D．工程完建期

9. 下列关于施工进度计划横道图的说法，错误的是（　　）。

    A．能表示出各项工作的划分、工作的开始时间和完成时间及工作之间的相互搭接关系

    B．能反映工程费用与工期之间的关系，因而便于缩短工期和降低成本

    C．不能明确反映出各项工作之间错综复杂的相互关系，不利于建设工程进度的动态控制

    D．不能明确地反映出影响工期的关键工作和关键线路，不便于进度控制人员抓住主要矛盾

10. 通过编制工程进度曲线，不可获取的信息包括（　　）。

    A．工程量完成情况　　　　　　B．实际工程进展速度

    C．关键工作　　　　　　　　　D．进度超前或拖延的时间

11. 设计生产能力为500m³/h的混凝土生产系统，其生产规模为（　　）。

    A．特大型　　　　　　　　　　B．大型

    C．中型　　　　　　　　　　　D．小型

12. 设计生产能力为50m³/h的混凝土生产系统，其生产规模为（　　）。

    A．特大型　　　　　　　　　　B．大型

    C．中型　　　　　　　　　　　D．小型

13. 设计生产能力为200m³/h的混凝土生产系统，其生产规模为（　　）。

    A．特大型　　　　　　　　　　B．大型

    C．中型　　　　　　　　　　　D．小型

14. 低温季节混凝土施工时，可提高混凝土拌合料温度，不可直接加热的是（　　）。

    A．拌合用水　　　　　　　　　B．砂

    C．水泥　　　　　　　　　　　D．碎石

15. 水利水电工程施工临时设施主要包括施工交通运输和（　　）两部分。

    A．施工工厂设施　　　　　　　B．综合加工系统

    C．混凝土生产系统　　　　　　D．砂石料加工系统

16. 混凝土生产系统的规模应满足质量、品种、出机口温度和浇筑强度的要求，

单位小时生产能力可按月高峰强度计算，月有效生产时间可按 500h 计，不均匀系数按（　　）考虑，并按充分发挥浇筑设备的能力校核。

    A．1.2　　　　　　　　　　　B．1.5

    C．1.8　　　　　　　　　　　D．2.0

17．在水利水电工程施工进度计划中，（　　）是确定工程计划工期，确定关键路线、关键工作的基础，也是判定非关键工作机动时间和进行计划优化、计划管理的依据。

    A．施工进度管理控制曲线　　　　B．工程进度曲线

    C．网络进度计划　　　　　　　　D．横道图

18．混凝土的拌和出机口温度较高，不能满足温度控制要求时，拌合料应进行预冷。一般不把（　　）选作预冷材料。

    A．砂　　　　　　　　　　　　　B．碎石

    C．卵石　　　　　　　　　　　　D．水泥

19．下列属于水利水电工程施工现场一类负荷的是（　　）。

    A．基坑内的排水施工　　　　　　B．混凝土浇筑施工

    C．金属结构及机电安装　　　　　D．钢筋加工厂

20．根据《水利水电工程施工安全管理导则》SL 721—2015，除施工单位技术负责人外，还应定期对专项施工方案实施情况进行巡查的是（　　）。

    A．总监理工程师　　　　　　　　B．项目法人技术负责人

    C．设计单位技术负责人　　　　　D．监测单位技术负责人

21．下列关于水利水电工程进度曲线绘制的说法，正确的是（　　）。

    A．以时间为横轴，以完成累计工作量为纵轴

    B．以时间为横轴，以单位时间内完成工作量为纵轴

    C．以完成累计工作量为横轴，以时间为纵轴

    D．以单位时间内完成工作量为横轴，以时间为纵轴

22．施工总平面布置图的设计中应遵循劳动保护和安全生产等要求，储存燃料及易燃物品的仓库距拟建工程及其他临时性建筑物不得小于（　　）m。

    A．25　　　　　　　　　　　　B．35

    C．45　　　　　　　　　　　　D．50

23．在工程网络计划中若某工作的（　　）最小，则该工作必为关键工作。

    A．自由时差　　　　　　　　　　B．持续时间

    C．总时差　　　　　　　　　　　D．时间间隔

24．根据《水利水电工程施工安全管理导则》SL 721—2015，下列落地式钢管脚手架工程属于达到一定规模的危险性较大的单项工程的是（　　）。

    A．搭设高度 10～15m　　　　　B．搭设高度 15～20m

    C．搭设高度 20～25m　　　　　D．搭设高度 24～50m

25．根据《水利水电工程施工安全管理导则》SL 721—2015，下列关于单项工程施工的说法，正确的是（　　）。

    A．开挖深度为 5m 的基坑的石方开挖工程，不必编制专项施工方案

B．挡水高度不足 3m 的围堰工程，不必编制专项施工方案

C．开挖深度为 5m 的基坑的土方开挖工程，不必编制专项施工方案

D．采用爆破拆除的工程，应编制专项施工方案，并应组织专家进行审查

26．根据《水利水电工程施工安全管理导则》SL 721—2015，下列单项工程中，属于超过一定规模的危险性较大的单项工程的是（   ）。

A．搭设高度为 40m 的落地式钢管脚手架工程

B．挡水高度为 5m 的围堰工程

C．开挖深度为 4m 的基坑石方开挖工程

D．采用爆破拆除的工程

27．根据《水利水电工程施工安全管理导则》SL 721—2015，下列单项工程中，属于达到一定规模的危险性较大的单项工程的是（   ）。

A．搭设高度为 50m 的落地式钢管脚手架工程

B．挡水高度为 5m 的围堰工程

C．开挖深度为 5m 的基坑石方开挖工程

D．采用爆破拆除的工程

二 多项选择题

1．水利水电工程施工临时工程包括（   ）等。

A．导流工程　　　　　　　　B．施工交通工程

C．施工场内供电工程　　　　D．施工房屋建筑工程

E．其他施工临时工程

2．施工工厂设施的任务包括（   ）。

A．制备施工所需的建筑材料　　B．供应水、电和压缩空气

C．建立工地内外通信联系　　　D．维修和保养施工设备

E．加工制作标准金属构件

3．砂石料加工系统生产规模可按毛料处理能力划分为（   ）。

A．特大型　　　　　　　　　B．大型

C．中型　　　　　　　　　　D．小型

E．微型

4．以混凝土建筑物为主的枢纽工程施工分区规划布置应遵守的原则有（   ）。

A．以砂、石料的开采、加工为主

B．以混凝土的拌和、浇筑系统为主

C．以施工用地范围为主

D．以堆料场为主

E．以砂、石料的运输线路为主

5．以当地材料坝为主的枢纽工程施工分区规划布置应遵守的原则有（   ）。

A．以砂、石料的开采、加工为主

B．以混凝土的拌和、浇筑系统为主

C．以土石料采挖和加工为主

D．以堆料场为主

E．以土石料的运输线路为主

6．根据《水利水电工程施工安全管理导则》SL 721—2015，施工单位应根据审查论证报告修改完善专项施工方案，经（　　　）审核签字后，方可组织实施。

　　A．施工单位技术负责人　　　　　　B．总监理工程师

　　C．项目法人单位负责人　　　　　　D．设计单位技术负责人

　　E．施工项目技术负责人

7．水利水电工程施工总平面图的主要内容应包括（　　　）。

　　A．施工用地范围

　　B．一切地上和地下的已有和拟建的建筑物、构筑物及其他设施的平面位置与尺寸

　　C．永久性和半永久性坐标位置，必要时标出建筑场地的等高线

　　D．场外取土和弃土的区域位置

　　E．为施工服务的各种临时设施的位置

8．下列属于水利枢纽工程施工组织设计文件中临时工程施工部分内容的有（　　　）。

　　A．混凝土生产及制冷系统

　　B．围堰的料场开采方案

　　C．泄水、输水建筑物施工

　　D．机电设备安装技术方案

　　E．发电站施工支洞的堵塞、回填灌浆技术方案

9．下列属于水利枢纽工程施工组织设计文件中主体工程施工部分内容的有（　　　）。

　　A．金属结构安装技术方案　　　　　B．碾压混凝土坝混凝土配合比

　　C．基坑抽水量及所需设备　　　　　D．大坝拦洪蓄水的程序方法

　　E．混凝土生产及制热系统

10．下列关于水利工程施工进度计划表达方法的说法，正确的是（　　　）。

　　A．横道图不能反映各项工作之间的相互关系

　　B．横道图能反映出工程费用与工期之间的关系

　　C．工程进度曲线能反映出实际工程进度

　　D．工程进度曲线不能反映进度超前的时间

　　E．工程进度曲线能反映后续工程进度预测

11．水利水电工程施工进度计划可以用（　　　）表达。

　　A．相关图　　　　　　　　　　　　B．形象进度图

　　C．横道图　　　　　　　　　　　　D．施工进度管理控制曲线

　　E．网络进度计划

12．水利水电工程施工进度计划调整应考虑的因素包括（　　　）。

　　A．材料物资供应能力与需求　　　　B．工程贷款偿还计划

　　C．后续施工项目合同工期　　　　　D．水情气象条件

　　E．劳动力供应能力与需求

13. 水利水电工程上常用的集料预冷方法有（　　）。

    A．水冷法   B．风冷法

    C．真空气化法   D．加冰法

    E．液氮预冷法

14. 水利水电工程临时设施中的主要工厂设施包括（　　）。

    A．混凝土生产系统   B．砂石料加工系统

    C．施工供电系统   D．施工仓库

    E．临时生活区

15. 按施工分块仓面强度计算法对混凝土生产系统规模进行核算时，与（　　）因素有关。

    A．砂石料供应能力   B．同时浇筑的各浇筑块面积总和

    C．各块浇筑层厚度   D．混凝土初凝时间

    E．混凝土运输工具的平均行驶速度

16. 下列施工用电中属于一类负荷的是（　　）。

    A．井、洞内的照明   B．基坑内的排水

    C．混凝土浇筑施工   D．混凝土搅拌系统

    E．汛期的防洪

17. 下列关于施工进度安排的说法，正确的有（　　）。

    A．河道截流不宜安排在封冻期和流水期进行

    B．导流泄水建筑物封堵宜选在汛后进行

    C．帷幕灌浆应在本坝段和相邻坝段固基灌浆完成后进行

    D．混凝土的接缝灌浆进度应满足施工期汛情与水库蓄水安全要求

    E．不良地质基础处理宜安排在建筑物覆盖后完成

18. 水利水电施工组织设计文件中施工工厂设施包括（　　）。

    A．混凝土及制冷（热）系统   B．砂石料加工系统

    C．机械修配及综合加工系统   D．风、水、电、通信及照明

    E．场内交通运输

19. 施工总布置应遵循的原则包括（　　）。

    A．贯彻执行合理利用土地的方针

    B．做好土石方挖填平衡，统筹规划堆渣、弃渣场地

    C．因地制宜、因时制宜、有利生产、方便生活、易于管理、安全可靠、经济合理

    D．注重环境保护、减少水土流失

    E．充分体现人与自然的和谐相处

20. 在工程进度曲线中，将实际进度与计划进度进行比较，可以获得的信息是（　　）。

    A．实际工程进展速度   B．进度超前或拖延的时间

    C．工程量的完成情况   D．后续工程进度预测

    E．各项工作之间的相互搭接关系

21. 混凝土生产系统的规模应满足（　　　）的要求。
    A．质量　　　　　　　　　　　B．品种
    C．出机口温度　　　　　　　　D．浇筑时间
    E．浇筑强度

22. 水利水电工程施工临时设施主要包括（　　　）两部分。
    A．施工交通运输　　　　　　　B．混凝土生产系统
    C．施工工厂设施　　　　　　　D．砂石料加工系统
    E．施工供电系统

23. 危险性较大的单项工程验收的组织单位包括（　　　）。
    A．项目法人单位　　　　　　　B．施工单位
    C．监理单位　　　　　　　　　D．勘察单位
    E．设计单位

24. 下列人员中，应定期对专项施工方案实施情况进行巡查的有（　　　）。
    A．项目法人技术负责人　　　　B．设计代表
    C．总监理工程师　　　　　　　D．施工单位技术负责人
    E．施工项目负责人

25. 水利水电施工组织设计文件中综合加工厂是由（　　　）组成。
    A．混凝土预制构件厂　　　　　B．钢筋加工厂
    C．木材加工厂　　　　　　　　D．机械修配厂
    E．砂石料加工厂

26. 下列单项工程中，需编制专项施工方案并组织专家审查论证的是（　　　）。
    A．开挖深度为 4m 的支护工程
    B．开挖深度为 4m 的石方开挖工程
    C．搭设高度 40m 的落地式钢管脚手架工程
    D．采用爆破拆除的工程
    E．文物保护建筑控制范围内的拆除工程

27. 施工单位应根据审查论证报告修改完善专项施工方案，经（　　　）审核签字后，方可组织实施。
    A．专家组组长　　　　　　　　B．项目法人单位负责人
    C．总监理工程师　　　　　　　D．施工单位技术负责人
    E．施工项目负责人

28. 根据低温季节混凝土施工气温标准，下列条件中应按低温季节进行混凝土施工的有（　　　）。
    A．日平均气温连续 5d 稳定在 5℃以下
    B．日平均气温连续 5d 稳定在 10℃以下
    C．日最低气温连续 5d 稳定在 −3℃以下
    D．日最低气温连续 5d 稳定在 0℃以下
    E．日平均气温连续 2d 稳定在 5℃以下

1. B；　2. D；　3. B；　4. A；　5. A；　6. D；　7. A；　8. A；
9. B；　10. C；　11. A；　12. C；　13. B；　14. C；　15. A；　16. B；
17. C；　18. D；　19. A；　20. A；　21. A；　22. D；　23. C；　24. D；
25. D；　26. D；　27. B

1. A、B、D、E；　　2. A、B、C、D；　　3. A、B、C、D；　　4. A、B；
5. C、D、E；　　6. A、B、C；　　7. A、B、C、E；　　8. A、B；
9. A、B、D；　　10. A、C、E；　　11. B、C、D、E；　　12. A、C、D、E；
13. A、B、C、E；　　14. A、B、C；　　15. B、C、D、E；　　16. A、B、E；
17. A、B、C、D；　　18. A、B、C、D；　　19. A、C、D、E；　　20. A、B、C、D；
21. A、B、C、E；　　22. A、C；　　23. B、C；　　24. C、D；
25. A、B、C；　　26. D、E；　　27. B、C、D；　　28. A、C

6.4　建设项目管理有关要求

复习要点

1. 施工项目参建单位资质
2. 建设项目管理专项制度
3. 水利水电工程安全鉴定的有关要求
4. 水利工程建设稽察、决算及审计的内容

一　单项选择题

1. 根据《关于水利工程建设项目代建制管理的指导意见》（水建管〔2015〕91号），拟实施代建制的项目应在（　　）中提出实行代建制管理的方案。

　　A. 项目建议书　　　　　　　　B. 可行性研究报告

　　C. 初步设计报告　　　　　　　D. 工程开工申请报告

2. 蓄水安全鉴定的专家组成员应具有（　　）以上职称。

　　A. 助理工程师　　　　　　　　B. 工程师

　　C. 高级工程师　　　　　　　　D. 教授级高级工程师

3. 根据《水利工程建设程序管理暂行规定》（水建〔1998〕16号，2019年修正），水利工程质量由（　　）负全面责任。

　　A. 工程审批单位　　　　　　　B. 主管部门

　　C. 土建施工单位　　　　　　　D. 项目法人

4. 水库蓄水安全鉴定工作的范围重点为（　　）。

A．大坝   B．溢洪道

C．输水洞   D．与防洪相关的金属结构及电气设备

5. 按照《水库大坝安全鉴定办法》，病险水库是指大坝通过规定程序确定为（　　　）的水库。

A．一类坝   B．二类坝

C．二类坝和三类坝   D．三类坝

6. 实际抗御洪水标准低于水利部颁布的水利枢纽工程除险加固近期非常运用洪水标准，或者工程存在较严重安全隐患，不能按设计正常运行的大坝可鉴定为（　　　）类坝。

A．一   B．二

C．三   D．四

7. 大坝首次安全鉴定应在竣工验收后（　　　）年内进行。

A．3   B．4

C．5   D．6

8. 下列单位的相关人员可以担任蓄水安全鉴定专家组成员的是（　　　）。

A．项目法人   B．项目设计审批单位

C．运行管理单位   D．监理单位

9. 蓄水安全鉴定应由（　　　）组织实施。

A．水行政主管部门   B．质量监督部门

C．项目法人   D．流域机构

10. 水利工程建设监理对工程建设的投资、工期和质量实行管理的工作方式为（　　　）。

A．合同管理   B．质量管理

C．进度管理   D．全面管理

11. 下列属于委托合同的是（　　　）。

A．勘察合同   B．设计合同

C．施工合同   D．监理合同

12. 根据《水利工程建设项目法人管理指导意见》（水建设〔2020〕258号），中型水利工程项目法人总人数一般按照不少于（　　　）人配备。

A．6   B．12

C．18   D．30

13. 质量监督机构对工程项目实施监督在性质上属于（　　　）。

A．强制性的行政监督管理   B．中介组织对工程建设的监督管理

C．项目法人的决策方   D．项目法人的委托方

14. 依法必须招标的国家重大建设项目，必须在报送项目的（　　　）报告中增加有关招标内容。

A．项目建议书   B．可行性研究

C．初步设计   D．规划

15. 水利工程项目建设"三项制度"不包括（　　　）。

A．竣工验收制 B．项目法人责任制

C．招标投标制 D．建设监理制

16．实施代建的水利工程建设项目，代建单位通过（　　　）选择。

A．招标 B．招标或其他方式

C．政府采购 D．指定

17．不得承担项目代建业务的单位，所指发生的较大以上质量责任事故的时间为（　　　）。

A．近3年 B．近4年

C．近5年 D．近6年

18．水利工程建设项目实行代建制管理的方案应在（　　　）提出。

A．项目建议书 B．可行性研究报告

C．初步设计报告 D．专门报告

19．实施代建的水利工程建设项目，对代建单位的奖励控制在代建管理费（　　　）以下。

A．5% B．10%

C．15% D．20%

20．政府和社会资本合作，简称（　　　）。

A．EPC B．DBB

C．PMC D．PPP

21．水闸首次安全鉴定应在竣工验收后（　　　）内进行。

A．三年 B．四年

C．五年 D．需要时间

22．水闸安全类别划分为（　　　）类。

A．三 B．四

C．五 D．六

23．三类水闸是指（　　　）。

A．工程无影响正常运行的缺陷 B．工程存在一定损坏

C．工程存在严重损坏 D．工程存在严重安全问题

24．应按有关规定和规范适时进行单项安全鉴定，是指工程（　　　）。

A．达到折旧年限 B．达到使用年限

C．达到维护年限 D．达到保修年限

25．二类坝的工况是指（　　　）。

A．能按设计正常运行 B．不能按设计正常运行的大坝

C．工程存在较严重安全隐患 D．在一定控制运用条件下能安全运行

26．确认投资支出、资产价值和结余资金、办理资产移交和投资核销的最终依据是（　　　）。

A．设计概算 B．工程预算

C．竣工决算 D．批准的竣工财务决算

27．竣工决算审计是对项目竣工决算的真实性、合法性和（　　　）进行的评价。

A．规范性　　　　　　　　　　B．程序性

C．时效性　　　　　　　　　　D．效益性

28．竣工决算时，小型建设项目未完工程投资及预留费用应控制在（　　　　）以内。

A．3%　　　　　　　　　　　　B．4%

C．5%　　　　　　　　　　　　D．6%

29．BOT 是指（　　　）。

A．建设—移交　　　　　　　　B．移交—运营—移交

C．建设—拥有—运营　　　　　D．建设—运营—移交

30．BOOT 是指（　　　）。

A．建设—运营—拥有—移交　　B．移交—建设—拥有—运营

C．建设—拥有—运营—移交　　D．移交—拥有—建设—运营

31．BOO 是指（　　　）。

A．建设—拥有—运营　　　　　B．建设—运营—移交

C．移交—运营—移交　　　　　D．移交—建设—运营

32．PPP 项目移交过渡期为（　　　）个月。

A．3　　　　　　　　　　　　　B．6

C．9　　　　　　　　　　　　　D．12

33．稽察专家分为（　　　）个专业。

A．3　　　　　　　　　　　　　B．4

C．5　　　　　　　　　　　　　D．6

34．稽察回头看问题整改判定标准分为（　　　）类。

A．3　　　　　　　　　　　　　B．4

C．5　　　　　　　　　　　　　D．6

35．工程勘察资质分为（　　　）个序列。

A．1　　　　　　　　　　　　　B．2

C．3　　　　　　　　　　　　　D．4

36．工程勘察综合资质设有（　　　）个级别。

A．1　　　　　　　　　　　　　B．2

C．3　　　　　　　　　　　　　D．4

37．工程勘查专业资质包括（　　　）个专业资质。

A．1　　　　　　　　　　　　　B．2

C．3　　　　　　　　　　　　　D．4

38．岩土工程设计资质设有（　　　）个级别。

A．1　　　　　　　　　　　　　B．2

C．3　　　　　　　　　　　　　D．4

39．工程设计综合资质设有（　　　）个级别。

A．1　　　　　　　　　　　　　B．2

C．3　　　　　　　　　　　　　D．4

40．水利工程设计行业资质有（　　　）个级别。

A. 1   B. 2

C. 3   D. 4

41. 水利专业设计资质分为（   ）个专业。

A. 5   B. 6

C. 7   D. 8

42. 水利工程质量检测单位资质分为（   ）个类别。

A. 2   B. 3

C. 4   D. 5

43. 水利工程质量检测单位资质类别中，岩土工程设有（   ）个等级。

A. 1   B. 2

C. 3   D. 4

44. 竣工财务决算编制工作可分为（   ）个阶段进行。

A. 二   B. 三

C. 四   D. 五

45. 根据《质量管理小组活动准则》T/CAQ 10201—2020，按 5W1H 要求制定对策表，合理的顺序是（   ）。

A. 主要原因、对策、目标、措施

B. 主要原因、目标、对策、措施

C. 主要原因、措施、目标、对策

D. 对策、主要原因、目标、措施

46. 根据《质量管理小组活动准则》T/CAQ 10201—2020，按 5W1H 要求制定对策表，1H 是指（   ）。

A. 措施   B. 目标

C. 负责人   D. 对策

二 多项选择题

1. 根据《水利工程建设程序管理暂行规定》（水建〔1998〕16 号，2019 年修正），水利工程建设项目质量管理体系包括（   ）。

A. 政府监督   B. 行业主管

C. 项目法人负责   D. 社会监理

E. 企业保证

2. 根据《水利工程建设项目管理规定（试行）》（水建〔1995〕128 号，2016 年修正）和有关规定，水利工程建设程序属于前期工作的有（   ）。

A. 项目建议书   B. 可行性研究报告

C. 初步设计   D. 施工准备

E. 生产准备

3. 建设各方对蓄水安全鉴定报告有重大分歧意见的，应形成书面意见送鉴定单位，并抄报（   ）。

A．质量监督部门　　　　　　B．工程验收主持单位

C．县级以上人民政府　　　　D．水利部建管司

E．各参建单位

4．下列关于工程项目参建单位资质的说法，正确的有（　　　）。

A．工程勘察资质分为三个序列　B．工程勘察综合资质只设甲级

C．工程勘察劳务资质设两个级别　D．工程测量专业资质设三个级别

E．岩土工程设计设两个级别

5．水利工程建设监理单位资质分为（　　　）等专业。

A．水利工程施工　　　　　　B．水土保持工程施工

C．机电及金属结构设备制造　　D．水利工程建设环境保护

E．水利工程建设移民安置

6．根据《水利工程建设项目管理规定（试行）》（水建〔1995〕128 号，2016 年修正），属于水利工程建设程序的是（　　　）。

A．生产准备　　　　　　　　B．施工准备（包括招标设计）

C．竣工验收　　　　　　　　D．招标投标

E．建设实施

7．下列可作为蓄水安全鉴定依据的有（　　　）。

A．初步设计报告　　　　　　B．设计变更文件

C．监理签发的技术文件　　　D．合同规定的质量标准

E．监理日志

8．大坝安全鉴定基本程序包括（　　　）。

A．建设单位自检

B．提出大坝安全评价报告

C．审查大坝安全评价报告，通过大坝安全鉴定报告书

D．审定并印发大坝安全鉴定报告书

E．水行政主管部门核查

9．水库运行中，出现（　　　）情况应组织专门的安全鉴定。

A．遭遇特大洪水　　　　　　B．遭遇强烈地震

C．工程发生一般事故　　　　D．工程发生重大事故

E．出现影响安全的异常现象

10．建设项目管理"三项制度"是指（　　　）。

A．项目法人责任制　　　　　B．招标投标制

C．建设监理制　　　　　　　D．合同管理制

E．施工承包制

11．水利工程建设项目实施招标投标制是指通过招标投标的方式，选择工程建设的（　　　）。

A．施工单位　　　　　　　　B．代建单位

C．勘察设计单位　　　　　　D．监理单位

E．材料设备供应单位

12. 水利建设项目稽察发现的问题性质分为（　　　）。

　　A．特别严重　　　　　　　　　　B．严重

　　C．较重　　　　　　　　　　　　D．一般

　　E．较轻

13. 下列关于水利工程质量检测单位资质和检测业务范围的说法，正确的有（　　　）。

　　A．检测单位资质应当由省级以上水行政主管部门审批

　　B．资质分为 5 个类别

　　C．其他行业的检测单位不能取得水利工程检测单位资质

　　D．甲级资质可以承担各等级水利工程的检测业务

　　E．一级堤防工程检测业务必须由甲级资质单位承担

14. 下列属于建设工程合同的是（　　　）。

　　A．勘察设计合同　　　　　　　　B．施工合同

　　C．代建合同　　　　　　　　　　D．监理合同

　　E．材料设备供应合同

15. 下列关于水库蓄水安全鉴定的说法，正确的是（　　　）。

　　A．蓄水安全鉴定需检查洪水标准

　　B．鉴定应由水利部认定有资格的单位承担

　　C．鉴定专家应具有工程师及以上职称

　　D．专家组应有责任单位以外 1/3 人数的专家参加

　　E．参建的监理单位人员不得作为鉴定专家组成员

16. 建设监理对工程建设实行的管理的依据为（　　　）。

　　A．国家有关工程建设的法律、法规　　B．批准的项目建设文件

　　C．工程建设合同　　　　　　　　D．工程建设监理合同

　　E．建设项目法人的经济技术要求

17. 大坝安全评价应包括的内容有（　　　）。

　　A．工程质量评价　　　　　　　　B．运行管理评价

　　C．防洪标准复核　　　　　　　　D．历次险情分析

　　E．渗流安全评价

18. 不得纳入 PPP 项目库的项目有（　　　）。

　　A．项目合作期低于 10 年　　　　B．项目没有现金流

　　C．项目合作方为私营资本　　　　D．项目存在保底承诺

　　E．项目存在回购安排

19. 下列关于项目法人主要职责的说法，正确的是（　　　）。

　　A．协助水行政主管部门办理工程质量、安全监督手续

　　B．负责办理开工备案手续

　　C．参与做好征地拆迁、移民安置工作

　　D．参与施工图设计审查工作

　　E．负责工程档案资料的管理

20. 实施代建的水利工程建设项目，代建单位对（　　　）负责。

A. 工程资金   B. 工程质量

C. 工程进度   D. 工程安全

E. 工程廉洁

21. 关于 PPP 模式，正确的合作模式是采用（　　　）。

A. BOT   B. BOOT

C. BOO   D. BBT

E. TOT

22. 应组织专门的安全鉴定，系指水工建筑物运行中遭遇（　　　）。

A. 特大洪水   B. 强烈地震

C. 校核工况   D. 特大旱情

E. 工程发生重大事故

23. 竣工决算报表包括（　　　）。

A. 竣工项目概况表   B. 投资分析表

C. 竣工项目预算表   D. 竣工项目成本表

E. 竣工项目待核销基建支出表

24. 水利工程基本建设项目审计按建设管理过程分为（　　　）。

A. 开工审计   B. 工程预算审计

C. 财务决算审计   D. 建设期间审计

E. 竣工决算审计

25. 关于 PPP 项目合作方式，综合利用水利枢纽可以分割成（　　　）模块。

A. 防洪   B. 除涝

C. 供水   D. 公益性

E. 经营性

26. 竣工决算审计是建设项目（　　　）的重要依据。

A. 竣工结算调整   B. 竣工验收

C. 竣工财务决算审批   D. 法定代表人任期经济责任评价

E. 竣工奖励

27. 关于 PPP 项目合作方式，供水、灌溉类项目可采取（　　　）模式。

A. 使用者付费

B. 使用者付费＋可行性缺口补贴

C. 先使用者付费＋可行性缺口补贴，过渡到使用者付费

D. 政府保底承诺

E. 亏本时，政府回购

28. PPP 项目实施方案报地方政府或经授权的主管部门审核审批，应开展（　　　）。

A. 物有所值评价   B. 履约担保分析

C. 财政承受能力论证   D. 融资方案分析

E. 合作期限分析

29. 签订 PPP 项目合同前，应对项目可能产生的（　　　）进行论证。

A. 政策风险   B. 商业风险

C. 环境风险   D. 安全风险

E. 法律风险

30. 水利稽察方式包括（　　）。

     A. 项目稽察   B. 回头看

     C. 接受举报   D. 立案调查

     E. 隔离审查

31. 属于稽察组成员的有（　　）。

     A. 稽察组长   B. 专家组长

     C. 技术组长   D. 管理组长

     E. 安全组长

32. 需要在稽察报告签字的有（　　）。

     A. 稽察组长   B. 专家组长

     C. 稽察助理   D. 稽察专家

     E. 被稽察单位负责人

33. 竣工财务决算按项目性质划分为（　　）项目竣工财务决算。

     A. 工程类   B. 科研类

     C. 非工程类   D. 创新类

     E. 基础类

34. 根据《水利基本建设项目竣工财务决算编制规程》SL/T 19—2023，下列说法正确的有（　　）。

     A. 竣工财务决算由项目法人组织编制

     B. 竣工财务决算由项目责任单位组织编制

     C. 项目法人可以委托代理记账

     D. 竣工财务决算编制单位需经竣工决算审批部门同意

     E. 会计集中核算单位可以组织编制竣工财务决算

35. 根据《水利基本建设项目竣工财务决算编制规程》SL/T 19—2023，下列说法正确的有（　　）。

     A. 竣工财务决算批复前，不得撤销项目法人

     B. 功能成本的测算应遵守《水利建设项目经济评价规范》SL72-2013 的相应规定

     C. 功能成本指与具体效益相关联的成本

     D. 具有防洪、发电、灌溉、供水等多种效益的项目，应测算功能成本

     E. 竣工财务决算编制应在竣工审计后进行

36. 根据《水利基本建设项目竣工财务决算编制规程》SL/T 19—2023，竣工财务清理指项目法人实现（　　）相符的财务行为。

     A. 账实   B. 账单

     C. 账证   D. 账账

     E. 账表

37. 根据《水利基本建设项目竣工财务决算编制规程》SL/T 19—2023，竣工财务

决算应按（   ）项目分别编制。

      A．大中型   B．中小型

      C．大型   D．中型

      E．小型

38．根据《水利基本建设项目竣工财务决算编制规程》SL/T 19—2023，竣工财务决算编制工作可分为（   ）。

      A．竣工财务决算审计阶段

      B．竣工财务决算编制准备阶段

      C．竣工财务决算编制实施阶段

      D．竣工财务决算编制完成阶段

      E．竣工财务决算编制整改阶段

39．根据《水利基本建设项目竣工财务决算编制规程》SL/T 19—2023，工程类项目竣工财务决算组成部分包括（   ）。

      A．竣工财务决算封面及目录

      B．竣工工程平面示意图及主体工程照片

      C．竣工财务决算说明书

      D．竣工财务决算报表

      E．竣工验收鉴定书

40．根据《水利基本建设项目竣工财务决算编制规程》SL/T 19—2023，填列报表应注意（   ）。

      A．报表及各项指标填列的完整性

      B．报表数据与账簿记录的相符性

      C．表内的平衡关系

      D．报表与实物的一致性

      E．报表之间的勾稽关系

41．根据《水利基本建设项目竣工财务决算编制规程》SL/T 19—2023，尾工工程及预留费用管理说法正确的有（   ）。

      A．以概算中未使用的预备费计列

      B．以合同中未动用的备用金计列

      C．尚未签订合同（协议）的，尾工工程投资和预留费用金额不应突破相应的概（预）算

      D．以项目概（预）算、任务书、合同（协议）等为计列依据

      E．以经监理人审批的承包人尾工工程估算价计列

42．根据《水利基本建设项目竣工财务决算编制规程》SL/T 19—2023，小型项目可以不编（   ）。

      A．水利基本建设项目概况表

      B．水利基本建设项目待摊投资分摊表

      C．水利基本建设项目财务决算表及附表

      D．水利基本建设项目投资分析表

E．水利基本建设项目尾工工程投资及预留费用表

43．描述质量管理小组活动目标的关键用词，除"改进质量"中的"改进"外，还有（　　　）。

A．降低　　　　　　　　　　B．改善

C．提高　　　　　　　　　　D．创新

E．解决

44．关于质量管理小组竞赛活动说法正确的有（　　　）。

A．每年组织一次质量管理小组竞赛活动

B．活动的程序要求，符合《质量管理小组活动准则》T/CAQ 10201—2020 相关规定

C．活动的程序要求，符合《工程建设质量管理小组活动准则》T/ZSQX 014—2021 相关规定

D．工程参建单位应当组织质量管理小组开展活动

E．质量管理小组亦称为 QP 小组

45．根据《质量管理小组活动准则》T/CAQ 10201—2020，质量管理小组活动遵循的基本原则有（　　　）。

A．全员参与　　　　　　　　B．持续改进

C．不断创新　　　　　　　　D．创造价值

E．遵循 PDCA 循环

46．PDCA 循环是指（　　　）。

A．策划　　　　　　　　　　B．实施

C．检查　　　　　　　　　　D．处置

E．反馈

47．根据《质量管理小组活动准则》T/CAQ 10201—2020，"问题解决型课题"中的"问题"指生产、服务或管理现场存在的（　　　）问题。

A．不合格　　　　　　　　　B．不满意

C．不达标　　　　　　　　　D．不赚钱

E．不协调

48．根据《质量管理小组活动准则》T/CAQ 10201—2020，"创新型课题"需要解决现有的（　　　）等不能满足实际需要的问题。

A．技术　　　　　　　　　　B．标准

C．工艺　　　　　　　　　　D．技能

E．方法

49．根据《质量管理小组活动准则》T/CAQ 10201—2020，按 5W1H 要求制定对策表，5W1H 指（　　　）等。

A．对策　　　　　　　　　　B．目标

C．措施　　　　　　　　　　D．效益

E．时间

【答案】

一、单项选择题

1. B;　　2. C;　　3. D;　　4. A;　　5. D;　　6. C;　　7. C;　　8. B;
9. C;　　10. A;　　11. D;　　12. B;　　13. A;　　14. B;　　15. A;　　16. B;
17. A;　　18. B;　　19. B;　　20. D;　　21. C;　　22. B;　　23. C;　　24. A;
25. D;　　26. D;　　27. D;　　28. C;　　29. D;　　30. C;　　31. A;　　32. D;
33. D;　　34. A;　　35. C;　　36. A;　　37. C;　　38. B;　　39. A;　　40. C;
41. D;　　42. D;　　43. B;　　44. B;　　45. A;　　46. A

二、多项选择题

1. A、C、D、E;　　2. A、B、C;　　3. A、B;　　4. A、B、D、E;
5. A、B、C、D;　　6. A、B、C、E;　　7. A、B、D;　　8. B、C、D;
9. A、B、D、E;　　10. A、B、C;　　11. A、C、D、E;　　12. B、C、D;
13. A、B、D、E;　　14. A、B;　　15. A、B、D、E;　　16. A、B、C、D;
17. A、B、C、E;　　18. A、B、D、E;　　19. B、C、D;　　20. A、B、C、D;
21. A、B、C、E;　　22. A、B、E;　　23. A、B、E;　　24. A、D、E;
25. D、E;　　26. A、B、C、D;　　27. A、B、C;　　28. A、C;
29. A、B、C、E;　　30. A、B;　　31. A、B;　　32. A、B、C、D;
33. A、C;　　34. A、B、C;　　35. B、C、D;　　36. A、C、D、E;
37. A、E;　　38. B、C、D;　　39. A、B、C、D;　　40. A、B、C、E;
41. C、D;　　42. B、D;　　43. A、B、C;　　44. A、B、C;
45. A、B、E;　　46. A、B、C、D;　　47. A、B;　　48. A、C、D、E;
49. A、B、C、E

6.5　建设监理

复习要点

1. 水利工程施工监理的工作方法和制度
2. 水利工程施工监理工作的主要内容

一　单项选择题

1. 根据《水利工程施工监理规范》SL 288—2014，水利工程建设项目施工监理的主要工作方法中不包括（　　）。

　　A. 巡视检验　　　　　　　　　B. 跟踪检测
　　C. 飞检　　　　　　　　　　　D. 平行检测

2. 水利工程建设监理的主要内容是进行工程建设（　　），按照合同控制工程建设的投资、工期和质量，并协调有关各方的工作关系。

A．合同管理　　　　　　　　B．质量管理

C．进度管理　　　　　　　　D．全面管理

3．施工详图经（　　）审核后交施工单位施工。

A．项目法人　　　　　　　　B．监理单位

C．设计单位　　　　　　　　D．质量监督单位

4．根据《水利工程施工监理规范》SL 288—2014 的有关规定，（　　）就是在承包人进行自检前，监理机构应对其试验人员、仪器设备、程序、方法进行审核；在承包人检测时，进行全过程的监督，确认其程序、方法的有效性，检验结果的可信性，并对该结果签认。

A．现场记录　　　　　　　　B．巡视检验

C．跟踪检测　　　　　　　　D．平行检测

5．根据《水利工程施工监理规范》SL 288—2014 的有关规定，监理机构可采用平行检测方法对承包人的检验结果进行复核。平行检测的检测数量，土方试样不应少于承包人检测数量的（　　）；重要部位至少取样（　　）组。

A．3%，1　　　　　　　　B．5%，3

C．5%，1　　　　　　　　D．7%，3

6．根据《水利工程施工监理规范》SL 288—2014 的有关规定，监理机构可采用跟踪检测方法对承包人的检验结果进行复核。跟踪检测的检测数量，混凝土试样不应少于承包人检测数量的（　　），土方试样不应少于承包人检测数量的（　　）。

A．7%，10%　　　　　　　B．3%，5%

C．7%，5%　　　　　　　D．5%，7%

7．根据《水利工程施工监理规范》SL 288—2014，水利工程建设项目施工监理开工条件的控制中不包括（　　）。

A．签发进场通知　　　　　　B．签发开工通知

C．分部工程开工　　　　　　D．单元工程开工

8．根据有关规范和规定，水利工程建设项目施工监理在施工准备阶段的监理工作基本内容是，检查开工前由发包人准备的施工条件和承包人的施工准备情况。下列不属于检查开工前承包人的施工准备情况的是（　　）。

A．检查由承包人提供的资金到位情况

B．检查承包人进场施工设备的数量和质量

C．检查进场原材料、构配件的质量、规格、性能是否符合有关技术标准和技术条款的要求，原材料的储存量是否满足工程开工及随后施工的需要

D．检查承包人试验室的条件是否符合有关规定要求

9．根据《水利工程施工监理规范》SL 288—2014 的有关规定，监理人应检查、督促承包人对发包人提供的测量基准点进行（　　），并督促承包人在此基础上完成施工测量控制网的布设及施工区原始地形图的测绘。

A．保护　　　　　　　　　　B．直接使用

C．复核　　　　　　　　　　D．同等级加密

10．根据《水利工程施工监理规范》SL 288—2014，关于施工监理开工条件的控

制的说法，正确的是（　　　）。

    A．第一个单元工程在分部工程开工批准后自行开工

    B．分部工程应在第一个单元工程开工批准后开工

    C．第一个单元工程在分部工程开工批准后开工

    D．单元工程应在分部工程开工批准后开工

11．根据《水利工程施工监理规范》SL 288—2014 的有关规定，下列不属于监理合同管理工作的是（　　　）。

    A．工程变更   B．工程担保

    C．工程保险   D．工程环保

12．根据《水利工程施工监理规范》SL 288—2014 的有关规定，下列不属于监理主要工作制度的是（　　　）。

    A．技术文件审核、审批制度   B．会议制度

    C．工作报告制度   D．安全与环境保护制度

13．监理对混凝土平行检测时，检测数量应不少于承包人检测数量的（　　　）。

    A．2%   B．3%

    C．4%   D．5%

14．监理单位采用平行检测方法对承包人的检验结果进行复核，其费用由（　　　）承担。

    A．承包人   B．监理单位

    C．发包人   D．质量监督机构

15．工程质量检验程序一般分为（　　　）。

    A．2 级   B．3 级

    C．4 级   D．5 级

16．工程变更指令一般由（　　　）审查、批准后发出。

    A．业主或业主授权监理机构   B．设计单位

    C．质量监督机构   D．承建单位

17．在业主和工程承建合同文件授权的范围内，对工程分包进行审查的单位是（　　　）。

    A．承建单位的主管部门   B．建设单位

    C．质量监督机构   D．监理机构

二　多项选择题

1．根据《水利工程施工监理规范》SL 288—2014，水利工程建设项目施工监理的主要工作方法是（　　　）。

    A．现场记录   B．发布文件

    C．跟踪检测   D．平行检测

    E．抽样检测

2．监理机构对承包人的检验结果进行复核的方法有（　　　）。

A．现场记录　　　　　　　B．发布文件

C．跟踪检测　　　　　　　D．平行检测

E．抽样检测

3．根据有关规范和规定，水利工程建设项目施工监理实施阶段监理工作的基本内容有（　　　）。

A．开工条件的控制　　　　B．工程质量、进度和投资控制

C．合同管理的其他工作　　D．施工安全与环境保护

E．签发最终付款证书

4．根据《水利工程施工监理规范》SL 288—2014，施工监理在工程资金控制方面的工作包括（　　　）。

A．审核承包人提交的资金流计划

B．建立合同工程付款台账

C．签发完工付款证书

D．签发最终付款证书

E．支付合同款

5．项目监理招标应当具备的条件有（　　　）。

A．项目可行性研究报告或者初步设计已经批复

B．监理所需资金已经落实

C．施工队伍已经确定

D．项目已列入年度计划

E．招标计划已报主管部门批准

6．水利工程建设监理的主要内容是（　　　）。

A．进行工程建设合同管理

B．进行工程建设信息管理

C．按照合同进行工程建设的投资、工期和质量控制

D．协调有关各方的工作关系

E．重点进行质量监督

7．监理机构施工阶段进度控制的主要任务包含（　　　）。

A．控制性总进度计划的审批

B．协助业主编制工程控制性总进度计划

C．审查承建单位报送的施工进度计划

D．依据工程监理合同，向业主编报进度报表

E．向业主提供关于施工进度的建议及分析报告

8．工程施工阶段监理机构工程合同费用控制的主要任务包含（　　　）。

A．协助业主编制分年或单项工程项目的合同支付资金计划

B．对工程变更、工期调整申报的经济合理性进行审议并提出审议意见

C．根据市场情况，有效控制承建单位的材料定购价格

D．进行已完成实物量的支付计量

E．根据工程承建合同文件规定受理合同索赔

【答案】

一、单项选择题

1. C;   2. A;   3. B;   4. C;   5. B;   6. A;   7. A;   8. A;

9. C;   10. C;   11. D;   12. D;   13. B;   14. C;   15. B;   16. A;

17. D

二、多项选择题

1. A、B、C、D;   2. C、D;   3. A、B、C、D;   4. A、B、C、D;

5. A、B、D;   6. A、B、C、D;   7. B、C、D、E;   8. A、B、D、E

第7章 施工招标投标与合同管理

7.1 施工招标投标

复习要点

微信扫一扫
在线做题+答疑

1. 施工招标投标管理要求
2. 施工招标的条件与程序
3. 施工投标的条件与程序

一 单项选择题

1. 根据《工程建设项目施工招标投标办法》，自招标文件或者资格预审文件出售之日起至停止出售之日止，最短不得少于（　　）。

    A．5日   B．5个工作日

    C．7日   D．7个工作日

2. 根据《水利工程建设项目招标投标管理规定》，依法必须进行招标的项目，招标公告媒介正式发布至发售资格预审文件（或招标文件）的时间间隔一般不少于（　　）。

    A．7日   B．7个工作日

    C．10日   D．10个工作日

3. 根据《水利工程建设项目招标投标管理规定》，施工招标未设标底的，按不低于（　　）的有效标进行评审。

    A．全部投标人报价加权平均值   B．部分投标人报价的平均值

    C．成本价   D．全部投标人报价中位数

4. 水利工程建设项目招标分为（　　）。

    A．公开招标、邀请招标和议标   B．公开招标和议标

    C．邀请招标和议标   D．公开招标和邀请招标

5. 根据《水利工程建设项目招标投标管理规定》，评标委员会中专家人数（不含招标人代表）不得少于成员总数的（　　）。

    A．3/4   B．5/6

    C．7/8   D．2/3

6. 根据《工程建设项目施工招标投标办法》，工程施工评标活动应当遵循的原则是（　　）。

    A．公平、公正、公开、实事求是

    B．公平、公正、公开、诚实信用

    C．公平、公正、科学、择优

    D．公平、公正、公开、科学、择优

7. 采用邀请招标时，招标人应向（　　）个以上有投标资格的法人发出投标邀请书。

　　A．2　　　　　　　　　　　　B．3

　　C．4　　　　　　　　　　　　D．5

8. 提交投标文件的投标人少于（　　）个时，招标人应依法重新招标。

　　A．2　　　　　　　　　　　　B．3

　　C．4　　　　　　　　　　　　D．5

9. 根据《工程建设项目施工招标投标办法》，投标人递交投标文件时必须提交投标保证金，投标保证金一般不得超过投标总价的（　　），但最高不超过（　　）万元。

　　A．1%，70　　　　　　　　　　B．1%，80

　　C．2%，70　　　　　　　　　　D．2%，80

10. 根据《水利工程建设项目招标投标管理规定》，依法必须进行招标的项目，自招标文件发售之日起至投标人提交投标文件截止之日止，最短不应少于（　　）日。

　　A．15　　　　　　　　　　　　B．20

　　C．25　　　　　　　　　　　　D．30

11. 投标人在递交投标文件的同时，应当递交投标保证金。根据《水利工程建设项目招标投标管理规定》，招标人与中标人签订合同后（　　）个工作日内，应当退还投标保证金。

　　A．5　　　　　　　　　　　　B．7

　　C．10　　　　　　　　　　　　D．14

12. 依据水利工程招标投标有关规定，潜在投标人依据踏勘项目现场及招标人介绍情况做出的判断和决策，由（　　）负责。

　　A．招标人　　　　　　　　　　B．项目法人

　　C．投标人　　　　　　　　　　D．监理人

13. 某水闸加固改造工程土建标共有甲、乙、丙、丁四家潜在投标人购买了资格预审文件，经审查乙、丙、丁三个投标人通过了资格预审。在规定时间内乙向招标人书面提出了在阅读招标文件和现场踏勘中的疑问，招标人确认后应在规定时间内将招标文件的答疑以书面形式发给（　　）。

　　A．甲　　　　　　　　　　　　B．乙

　　C．乙、丙、丁　　　　　　　　D．甲、乙、丙、丁

14. 招标人应当自收到评标报告之日起3日内公示中标候选人，公示期不得少于（　　）。

　　A．10日　　　　　　　　　　　B．5日

　　C．5个工作日　　　　　　　　 D．3日

15. 根据《工程建设项目施工招标投标办法》，招标人和中标人应当在投标有效期且自中标通知书发出之日起至多（　　）日内，按照投标文件和中标人的投标文件订立书面合同。

　　A．7　　　　　　　　　　　　B．15

　　C．30　　　　　　　　　　　　D．40

16. 根据《工程建设项目施工招标投标办法》，工程施工招标投标活动依法由（　　）负责，任何单位和个人不得以任何方式非法干涉工程招标投标活动。

A．招标人　　　　　　　　　B．行政监督人

C．监察人　　　　　　　　　D．评标专家

17. 根据《必须招标的工程项目规定》和《必须招标的基础设施和公用事业项目范围规定》，符合规定条件且施工单项合同估算价在（　　）万元人民币以上的水利基础设施项目必须招标。

A．100　　　　　　　　　　B．200

C．300　　　　　　　　　　D．400

18. 根据《工程建设项目施工招标投标办法》，招标人在确定中标人后，至多应当在（　　）日之内按项目管理权限向水行政主管部门提交招标投标情况的书面报告。

A．7　　　　　　　　　　　B．15

C．28　　　　　　　　　　D．30

19. 甲、乙、丙三个单位拟组成联合体参加某泵站土建标投标，并授权甲单位作为牵头人代表所有联合体成员负责投标和合同实施阶段的工作，那么该联合体向招标人提交的授权书应由（　　）的法定代表人签署。

A．甲　　　　　　　　　　　B．甲、乙

C．乙、丙　　　　　　　　　D．甲、乙、丙

20. 根据《工程建设项目施工招标投标办法》，工程建设项目施工评标委员会推荐的中标候选人应当限定在（　　）人。

A．1～3　　　　　　　　　　B．2～4

C．3　　　　　　　　　　　D．3～5

21. 根据《水利工程建设项目招标投标管理规定》，两个或两个以上的法人或其他组织组成联合体投标的，其资质（资格）等级应当按（　　）确定。

A．资质较低的单位　　　　　B．资质较高的单位

C．联合体各成员资质的中值　　D．招标人的意愿

22. 投标人A参加某泵站的土建标投标，其已标价工程量清单中的一部分见表7-1。经评审，投标人A实质上响应了招标文件的要求，但评委发现其投标报价中有计算性错误，而招标文件中对此未作规定，根据《工程建设项目施工招标投标办法》，投标人A的已标价工程量清单中的"土方开挖""钢筋"修正后的合价应分别为（　　）万元。

表7-1　投标人A的已标价工程量清单

序号	项目名称	单位	数量	单价（元）	合价（万元）
1	土方开挖	m³	10000	8.65	8.95
2	钢筋	t	1000	345.5	345.5

A．8.95、345.5　　　　　　B．8.65、345.5

C．8.65、34.55　　　　　　D．8.95、34.55

23．根据《关于建立健全招标投标领域优化营商环境长效机制的通知》（发改法规〔2021〕240号），国家发展和改革委要求全面推行（　　　）监管模式。

  A．单随机一公开   B．双随机一公开

  C．单随机双公开   D．双随机双公开

24．根据《关于建立健全招标投标领域优化营商环境长效机制的通知》（发改法规〔2021〕240号），国家发展改革委要求，进一步健全投诉处理机制，依法及时对投诉进行受理、调查和处理，并（　　　）行政处罚决定。

  A．网上公开   B．张贴公开

  C．不公开   D．内部公开

25．根据《关于建立健全招标投标领域优化营商环境长效机制的通知》（发改法规〔2021〕240号），依据有关法律法规和各有关行政监督部门职责，以（　　　）列明投诉处理职责分工，避免重复受理或相互推诿。

  A．会议方式   B．清单方式

  C．书面形式   D．图表方式

26．根据水利部《水利建设市场主体信用评价管理办法》，信用等级为C表示（　　　）。

  A．信用好   B．信用较好

  C．信用一般   D．信用较差

27．根据《水利工程建设项目招标投标管理规定》，招标人对已发出的招标文件进行必要澄清或者修改的，应当在招标文件要求提交投标文件截止日期至少（　　　）日前，以书面形式通知所有投标人。

  A．7   B．10

  C．15   D．14

28．根据《水利工程建设项目招标投标管理规定》，联合体参加资格预审并获通过的，其组成的任何变化都必须在提交投标文件截止之日前征得（　　　）的同意。

  A．招标人   B．行政监督

  C．监察人   D．公证机构

29．根据《水利工程建设项目招标投标管理规定》，（　　　）应当对招标公告的真实性负责。

  A．招标人   B．行政监督

  C．监察人   D．发布招标公告的网站

30．潜在投标人对招标文件有异议的，应当在投标截止时间（　　　）日前提出。

  A．5   B．7

  C．10   D．15

31．根据《工程建设项目施工招标投标办法》，招标人可以对潜在投标人或者投标人进行资格审查，资格审查分为（　　　）。

  A．资格预审和资格后审   B．资格预审和初步评审

  C．资格预审和详细评审   D．初步评审和详细评审

32．根据《工程建设项目施工招标投标办法》，资格预审是指在（　　　）对潜在投

标人进行的资格审查。

      A．投标前   B．开标期间

      C．评标期间   D．合同谈判时

33．根据《工程建设项目施工招标投标办法》，资格后审是指在（   ）对投标人进行的资格审查。

      A．投标前   B．开标后

      C．评标期间   D．合同谈判时

34．某泵站土建标共有甲、乙、丙、丁四家单位购买了招标文件，其中甲、乙、丙参加了由招标人组织的现场踏勘和标前会，现场踏勘中甲单位提出了招标文件中的疑问，招标人现场进行了答复，根据有关规定，招标人应将解答以书面方式通知（   ）。

      A．甲   B．乙、丙

      C．甲、乙、丙   D．甲、乙、丙、丁

35．根据《工程建设项目施工招标投标办法》，当投标人投标文件中出现用数字表示的数额与用文字表示的数额不一致时，除招标文件另有约定外，以（   ）为准，调整后的报价经投标人确认后产生约束力。

      A．数字表示的数额   B．文字表示的数额

      C．两者中较小的   D．两者中较大的

36．根据《评标委员会和评标方法暂行规定》，若评标委员会成员拒绝在评标报告上签字且不陈述其不同意见和理由的，则（   ）。

      A．视为不同意评标结论

      B．视为同意评标结论

      C．可向相关水行政主管部门阐述意见和理由

      D．视为放弃本次评标

37．根据水利工程招标投标有关规定，下列关于中标通知书的说法，正确的是（   ）。

      A．对招标人和中标人均具有法律效力

      B．仅对招标人具有法律效力

      C．仅对中标人具有法律效力

      D．对招标人和中标人均不具有法律效力

38．某次水利工程施工招标中，只有甲、乙两家投标单位递交了投标文件，根据水利工程招标投标有关规定，招标人应当（   ）。

      A．直接委托给投标人甲或乙

      B．组织议标，然后在甲、乙中确定中标人

      C．组织评标，然后在甲、乙中确定中标人

      D．依法重新招标

二 多项选择题

1．根据《水利工程建设项目招标投标管理规定》，水利工程建设项目施工招标应

当具备的条件必须包括（　　　）等。

  A．初步设计已经批准   B．建设资金来源已落实

  C．监理单位已确定   D．施工图设计已完成

  E．有关建设项目征地和移民搬迁工作已有明确安排

2. 根据《工程建设项目施工招标投标办法》，下列关于资格审查的说法，正确的是（　　　）。

  A．资格审查分为资格预审和资格后审

  B．资格预审由招标人负责

  C．经评标委员会 1/2 及以上的成员同意，可不进行资格审查，直接进入初步评审阶段

  D．资格预审后，一般不再进行资格后审

  E．资格预审不合格的潜在投标人可以参加资格后审

3. 根据《工程建设项目施工招标投标办法》，评标方法可采用（　　　）。

  A．综合评分法   B．两阶段评标法

  C．合理最低投标价法   D．综合评议法

  E．投票表决法

4. 水闸工程施工项目，已通过招标程序招标和重新招标，仍然没有成功确定中标人的，如不再招标，应通过（　　　）等方式选择承包人。

  A．竞争性谈判   B．单一来源采购

  C．询价采购   D．竞争性磋商

  E．委托

5. 根据《工程建设项目施工招标投标办法》，工程施工招标资格审查应主要审查潜在投标人或者投标人是否（　　　）等。

  A．具有独立订立合同的权利

  B．具有履行合同的能力

  C．没有处于被责令停业，投标资格被取消

  D．在最近三年内没有骗取中标和严重违约及重大工程质量问题

  E．在职职工超过 100 人

6. 下列属于建筑业企业资质等级序列划分的有（　　　）。

  A．总承包   B．专业承包

  C．设计施工总承包   D．工程分包

  E．劳务分包

7. 电子招标投标系统根据功能的不同，分为（　　　）。

  A．交易平台   B．公共服务平台

  C．信用信息平台   D．行政监督平台

  E．公示平台

8. 根据《工程建设项目施工招标投标办法》，应当公开招标的工程施工，经批准可以进行邀请招标的情形包括（　　　）等。

  A．项目技术复杂或有特殊要求，只有少量几家潜在投标人可供选择的

B．受自然地域环境限制的

C．涉及国家安全、国家秘密等，适宜招标但不宜公开招标的

D．拟公开招标的费用与项目的价值相比，不值得的

E．招标人认为进行邀请招标更为合适的

9．根据《工程建设项目施工招标投标办法》，投标人串通投标报价的行为包括（　　）等。

A．投标人报价明显不合理的

B．投标人之间相互约定抬高或压低投标报价

C．投标人之间相互约定，在招标项目中分别以高、中、低价位报价

D．投标人之间先进行内部竞价，内定中标人，然后再参加投标

E．投标人修改投标报价而没有修改分项报价的

10．投标文件有下列（　　）情形之一的由评标委员会初审后可按废标处理。

A．无单位盖章和法定代表人签字的

B．未按规定格式填写，内容不全的

C．递交两份以上不同内容的投标文件的

D．未提交投标保证金的

E．数字表示的数额与文字表示的数额不一致的

11．根据《水利工程建设项目招标投标管理规定》，水利工程建设项目招标包括（　　）等。

A．施工招标　　　　　　　　　B．勘察设计招标

C．监理招标　　　　　　　　　D．重要设备材料采购招标

E．征地移民招标

12．下列关于招标人对潜在投标人或者投标人进行资格审查的说法，正确的是（　　）。

A．资格预审是指在投标前对潜在投标人进行的资格审查

B．资格后审是指评标后对投标人进行的资格审查

C．进行资格预审的一般不再进行资格后审

D．进行资格预审必须进行资格后审

E．资格审查办法包括合格制和有限数量制

13．经行政监督部门批准后，下列项目可不进行招标的有（　　）。

A．需要采用不可替代的专利或者专有技术

B．采购人依法能够自行建设、生产或者提供

C．已通过招标方式选定的特许经营项目投资人依法能够自行建设、生产或者提供

D．技术复杂、有特殊要求或者受自然环境限制，只有少量潜在投标人可供选择

E．涉及国家安全、国家秘密、抢险救灾或者属于扶贫资金实行以工代赈、需要使用农民工

14．图纸是组成水利水电工程施工合同文件的一个部分，包括（　　）。

A．招标图纸

B．投标图纸

C．承包人提交的经监理人批准的图纸

D．发包人提供的施工图纸

E．初步设计图纸

15．甲、乙、丙三个单位拟组成联合体参加某泵站土建标投标，并授权甲单位作为该联合体的牵头人，并以牵头人的名义向招标代理机构提交投标保证金，那么该投标保证金对（　　）有约束力。

A．甲   B．乙

C．丙   D．招标代理机构

E．招标人

16．根据《工程建设项目施工招标投标办法》，现场踏勘及标前会的主要目的是向潜在投标人介绍工程场地和相关环境的有关情况、回答潜在投标人提出的有关招标文件的疑问，可由（　　）组织。

A．招标人   B．招标代理机构

C．行政监督人   D．监察人

E．工程质量监督机构

17．某水闸加固改造工程土建标共有甲、乙、丙、丁（其中丁为戊单位与戊单位组成的联合体）四家潜在投标人购买了招标文件，那么可以参加该土建标投标的单位包括（　　）等。

A．甲   B．乙

C．丁   D．戊

E．戊

18．投标人是响应招标、参加投标竞争的法人或者其他组织。下列无资格参加项目施工标投标的单位包括（　　）。

A．招标人的任何不具备独立法人资格的附属机构

B．本标段的代建人

C．本标段的监理人

D．本标段的招标代理机构

E．本标段设计人控股但法定代表人不同的公司

19．根据水利工程招标投标有关规定，开标时招标人（或招标代理机构）不予受理投标人投标文件的情形包括（　　）。

A．投标文件逾期送达

B．投标文件未送达指定地点

C．投标文件未按招标文件要求密封

D．投标人的法定代表人或委托代理人未出席开标会

E．投标人的委托代理人到场，但法定代表人未出席开标会

20．根据水利部《水利建设市场主体信用评价管理办法》，信用等级分为（　　）。

A．AAA   B．AA

C．A D．BBB

E．CCC

21．根据《工程建设项目施工招标投标办法》，下列属于招标人与投标人串通投标的行为包括（   ）。

A．招标人向投标人泄露标底

B．招标人与投标人商定，投标时压低或抬高标价，中标后再给投标人或招标人额外补偿

C．招标人组织所有潜在投标人踏勘现场并召开标前会

D．招标人预先内定中标人

E．招标人在开标前开启投标文件，并将投标情况告知其他投标人

【答案】

一、单项选择题

1．A；	2．C；	3．C；	4．D；	5．D；	6．C；	7．B；	8．B；
9．D；	10．B；	11．A；	12．C；	13．C；	14．D；	15．C；	16．A；
17．D；	18．B；	19．D；	20．A；	21．A；	22．C；	23．B；	24．A；
25．B；	26．D；	27．C；	28．A；	29．A；	30．C；	31．A；	32．A；
33．B；	34．D；	35．B；	36．B；	37．A；	38．D		

二、多项选择题

1．A、B、C、E；	2．A、B、D；	3．A、B、C、E；	4．A、B、C、D；
5．A、B、C、D；	6．A、B、E；	7．A、B、D；	8．A、B、D；
9．B、C、D；	10．A、B、C、D；	11．A、B、C、D；	12．A、C、E；
13．A、B、C、E；	14．A、B、D；	15．A、B、C；	16．A、B；
17．A、B、C；	18．A、B、C、D；	19．A、B、C、D；	20．A、B、C；
21．A、B、D、E			

7.2 施工合同管理

复习要点

1．施工合同文件的构成

2．发包人与承包人的义务和责任

3．质量条款的内容

4．进度条款的内容

5．变更与索赔的处理方法与原则

6．施工分包的要求

1. 根据《水利水电工程标准施工招标文件》（2009 年版），下列不属于合同文件组成部分的是（　　）。

　　A. 协议书　　　　　　　　　　B. 图纸

　　C. 已标价工程量清单　　　　　D. 投标人要求澄清招标文件的函

2. 根据《水利水电工程标准施工招标文件》（2009 年版），合同中有如下内容：① 中标通知书；② 专用合同条款；③ 通用合同条款；④ 技术标准和要求；⑤ 图纸；⑥ 已标价的工程量清单；⑦ 协议书。如前后不一时，其解释顺序正确的是（　　）。

　　A. ⑦①②③⑥④⑤　　　　　　B. ⑦①③②⑥④⑤

　　C. ⑦①②③④⑤⑥　　　　　　D. ⑦①③②④⑤⑥

3. 根据《水利水电工程标准施工招标文件》（2009 年版），合同条款中应全文引用，不得删改的是（　　）；应按其条款编号和内容，根据工程实际情况进行修改和补充的是（　　）。

　　A. 专用合同条款，通用合同条款　　B. 专用合同条款，专用合同条款

　　C. 通用合同条款，专用合同条款　　D. 通用合同条款，通用合同条款

4. 根据《水利水电工程标准施工招标文件》（2009 年版），合同条款分为"通用合同条款"和"专用合同条款"两部分，两者一旦出现矛盾或不一致，则以（　　）为准。

　　A. 通用合同条款　　　　　　　B. 监理人的调解

　　C. 专用合同条款　　　　　　　D. 行政监督人的调解

5. 监理人应在开工日期（　　）d 前向承包人发出开工通知。

　　A. 7　　　　　　　　　　　　B. 14

　　C. 21　　　　　　　　　　　 D. 30

6. 发包人应在合同工程完工证书颁发后（　　）d 内将履约担保退还给承包人。

　　A. 7　　　　　　　　　　　　B. 14

　　C. 21　　　　　　　　　　　 D. 28

7. 承包人更换项目经理应事先征得发包人同意，并应在更换（　　）d 前通知发包人和监理人。

　　A. 7　　　　　　　　　　　　B. 14

　　C. 21　　　　　　　　　　　 D. 28

8. 承包人覆盖工程隐蔽部位后，监理人对质量有疑问的，可要求承包人对已覆盖的部位进行钻孔探测或揭开重新检验，承包人应遵照执行，并在检验后重新覆盖恢复原状。经检验证明工程质量符合合同要求的，由（　　）承担由此增加的费用和（或）工期延误。

　　A. 承包人　　　　　　　　　　B. 发包人

　　C. 监理人　　　　　　　　　　D. 三方共同

9. 承包人未通知监理人到场检查，私自将工程隐蔽部位覆盖的，监理人有权指示承包人钻孔探测或揭开检查，由此增加的费用和（或）工期延误由（　　）承担。

A. 承包人 B. 发包人
C. 监理人 D. 三方共同

10. 水利水电工程质量保修期通常为一年，（　　）无工程质量保修期。

A. 泵站工程 B. 堤防工程
C. 除险加固工程 D. 河湖疏浚工程

11. 若承包人不具备承担暂估价项目的能力或具备承担暂估价项目的能力但明确不参与投标的，由（　　）组织招标。

A. 发包人 B. 承包人
C. 监理人 D. 发包人和承包人

12. 承包人应在知道或应当知道索赔事件发生后（　　）d内，向监理人递交索赔意向通知书，并说明发生索赔事件的事由。

A. 7 B. 14
C. 21 D. 28

13. 承包人应在发出索赔意向通知书后（　　）d内，向监理人正式递交索赔通知书。

A. 7 B. 14
C. 21 D. 28

14. 根据《水利工程施工转包违法分包等违法行为认定查处管理暂行办法》，承包人未设立现场管理机构的情形属于（　　）。

A. 转包 B. 违法分包
C. 出借借用资质 D. 其他挂靠行为

15. 投标文件已经载明部分工程分包，但分包单位进场需（　　）。

A. 项目法人批准 B. 监理单位批准
C. 总包单位批准 D. 项目法人和监理单位批准

16. 水利工程主要建筑物的主体结构由（　　）明确。

A. 设计批准部门 B. 项目法人
C. 设计单位 D. 监理单位

17. 下列合同问题中，属于较重合同问题的是（　　）。

A. 项目法人未对施工合同进行备案管理
B. 签订的劳务合同不规范
C. 工程分包未履行报批手续
D. 未按要求严格审核工程分包单位的资质

二　多项选择题

1.《水利水电工程标准施工招标文件》（2009年版）的内容包括（　　）。

A. 已标价的工程量清单 B. 评标办法
C. 合同条款 D. 技术标准和要求
E. 招标图纸

2. 在《水利水电工程标准施工招标文件》（2009 年版），工程量清单根据《水利工程工程量清单计价规范》GB 50501—2007 编制时，其主要内容包括（　　　）。

    A．工程量清单说明　　　　　　　B．工程量计算说明

    C．单价分析与计算　　　　　　　D．投标报价说明

    E．工程量清单相关表格

3. 下列属于发包人的义务有（　　　）。

    A．发出开工通知　　　　　　　　B．提供施工场地

    C．协助承包人办理证件和批件　　D．组织设计交底

    E．编制施工总进度

4. 下列属于承包人的义务有（　　　）。

    A．对施工作业和施工方法的完备性负责

    B．保证工程施工和人员的安全

    C．负责施工场地及其周边环境与生态的保护工作

    D．组织设计交底

    E．参与移民征地工作

5. 下列情况中，承包人有权要求发包人延长工期和（或）增加费用的有（　　　）。

    A．增加合同工作内容

    B．改变合同中任何一项工作的质量要求或其他特性

    C．提供图纸延误

    D．承包人项目经理因故离岗

    E．未按合同约定及时支付预付款、进度款

6. 下列暂停施工增加的费用和（或）工期延误由承包人承担的有（　　　）。

    A．承包人违约引起的暂停施工

    B．由于承包人原因，为工程合理施工和安全保障所必需的暂停施工

    C．承包人擅自暂停施工

    D．由于不可抗力的自然或社会因素引起的暂停施工

    E．承包人其他原因引起的暂停施工

7. 下列情况引起的暂停施工，为发包人的责任的有（　　　）。

    A．由于发包人违约引起的暂停施工

    B．由于不可抗力的自然或社会因素引起的暂停施工

    C．专用合同条款中约定的其他由于发包人原因引起的暂停施工

    D．由于承包人原因，为工程合理施工和安全保障所必需的暂停施工

    E．承包人擅自暂停施工

8. 在履行合同过程中，下列应进行设计变更的情形有（　　　）。

    A．取消合同中任何一项工作

    B．改变合同中任何一项工作的质量或其他特性

    C．改变合同工程的基线、标高、位置或尺寸

    D．改变合同中任何一项工作的施工时间或改变已批准的施工工艺或顺序

    E．改变合同工期

9. 下列属于承包人违约的情形的有（　　　）。

A. 承包人私自将合同的全部或部分权利转让给其他人

B. 承包人未能按合同进度计划及时完成合同约定的工作，已造成或预期造成工期延误

C. 承包人未经监理人批准，私自将已按合同约定进入施工场地的施工设备、临时设施或材料撤离施工场地

D. 发包人原因造成停工导致无法履约

E. 监理人无正当理由没有在约定期限内发出复工指示，导致承包人无法复工

10. 分包人应当设立项目管理机构，组织管理所分包工程的施工活动。项目管理机构人员中必须是本单位人员的有（　　　）。

A. 项目负责人
B. 技术负责人

C. 财务负责人
D. 质量管理人员

E. 工长

11. 根据《水利建设工程施工分包管理规定》，水利工程施工分包按分包性质分为（　　　）。

A. 工程分包
B. 劳务分包

C. 企业分包
D. 组织分包

E. 业务分包

12. 根据《水利工程施工转包违法分包等违法行为认定查处管理暂行办法》，下列情形中，属于违法分包的是（　　　）。

A. 将工程分包给不具备相应资质的单位

B. 将主要建筑物的主体结构工程分包

C. 工程分包单位将其承包的工程中非劳务作业部分再分包

D. 未经项目法人书面同意的分包行为

E. 将其承包的全部工程肢解以后分包给其他单位

13. 水利工程的分包形式有（　　　）。

A. 项目法人推荐分包
B. 施工单位自行选择分包

C. 项目主管部门指定分包
D. 监理单位推荐分包

E. 设计单位推荐分包

14. 下列情形中，认定为转包的是（　　　）。

A. 母公司承接工程后将所承接工程交由子公司实施

B. 工地现场未按投标承诺派驻本单位主要管理人员

C. 全部工程由劳务作业分包单位实施

D. 总包单位向分包单位收取管理费

E. 全部工程以内部承包合同形式交由分公司施工

15. 下列情形之中，认定为违法分包的是（　　　）。

A. 次要建筑物的主体结构工程分包

B. 劳务作业分包单位将其承包的劳务作业再分包

C. 工程分包单位将劳务作业部分再次分包

D．分包合同不满足总包合同中相关要求

E．工程分包给不具备相应资质的单位

16．根据水利部合同监督检查有关办法，合同问题分为（ 　　 ）。

A．一般合同问题 　　　　　　B．较重合同问题

C．严重合同问题 　　　　　　D．重大合同问题

E．合同缺陷

【答案】

一、单项选择题

1．D；　　2．C；　　3．C；　　4．C；　　5．A；　　6．D；　　7．B；　　8．B；

9．A；　　10．D；　11．D；　12．D；　13．D；　14．A；　15．B；　16．C；

17．B

二、多项选择题

1．B、C、D、E；　　2．A、D、E；　　　3．A、B、C、D；　　4．A、B、C；

5．A、B、C、E；　　6．A、B、C、E；　　7．A、B、C；　　　8．A、B、C、D；

9．A、B、C；　　　10．A、B、C、D；　11．A、B；　　　12．A、B、C、D；

13．A、B；　　　　14．A、B、C、E；　15．B、D、E；　　16．A、B、C

第8章　施工进度管理

8.1　水利工程建设程序

微信扫一扫
在线做题＋答疑

复习要点

1. 水利工程建设项目的类型和建设阶段划分
2. 施工准备阶段的工作内容
3. 建设实施阶段的工作内容

一　单项选择题

1. 按功能和作用来分，大型灌区节水改造工程属于（　　　）。
   - A. 公益性项目
   - B. 经营性项目
   - C. 准公益性项目
   - D. 准经营性项目

2. 根据《政府和社会资本合作建设重大水利工程操作指南（试行）》，纳入 PPP 项目库的项目，合作期最少不得低于（　　　）年。
   - A. 5
   - B. 8
   - C. 10
   - D. 20

3. 水利工程建设项目按其功能和作用分为（　　　）。
   - A. 公益性、准公益性和经营性
   - B. 公益性、投资性和经营性
   - C. 公益性、经营性和准经营性
   - D. 公益性、准公益性和投资性

4. 重大设计变更文件编制的设计深度应满足（　　　）阶段技术标准的要求。
   - A. 项目建议书
   - B. 可行性研究
   - C. 初步设计
   - D. 招标设计

5. 若水利工程建设项目初步设计静态总投资超过已批准的可行性研究报告估算的静态总投资达 15%，则需（　　　）。
   - A. 调整可行性研究估算
   - B. 重新编制可行性研究报告并按原程序报批
   - C. 提出专题分析报告
   - D. 重新编制初步设计

6. 工程完成建设目标的标志是（　　　）。
   - A. 生产运行
   - B. 生产准备
   - C. 项目后评价
   - D. 竣工验收

7. 建设项目在主体工程开工之前，必须完成各项施工准备工作，其主要工作内容不包括（　　　）。
   - A. 选定建设监理单位及主体工程施工承包商
   - B. 施工现场的征地、拆迁

C．完成施工图设计

D．完成施工用水、电等工程

8．根据《水利部关于进一步优化调整水利工程建设项目施工准备工程开工条件的通知》（水建设〔2024〕90号），水利工程项目在进行施工准备前必须满足的条件中不包括（　　　）。

A．项目可行性研究报告已经批准

B．建设资金已落实

C．环境影响评价文件等已经批准

D．项目初步设计报告已经批复

9．下列关于水利工程建设程序中各阶段要求的说法，错误的是（　　　）。

A．施工准备阶段（包括招标设计）是指建设项目的主体工程开工前，必须完成的各项准备工作

B．建设实施阶段是指单项工程的建设实施，项目法人按照批准的建设文件，组织工程建设，保证项目建设目标的实现

C．生产准备（运行准备）指为工程建设项目投入运行前所进行的准备工作

D．项目后评价一般按三个层次组织实施，即项目法人的自我评价、项目行业的评价、主管部门（或主要投资方）的评价

10．纳入PPP项目库的项目合作期不低于（　　　）年。

A．5 　　　　　　　　　　　　　B．10

C．15 　　　　　　　　　　　　D．20

11．施工图设计过程中，如涉及重大设计变更问题应（　　　）。

A．由设计单位决定 　　　　　B．报原初步设计批准机关审定

C．报主管部门决定 　　　　　D．由项目法人决定

12．设计单位在施工图设计过程中，对不涉及重大设计原则问题的设计修改意见存在分歧，由（　　　）决定。

A．项目法人 　　　　　　　　B．主管部门

C．主管机关 　　　　　　　　D．原批准机关

13．涉及工程开发任务和工程规模、设计标准、总体布局等方面发生较大变化的设计变更，应征得原（　　　）报告批复部门的同意。

A．项目建议书 　　　　　　　B．可行性研究

C．初步设计 　　　　　　　　D．规划

二　多项选择题

1．水利基本建设项目根据其功能和作用分为（　　　）。

A．公益性项目 　　　　　　　B．中央项目

C．经营性项目 　　　　　　　D．地方项目

E．准公益性项目

2．水利基本建设项目按其对社会和国民经济发展的影响分为（　　　）。

A．公益性项目　　　　　　　　B．中央项目

C．经营性项目　　　　　　　　D．地方项目

E．准公益性项目

3. 下列水利工程建设项目中，属于公益性项目的有（　　　）。

A．蓄滞洪区安全建设工程　　　B．大型灌区节水改造

C．水文设施　　　　　　　　　D．城市供水

E．综合利用的水利枢纽（水库）工程

4. 建设项目主体工程开工之前，必须完成的施工准备工作主要内容包括（　　　）。

A．年度建设资金已落实

B．施工现场的征地、拆迁

C．必需的生产、生活临时建筑工程

D．完成施工用水、电等工程

E．完成施工图设计

5. 下列属于重大设计变更的有（　　　）。

A．水库库容、特征水位的变化

B．骨干堤线的变化

C．主要料场场地的变化

D．一般机电设备及金属结构设计变化

E．主要建筑物施工方案和工程总进度的变化

6. 水利工程设计以下方面发生变化，属于重大设计变更的有（　　　）。

A．建设规模　　　　　　　　　B．设计标准

C．总体布局　　　　　　　　　D．重大技术问题的处理措施

E．各单项工程施工顺序

7. 可行性研究报告应重点解决项目建设的（　　　）等可行性问题。

A．技术　　　　　　　　　　　B．经济

C．美观　　　　　　　　　　　D．环境

E．社会

8. 下列方面发生较大设计变更需征得原可行性研究报告批复部门同意的是
（　　　）。

A．工程开发任务　　　　　　　B．工程规模

C．工程标准　　　　　　　　　D．总体布局

E．建筑物的基础处理形式

9. 施工准备工程项目实施前，需要完成的工作有（　　　）。

A．可行性研究报告

B．按初步设计深度编制施工准备工程项目实施方案

C．实施方案经项目主管部门或流域机构组织技术审查同意

D．施工准备工程项目实施必须经过招标

E．开工报告审批

【答案】

一、单项选择题

1. C；   2. C；   3. A；   4. C；   5. B；   6. D；   7. C；   8. D；
9. B；   10. B；   11. B；   12. A；   13. B

二、多项选择题

1. A、C、E；   2. B、D；   3. A、C；   4. B、C、D；
5. A、B、C、E；   6. A、B、C、D；   7. A、B、D、E；   8. A、B、C、D；
9. B、C

8.2 水利水电工程验收

复习要点

1. 水利工程验收的分类及要求
2. 水利工程项目法人验收的要求
3. 水利工程阶段验收的要求
4. 水利工程专项验收的要求
5. 水利工程竣工验收的要求
6. 小型项目验收的要求

一 单项选择题

1. 为了加强公益性建设项目的验收管理，《国务院办公厅关于加强基础设施工程质量管理的通知》（国办发〔1999〕16号）中指出："项目竣工验收合格后，方可交付使用。对未经验收或验收不合格就交付使用的，要追究（   ）的责任，造成重大损失的，要追究其法律责任。"

    A．承包单位法定代表人　　　　B．监理单位法定代表人
    C．项目法定代表人　　　　　　D．上级主管部门法定代表人

2. 根据《水利水电建设工程验收规程》SL 223—2008的有关规定，项目法人应在开工报告批准后（   ）个工作日内，制定法人验收工作计划，报法人验收监督管理机关备案。

    A．30　　　　　　　　　　　　B．60
    C．90　　　　　　　　　　　　D．15

3. 根据《水利水电建设工程验收规程》SL 223—2008的有关规定，验收工作由验收委员会（组）负责，验收结论必须经（   ）以上验收委员会成员同意。

    A．1/2　　　　　　　　　　　B．3/4
    C．2/3　　　　　　　　　　　D．全部

4. 根据《水利水电建设工程验收规程》SL 223—2008的有关规定，单位工程完工

并具备验收条件时，施工单位应向项目法人提出验收申请报告。项目法人应在收到验收申请报告之日起（　　）个工作日内决定是否同意进行验收。

  A．10   B．15

  C．20   D．5

  5．根据《水利水电建设工程验收规程》SL 223—2008 的有关规定，竣工验收应在工程建设项目全部完成并满足一定运行条件后 1 年内进行。不能按期进行竣工验收的，经竣工验收主持单位同意，可适当延长期限，但最长不得超过（　　）个月。

  A．3   B．6

  C．12   D．9

  6．根据《水利水电建设工程验收规程》SL 223—2008 的有关规定，分部工程验收应由项目法人或（　　）主持。

  A．委托监理单位   B．委托承包单位

  C．委托设计单位   D．委托运行管理单位

  7．根据《水利水电建设工程验收规程》SL 223—2008 的规定，填写分部工程验收签证时，存在问题及处理意见中主要填写有关本分部工程（　　）方面是否存在问题，以及如何处理，处理意见应明确存在问题的处理责任单位等。

  A．质量   B．进度

  C．投资   D．质量、进度、投资

  8．根据《水利水电建设工程验收规程》SL 223—2008 的有关规定，阶段验收由（　　）或其委托单位主持。阶段验收委员会应由验收主持单位、质量和安全监督机构、运行管理单位的代表以及有关专家组成。必要时，可邀请地方政府及有关部门参加。

  A．承包单位   B．项目法人

  C．分部验收主持单位   D．竣工验收主持单位

  9．水库等工程蓄引水前，必须进行蓄引水（阶段）验收。验收前，应按照水利部有关规定对工程进行（　　）。通过后，才可以进行验收。

  A．质量核定   B．外观质量评定

  C．技术性预验收   D．蓄水安全鉴定

  10．水电站每台机组投入运行前，应进行机组启动（阶段）验收。水电站的第一台（次）和最后一台（次）机组启动验收由（　　）主持。

  A．承包单位   B．项目法人

  C．分部验收主持单位   D．竣工验收主持单位

  11．根据《水利水电建设工程验收规程》SL 223—2008，需要提前投入使用的单位工程应进行投入使用验收。单位工程投入使用验收由（　　）主持。

  A．承包单位   B．项目法人

  C．分部验收主持单位   D．竣工验收主持单位

  12．根据《水利水电建设工程验收规程》SL 223—2008 的有关要求，"竣工验收鉴定书"中对工程建设施工单位的叙述到（　　）。

  A．单位工程   B．分部工程

  C．分项工程   D．单元工程

13. 工程截流验收由项目法人会同有关（　　）政府主管部门共同组织工程截流验收委员会进行，验收成果是工程截流验收鉴定书。

　　A. 省级　　　　　　　　　　　B. 市级

　　C. 县级　　　　　　　　　　　D. 本级

14. 根据《水利水电建设工程验收规程》SL 223—2008，竣工验收应在工程建设项目全部完成，并满足一定运行条件后（　　）个月内进行。

　　A. 3　　　　　　　　　　　　B. 6

　　C. 9　　　　　　　　　　　　D. 12

15. 水利部主持验收的大中型水利水电工程，移民安置验收由（　　）主持。

　　A. 水利部　　　　　　　　　　B. 有关省级人民政府

　　C. 流域机构　　　　　　　　　D. 水利部会同有关省级人民政府

16. 移民安置自验通过后，移民区和移民安置区县级人民政府应当在自验通过之日起（　　）个工作日内，向移民安置初验组织单位提出初验申请。

　　A. 15　　　　　　　　　　　　B. 30

　　C. 60　　　　　　　　　　　　D. 90

17. 验收委员会中，（　　）以上的委员不同意主任委员对争议问题的裁决意见时，法人验收应报请验收监督管理机关决定。

　　A. 1/3　　　　　　　　　　　　B. 1/2

　　C. 2/3　　　　　　　　　　　　D. 3/4

18. 根据《水利工程建设项目档案管理规定》的有关规定，水利工程档案的保管期限分为（　　）。

　　A. 永久、长期、短期三种　　　　B. 长期、中期、短期三种

　　C. 长期、短期两种　　　　　　　D. 永久、临时两种

19. 工程档案的归档时间，可由项目法人根据实际情况确定。可分阶段在单位工程或单项工程完工后向项目法人归档，也可在主体工程全部完工后向项目法人归档。整个项目的归档工作和项目法人向有关单位的档案移交工作，应在工程竣工验收后（　　）个月内完成。

　　A. 3　　　　　　　　　　　　B. 6

　　C. 9　　　　　　　　　　　　D. 12

20. 根据《小型水电站建设工程验收规程》SL 168—2012，小型水电工程试生产期限为（　　）。试生产期满后才能办理工程竣工验收手续。

　　A. 3个月至1年　　　　　　　　B. 1至2年

　　C. 6个月至1年　　　　　　　　D. 1至4年

21. 某水利工程竣工验收委员会由9人组成，根据《水利水电建设工程验收规程》SL 223—2008，验收结论必须经（　　）名以上验收委员会成员同意。

　　A. 3　　　　　　　　　　　　B. 4

　　C. 5　　　　　　　　　　　　D. 6

22. 根据生态环境部的规定，项目法人是建设项目竣工环境保护验收的（　　）。

　　A. 资料提供单位　　　　　　　　B. 被验收单位

C．责任主体　　　　　　　　　D．会议组织单位

23．建设项目竣工环境保护验收监测（调查）报告由（　　　）。

A．具有资质的单位编制　　　　B．具有能力的单位编制

C．验收主管部门指定　　　　　D．第三方编制

24．建设项目竣工环境保护验收监测（调查）报告的结论由（　　　）。

A．项目法人负责　　　　　　　B．编制单位负责

C．监测单位负责　　　　　　　D．主管部门负责

25．建设项目竣工环境保护验收报告公示时间不少于（　　　）个工作日。

A．5　　　　　　　　　　　　B．10

C．15　　　　　　　　　　　D．20

26．项目法人登录全国建设项目竣工环境保护验收信息平台填报验收信息的时间是验收报告公示期满后（　　　）个工作日内。

A．5　　　　　　　　　　　　B．10

C．15　　　　　　　　　　　D．20

27．水利水电建设项目竣工环境保护验收技术工作分为（　　　）个阶段。

A．二　　　　　　　　　　　　B．三

C．四　　　　　　　　　　　　D．五

28．根据有关规定，水土保持设施验收属于（　　　）。

A．行政许可　　　　　　　　　B．环境保护验收

C．项目法人自主验收　　　　　D．工程验收

29．《水利水电工程水土保持技术规范》SL 575—2012将弃渣场级别分为（　　　）级。

A．3　　　　　　　　　　　　B．4

C．5　　　　　　　　　　　　D．6

30．根据水利部有关规定，水土保持设施验收报告由（　　　）编制。

A．项目法人　　　　　　　　　B．设计单位

C．监理单位　　　　　　　　　D．第三方技术服务机构

31．根据水利部有关规定，水土保持设施自主验收材料由水行政主管部门（　　　）公告。

A．接受报备材料5个工作日内　　B．接受报备材料10个工作日内

C．接受报备材料15个工作日内　　D．定期

32．水土保持设施验收报告主要对项目法人（　　　）个方面情况进行评价。

A．2　　　　　　　　　　　　B．3

C．4　　　　　　　　　　　　D．5

二 多项选择题

1．根据《水利水电建设工程验收规程》SL 223—2008的有关规定，政府验收应包括（　　　）等。

A．阶段验收　　　　　　　　　B．单位工程验收

C．专项验收　　　　　　　　　　D．竣工验收

E．分部工程验收

2．分部工程验收的主要工作是（　　　）。

A．检查工程是否达到设计标准或合同约定标准的要求

B．按现行国家或行业技术标准，评定工程施工质量等级

C．工程量结算已经完成

D．对验收遗留问题提出处理意见

E．工程经质量监督单位抽查

3．根据《水利水电建设工程验收规程》SL 223—2008 的有关规定，下列叙述正确的是（　　　）。

A．泵站每台机组投入运行前，应进行机组启动（阶段）验收

B．机组启动运行的主要试验程序和内容应按国家现行《泵站技术管理规程》GB/T 30948—2021 中的有关机组试运行要求进行

C．受水位或水量限制无法满足上述要求时，经过项目法人组织论证并提出专门报告报质量监督机构单位批准后，可适当降低机组启动运行负荷以及减少连续运行的时间

D．泵站机组带额定负荷连续运行时间为 24h 或 7d 内累计运行时间为 48h，包括机组无故障停机次数不少于 3 次

E．泵站的机组启动验收均应由竣工验收单位或其委托单位主持

4．根据《水利水电建设工程验收规程》SL 223—2008 的有关规定，合同工程完工验收应具备的条件有（　　　）。

A．观测仪器和设备已测得初始值及施工期各项观测值

B．工程质量缺陷已基本处理并已妥善安排

C．施工现场已经进行清理

D．工程完工结算已完成

E．合同范围内的工程项目已按合同约定完成

5．根据《水利水电建设工程验收规程》SL 223—2008 的有关规定，单位工程验收由项目法人主持，验收工作组由（　　　）等单位的代表组成，每个单位代表人数不宜超过 3 名。

A．监理　　　　　　　　　　　　B．设计

C．施工　　　　　　　　　　　　D．运行管理

E．质量监督部门

6．根据《水利水电建设工程验收规程》SL 223—2008 的有关规定，工程竣工技术预验收应包括（　　　）程序。

A．听取监理单位对项目档案情况的审核报告

B．现场检查工程建设情况并查阅有关工程建设资料

C．听取竣工验收技术鉴定报告和工程质量抽样检测报告

D．讨论并通过竣工技术预验收工作报告

E．讨论并形成竣工验收鉴定书初稿

7. 水利水电建设项目竣工环境保护验收技术工作分为（   ）阶段。

    A．准备   B．影响分析

    C．验收调查   D．环境影响民意调查

    E．现场验收

8. 法人验收包括（   ）。

    A．分部工程验收   B．阶段验收

    C．单位工程验收   D．合同工程完工验收

    E．竣工验收

9. 工程质量检测单位（   ）。

    A．应通过技术质量监督部门计量认证

    B．不得与项目法人、监理单位、施工单位隶属同一经营实体

    C．可与项目法人隶属同一行政单位直接管辖范围

    D．可与监理单位隶属同一经营实体

    E．必须是社会中介机构

10. 水利水电建设工程按验收单位分为（   ）。

    A．政府验收   B．法人验收

    C．主管部门验收   D．流域机构验收

    E．质量监督单位验收

11. 根据《水利水电建设工程验收规程》SL 223—2008 的有关规定，单位工程按（   ）的原则进行划分。

    A．便于设计部署   B．便于施工部署

    C．便于质量管理   D．便于分部工程划分

    E．便于安排投资计划

12. 根据《水利水电建设工程验收规程》SL 223—2008 的有关规定，申请竣工验收前，项目法人应组织竣工验收自查。自查工作由项目法人组织，（   ）等单位的代表参加。

    A．施工单位   B．监理单位

    C．设计单位   D．质量监督机构

    E．运行管理单位

13. 根据《水利水电建设工程验收规程》SL 223—2008 的有关规定，下列关于验收委员会的说法，正确的是（   ）。

    A．验收委员会，设主任委员 1 名，副主任委员若干名

    B．验收委员会委员应有中级以上职称

    C．验收委员会委员若有缺席或保留意见时，在备注中写明

    D．验收委员会委员不到场时，可以代替签名，应有授权申明

    E．验收委员会可以拒绝签名

14. 根据《小型水电站建设工程验收规程》SL 168—2012，水电站工程通过合同工程完工验收后，在项目法人颁发合同工程完工证书前，施工单位应完成的工作包括（   ）。

A．工程移交运行管理单位　　　　　B．验收遗留问题处理

　　C．提交工程质量保修书　　　　　　D．提交竣工资料

　　E．施工场地清理

　　15．根据《农田水利条例》第十六条规定，政府投资建设的农田水利工程由县级以上人民政府有关部门组织竣工验收，并邀请有关专家和（　　　）参加。

　　A．农村集体经济组织　　　　　　　B．乡镇领导

　　C．农民用水合作组织　　　　　　　D．农民代表

　　E．监理单位

　　16．根据《水利水电建设工程验收规程》SL 223—2008，分部工程验收工作组可由（　　　）主持。

　　A．项目法人　　　　　　　　　　　B．监理单位

　　C．设计单位　　　　　　　　　　　D．施工单位

　　E．运行管理单位

　　17．工程竣工移民安置验收应当满足的条件包括（　　　）。

　　A．征地工作已经完成

　　B．移民已经完成搬迁安置，移民安置区基础设施建设已经完成，农村移民生
　　　　产安置措施已经落实

　　C．主体工程基本完工

　　D．水库库底清理工作已经完成

　　E．征地补偿和移民安置资金已经按规定兑现完毕

　　18．根据《水利水电建设工程验收规程》SL 223—2008 的有关规定，合同工程完工验收主要工作包括（　　　）。

　　A．检查合同范围内工程项目和工作完成情况

　　B．检查历次验收遗留问题的处理情况

　　C．鉴定工程施工质量

　　D．确定合同完工日期

　　E．评定工程施工质量等级

　　19．建设项目竣工环境保护验收报告的主要内容是（　　　）。

　　A．验收监测（调查）报告　　　　　B．验收鉴定书

　　C．验收意见　　　　　　　　　　　D．其他需要说明的事项

　　E．质量评定结果

　　20．下列情形中，属于环境保护对策措施的是（　　　）。

　　A．防护距离内居民搬迁

　　B．功能置换

　　C．栖息地保护

　　D．移民安置区污水处理工程

　　E．施工场地洒水

　　21．水利水电工程项目中的环境保护设施是（　　　）。

　　A．过鱼设施　　　　　　　　　　　B．增殖放流设施

C．下泄生态流量通道　　　　　　D．调水工程

E．水土保持设施

22．水土保持设施自主验收包括（　　　　）阶段。

A．水土保持设施验收报告编制　　B．竣工验收

C．水土保持监理　　　　　　　　D．水土保持监测

E．验收资料准备

23．水土保持设施竣工验收环节包括（　　　　）等。

A．现场查看　　　　　　　　　　B．资料查阅

C．验收会议　　　　　　　　　　D．报告编制

E．通过验收鉴定书

24．水土保持设施验收合格后，应在网站上向社会公开的信息有（　　　　）。

A．水土保持设施验收鉴定书　　　B．水土保持监理总结报告

C．水土保持设施验收报告　　　　D．验收主持单位

E．水土保持监测总结报告

25．下列关于水利工程建设项目档案管理的说法，正确的有（　　　　）。

A．用施工图编制竣工图的，应使用新图纸

B．竣工图章的尺寸为 80mm×50mm

C．图面变更面积超过 20% 的施工图，应重新绘制竣工图

D．重新绘制竣工图按原图编号，图号末尾加注"竣"字

E．竣工图审核章由监理单位签字

【答案】

一、单项选择题

1. C;　　2. B;　　3. C;　　4. A;　　5. B;　　6. A;　　7. A;　　8. D;

9. D;　　10. D;　　11. B;　　12. A;　　13. A;　　14. D;　　15. D;　　16. B;

17. B;　　18. A;　　19. A;　　20. C;　　21. D;　　22. C;　　23. B;　　24. A;

25. D;　　26. A;　　27. B;　　28. C;　　29. C;　　30. D;　　31. D;　　32. C

二、多项选择题

1. A、C、D;　　　　2. A、B、D;　　　　3. A、B、D;　　　　4. A、C、D、E;

5. A、B、C、D;　　6. B、C、D、E;　　7. A、C、E;　　　　8. A、C、D;

9. A、B;　　　　　10. A、B;　　　　　11. A、B、C、E;　　12. A、B、C、E;

13. A、C、D;　　　14. C、D、E;　　　15. A、C、D;　　　　16. A、B;

17. A、B、D、E;　　18. A、B、C、D;　　19. A、C、D;　　　20. A、B、C;

21. A、B、C、E;　　22. A、B;　　　　　23. A、B、C;　　　　24. A、C、E;

25. A、C、D、E

第9章 施工质量管理

9.1 水利水电工程质量职责与事故处理

微信扫一扫
在线做题+答疑

复习要点

1. 水利工程项目法人质量管理的内容
2. 水利工程勘察设计单位质量管理的内容
3. 水利工程施工单位质量管理的内容
4. 水利工程监理单位与检（监）测单位质量管理的内容
5. 施工质量事故分类与施工质量事故处理的要求
6. 水利工程质量监督

一 单项选择题

1. 根据《水利工程质量管理规定》，组织设计和施工单位进行设计交底的主体是（　　）。
   - A．项目法人（建设单位）
   - B．设计单位
   - C．施工单位
   - D．质量监督机构

2.《中华人民共和国合同法》规定，建设工程实行监理的，发包人应当与监理人采用（　　）订立委托监理合同。
   - A．书面形式或口头形式
   - B．口头形式
   - C．其他形式
   - D．书面形式

3. 根据水利部水利建设质量工作考核有关办法，现场考核涉及项目法人的主要考核指标有（　　）种情况。
   - A．3
   - B．4
   - C．5
   - D．6

4. 在工程开工前，（　　）应按规定向水利工程质量监督机构办理工程质量监督手续。
   - A．监理单位
   - B．施工单位
   - C．项目法人（建设单位）
   - D．勘察设计单位

5. 项目法人应当根据国家和水利部有关规定，主动接受水利工程（　　）对其质量体系进行监督检查。
   - A．监理单位
   - B．施工单位
   - C．质量监督机构
   - D．勘察设计单位

6. 项目法人质量管理的主要内容不包括（　　）。
   - A．建立质量管理机构和质量管理制度
   - B．向水利工程主管部门办理工程质量监督手续

C．通过招标方式选择施工承包商并实行合同管理

D．工程完工后，应及时组织有关单位进行工程质量验收、签证

7．水利工程施工中，实施"三检制"的主体是（　　　）。

A．项目法人（建设单位）　　　B．施工单位

C．监理单位　　　　　　　　　D．质量监督单位

8．根据水利部《水利工程勘测设计失误问责办法（试行）》（水总〔2020〕33号），勘测设计单位的直接责任人为被问责项目的（　　　）。

A．专业负责人　　　　　　　　B．项目负责人

C．技术负责人　　　　　　　　D．分管领导

9．施工单位必须接受水利工程（　　　）对其施工资质等级以及质量保证体系的监督检查。

A．项目法人（建设单位）　　　B．监理单位

C．质量监督单位　　　　　　　D．主管部门

10．施工单位质量管理的主要内容不包括（　　　）。

A．加强质量检验工作，认真执行"三检制"

B．建立健全质量保证体系

C．不得将其承接的水利建设项目的主体工程进行转包

D．工程项目竣工验收时，向验收委员会汇报并提交历次质量缺陷的备案资料

11．竣工工程质量必须符合国家和水利行业现行的工程标准及设计文件要求，施工单位应向项目法人（建设单位）提交完整的（　　　）。

A．试验成果、技术档案、内部资料

B．技术档案、内部资料、有关资料

C．成本分析资料、试验成果、有关资料

D．技术档案、试验成果、有关资料

12．根据《水利工程质量检测管理规定》，水利工程质量检测单位资质分为岩土工程、混凝土工程、金属结构、机械电气和量测共5个类别，每个类别分为（　　　）个等级。

A．2　　　　　　　　　　　　B．3

C．4　　　　　　　　　　　　D．5

13．重大质量事故，是指造成特别重大经济损失或较长时间延误工期，经处理后（　　　）正常使用但对工程使用寿命有（　　　）的事故。

A．不影响，重大影响　　　　　B．一般不影响，一定影响

C．不影响，较大影响　　　　　D．不影响，一定影响

14．水利工程质量事故分为（　　　）。

A．质量缺陷、一般、较大、特大　B．质量缺陷、较大、重大、特大

C．一般、严重、重大、特大　　　D．一般、较大、重大、特大

15．对工程造成一定经济损失，经处理后不影响正常使用并不影响使用寿命的事故属于（　　　）。

A．较大质量事故　　　　　　　B．一般质量事故

C．特大质量事故　　　　　　　　D．重大质量事故

16．对工程造成特大经济损失或长时间延误工期，经处理仍对正常使用和工程使用寿命有较大影响的事故属于（　　　　）。

A．较大质量事故　　　　　　　　B．一般质量事故

C．特大质量事故　　　　　　　　D．重大质量事故

17．对工程造成较大经济损失或延误较短工期，经处理后不影响工程正常使用但对工程寿命有一定影响的事故是（　　　　）。

A．重大质量事故　　　　　　　　B．一般质量事故

C．特大质量事故　　　　　　　　D．较大质量事故

18．大中型水利工程发生质量事故后，事故处理所需合理工期为 5 个月的事故属于（　　　　）。

A．特大质量事故　　　　　　　　B．一般质量事故

C．重大质量事故　　　　　　　　D．较大质量事故

19．某土石方工程发生事故处理费用超过 100 万元，小于 1000 万元，且对工程寿命有较大影响的事故属于（　　　　）。

A．特大质量事故　　　　　　　　B．重大质量事故

C．较大质量事故　　　　　　　　D．一般质量事故

20．发生质量事故后，（　　　　）必须将事故的简要情况向项目主管部门报告。

A．勘察设计单位　　　　　　　　B．监理单位

C．施工单位　　　　　　　　　　D．项目法人

21．发生突发性质量事故，事故单位要在（　　　　）h 内电话向有关单位报告。

A．2　　　　　　　　　　　　　　B．8

C．6　　　　　　　　　　　　　　D．4

22．发生特大质量事故，事故单位要在（　　　　）h 内向有关单位提出书面报告。

A．6　　　　　　　　　　　　　　B．12

C．48　　　　　　　　　　　　　　D．24

23．发生较大质量事故，事故单位要在（　　　　）h 内向有关单位提出书面报告。

A．6　　　　　　　　　　　　　　B．48

C．12　　　　　　　　　　　　　　D．24

24．水利工程发生特大质量事故后由（　　　　）组织有关单位提出处理方案。

A．上级主管部门　　　　　　　　B．省级水行政主管部门

C．流域机构　　　　　　　　　　D．项目法人

25．由项目法人负责组织有关单位制定处理方案并实施的质量事故是（　　　　）。

A．重大质量事故　　　　　　　　B．较大质量事故

C．一般质量事故　　　　　　　　D．特大质量事故

26．较大质量事故由（　　　　）组织有关单位制定处理方案。

A．上级主管部门　　　　　　　　B．省级水行政主管部门

C．流域机构　　　　　　　　　　D．项目法人

27．事故处理需要进行重大设计变更的，必须经（　　　　）审定后实施。

A．项目法人（建设单位）　　　　B．原设计审批部门

C．上级主管部门　　　　　　　　D．省级水行政主管部门

28．质量缺陷备案表由（　　）组织填写。

A．项目法人（建设单位）　　　　B．监理单位

C．质量监督单位　　　　　　　　D．项目主管部门

29．工程项目竣工验收时，（　　）必须向验收委员会汇报并提交历次质量缺陷的备案资料。

A．项目法人　　　　　　　　　　B．监理单位

C．质量监督单位　　　　　　　　D．项目主管部门

30．质量缺陷备案资料必须按（　　）的标准制备，作为工程竣工验收备查资料存档。

A．分项工程验收　　　　　　　　B．阶段验收

C．单位工程验收　　　　　　　　D．竣工验收

31．根据《水利工程质量监督管理规定》，水利工程质量监督实施以（　　）为主的监督方式。

A．巡视检验　　　　　　　　　　B．跟踪检测

C．平行检测　　　　　　　　　　D．抽查

32．水利工程监理单位必须持有（　　）颁发的监理单位资格等级证书。

A．水利部　　　　　　　　　　　B．住房和城乡建设部

C．国务院　　　　　　　　　　　D．国家质量监督检验总局

33．未经（　　）签字，建筑材料、建筑构件或设备不得在工程上使用和安装，施工单位不得进入下一道工序施工。

A．监理工程师　　　　　　　　　B．总监理工程师

C．监管单位　　　　　　　　　　D．项目法人

34．根据《水利工程质量管理规定》，（　　）负责审查施工单位的施工组织设计和技术措施。

A．勘察设计单位　　　　　　　　B．质量检测机构

C．质量监督单位　　　　　　　　D．监理单位

35．根据水利部水利建设质量工作考核有关办法，现场考核涉及监理单位的主要考核指标有（　　）种情况。

A．2　　　　　　　　　　　　　　B．3

C．4　　　　　　　　　　　　　　D．5

36．根据《水利工程质量管理规定》的有关规定，水利工程质量由（　　）负全面责任。

A．项目法人（建设单位）　　　　B．监理单位

C．项目主管部门　　　　　　　　D．施工单位

37．大中型水利工程发生质量事故后，事故处理大体积混凝土工程所需的物资、器材和设备、人工等直接损失费约400万元的事故属于（　　）。

A．特大质量事故　　　　　　　　B．一般质量事故

C．较大质量事故　　　　　　　　D．重大质量事故

38．水利工程勘测设计失误分为（　　　）个等级。

    A．二　　　　　　　　　　　　B．三

    C．四　　　　　　　　　　　　D．五

39．水利工程建设项目质量监督方式以（　　　）为主。

    A．突击检查　　　　　　　　　B．抽查

    C．平行检查　　　　　　　　　D．巡回监督

40．根据《水利工程质量监督管理规定》（水建〔1997〕339号），从事该工程监理的人员（　　　）担任本工程的兼职质量监督员。

    A．一般不可以　　　　　　　　B．不得

    C．根据需要可以　　　　　　　D．可以

41．水利工程建设项目的质量监督期为（　　　）。

    A．从工程开工至交付使用

    B．从办理质量监督手续至竣工验收

    C．从办理质量监督手续至工程交付使用

    D．从工程开工至竣工验收

42．对项目法人、监理单位的（　　　）和施工单位的（　　　）以及设计单位现场服务等实施监督检查是水利工程质量监督的主要内容之一。

    A．质量检查体系，质量监督体系

    B．质量保证体系，质量检查体系

    C．质量监督体系，质量保证体系

    D．质量检查体系，质量保证体系

43．对使用经检验不合格的建筑材料，水利工程质量监督机构有权责成（　　　）采取措施纠正。

    A．项目法人（建设单位）　　　B．设计单位

    C．材料供应商　　　　　　　　D．质量检测单位

44．下列不属于质量监督机构的质量监督权限的是（　　　）。

    A．对设计、施工单位的资质进行核查

    B．对工程有关部位进行检查

    C．处罚违规的施工单位

    D．提请有关部门奖励先进质量管理单位及个人

45．在工程竣工验收前，对工程质量进行等级核定的单位是（　　　）。

    A．工程质量监督单位　　　　　B．监理单位

    C．项目法人（建设单位）　　　D．质量检测单位

46．发生突发性事故时，事故单位要在（　　　）h内电话向有关单位报告。

    A．4　　　　　　　　　　　　B．12

    C．24　　　　　　　　　　　　D．48

47．工程质量检测是工程质量监督、质量检查、质量评定和验收的（　　　）。

    A．基础工作　　　　　　　　　B．有力保障

C．重要手段　　　　　　　　　D．基本方法

48．根据《水利工程质量事故处理暂行规定》，事故部位处理完毕后，必须按照管理权限经过（　　　）后，方可投入使用或进入下一阶段施工。

A．质量评定　　　　　　　　　B．建设单位批准

C．验收　　　　　　　　　　　D．质量评定与验收

49．根据《水利工程质量管理规定》，依法向施工单位提供与工程有关的原始资料的责任单位是（　　　）。

A．项目法人　　　　　　　　　B．监理单位

C．设计单位　　　　　　　　　D．项目所在地档案部门

50．根据《水利工程质量管理规定》，指导监督合同中有关质量标准、要求实施的主体是（　　　）。

A．施工单位　　　　　　　　　B．监理单位

C．设计单位　　　　　　　　　D．质量监督机构

51．根据《水利工程责任单位责任人质量终身责任追究管理办法（试行）》，下列说法正确的有（　　　）。

A．项目负责人对工程质量负领导责任

B．参建单位法定代表人负间接领导责任

C．项目法人项目负责人对水利工程质量承担全面责任

D．监理单位总监理工程师应当按照项目法人与施工单位签订的施工合同进行监理

52．设计单位推荐材料、设备时应遵循的原则是（　　　）。

A．定型不定厂　　　　　　　　B．定厂不定型

C．定型定厂　　　　　　　　　D．不定型不定厂

53．施工准备工程质量检查，由（　　　）负责进行。

A．施工单位　　　　　　　　　B．项目法人

C．监理单位　　　　　　　　　D．质量监督部门

54．单元工程在施工单位自检合格的基础上，由（　　　）进行终检验收。

A．设计单位　　　　　　　　　B．项目法人

C．监理单位　　　　　　　　　D．质量监督部门

55．根据《水利工程质量管理规定》，组织有关单位进行工程质量验收、签证的主体是（　　　）。

A．项目法人（建设单位）　　　B．设计单位

C．施工单位　　　　　　　　　D．质量监督机构

56．大中型水利工程发生质量事故后，事故处理土石方工程所需的物资、器材和设备、人工等直接损失费约500万元的事故属于（　　　）。

A．特大质量事故　　　　　　　B．一般质量事故

C．重大质量事故　　　　　　　D．较大质量事故

57．根据《水利工程质量管理规定》，实施工程建设全过程质量管理的责任主体是（　　　）。

A．施工单位　　　　　　　　B．设计单位

C．项目法人（建设单位）　　D．质量监督机构

58．根据《水利工程质量管理规定》，组织开展施工图设计文件审查的责任主体是（　　）。

A．项目法人（建设单位）　　B．设计单位

C．施工单位　　　　　　　　D．质量监督机构

59．根据《水利工程质量事故处理暂行规定》，发生一般质量事故时，应由（　　）负责组织有关单位制定处理方案并实施，报上级主管部门备案。

A．项目法人　　　　　　　　B．设计单位

C．施工单位　　　　　　　　D．质量监督机构

二　多项选择题

1．根据《水利工程质量管理规定》，项目法人（建设单位）质量管理的主要内容是（　　）。

A．通过招标投标选择勘察设计、质量监督单位并实行合同管理

B．根据工程特点建立质量管理机构和质量管理制度

C．审查施工单位的施工组织设计和技术措施

D．建立检测结果不合格项目台账

E．在工程开工前，应按规定办理工程质量监督手续

2．根据水利部水利建设质量工作考核有关办法，现场考核涉及施工单位的主要考核指标有（　　）。

A．质量管理体系建立情况

B．质量主体责任履行情况

C．安全度汛落实情况

D．已完工程实体质量情况

E．历次检查、巡查、稽查所提出质量问题的整改

3．项目法人（建设单位）应组织（　　）进行设计交底。

A．监理单位　　　　　　　　B．施工单位

C．主管部门　　　　　　　　D．设计单位

E．质量监督单位

4．根据《水利工程质量管理规定》，必须在质量责任公示牌上公示的单位有（　　）等。

A．项目法人　　　　　　　　B．设计单位

C．施工单位　　　　　　　　D．质量监督机构

E．监测单位

5．水利工程勘测设计失误问责对象包括（　　）等。

A．勘测设计单位　　　　　　B．技术审查单位

C．项目法人　　　　　　　　D．监理单位

E．水行政主管部门

6．根据《水利工程质量管理规定》，施工单位质量管理的主要内容是（　　　）。

    A．在工程开工前，按规定向监督机构办理工程质量监督手续

    B．根据需要可以将其承接的水利建设项目的主体工程进行转包

    C．指导监督合同中有关质量标准、要求的实施

    D．检测业务由具有水利工程质量检测资质的单位承担

    E．建立健全质量管理体系

7．在项目法人合同管理注意事项中，下列说法正确的是（　　　）。

    A．材料和设备供应是买卖合同

    B．监理合同是委托合同

    C．建设工程合同包括工程设计、施工、监理合同

    D．建设工程合同是承包人进行工程建设，发包人支付价款的合同

    E．建设工程合同应当采用书面形式

8．水利工程质量事故分类中，经处理后，对工程使用寿命有影响的事故是
（　　　）。

    A．一般质量事故   B．特大质量事故

    C．正常质量事故   D．重大质量事故

    E．较大质量事故

9．下列属于水利工程质量事故分类要考虑的因素是（　　　）。

    A．工程的直接经济损失   B．工程建设地点

    C．对工期的影响   D．对工程正常使用的影响

    E．工程等别

10．较大质量事故指对工程造成较大经济损失或延误较短工期，经处理后（　　　）
的事故。

    A．影响正常使用   B．不影响正常使用

    C．并不影响使用寿命   D．对工程使用寿命有一定影响

    E．对工程使用寿命有较大影响

11．特大质量事故指对工程造成特大经济损失或长时间延误工期，经处理后
（　　　）的事故。

    A．对正常使用有较大影响   B．对正常使用有特大影响

    C．对工程使用寿命有较大影响 D．对工程使用寿命有特大影响

    E．对工程使用寿命有很大影响

12．某一建筑工地，在施工过程中发生了质量事故后，事故单位因抢救人员需要
移动现场物件时，下列做法正确的是（　　　）。

    A．做出标志和书面记录   B．对现场证人进行登记

    C．进行拍照或录像   D．及时报警，请公安人员介入

    E．妥善保管现场重要物证

13．某施工单位在进行大型水利工程土石方工程施工时，发生了质量事故，处理
事故的直接损失费为 100 万元，下列说法正确的是（　　　）。

A. 事故发生后，事故单位要严格保护现场，采取有效措施抢救人员和财产，防止事故扩大

B. 该质量事故属于较大质量事故

C. 该质量事故属于一般质量事故

D. 事故发生后第 25 小时，事故单位向有关单位提出书面报告

E. 事故发生后，项目法人将事故的简要情况向项目主管部门报告

14. 下列属于水利工程质量事故报告的主要内容是（　　　）。

A. 事故发生原因初步分析　　　　B. 事故报告单位

C. 事故初步分类　　　　　　　　D. 事故责任人处理情况

E. 工程名称、建设地点

15. 发生（　　　）时，事故单位要在 48h 内向有关单位提出书面报告。

A. 突发性事故　　　　　　　　　B. 较大质量事故

C. 特大质量事故　　　　　　　　D. 一般质量事故

E. 重大质量事故

16. 根据《水利工程责任单位责任人质量终身责任追究管理办法（试行）》，水利工程责任单位包括（　　　）单位。

A. 建设　　　　　　　　　　　　B. 勘察、设计

C. 施工　　　　　　　　　　　　D. 监理

E. 检测

17. 需要省级水行政主管部门或流域机构审定后才能实施的水利工程质量事故是（　　　）。

A. 重大质量事故　　　　　　　　B. 较大质量事故

C. 一般质量事故　　　　　　　　D. 特大质量事故

E. 质量缺陷

18. 事故部位处理完毕后，必须按照管理权限经过（　　　）后，方可投入使用或进入下一阶段施工。

A. 项目主管部门同意　　　　　　B. 质量评定

C. 监理单位同意　　　　　　　　D. 验收

E. 项目法人（建设单位）同意

19. 事故处理需要进行设计变更的应（　　　）。

A. 由事故发生单位提出设计变更方案

B. 由原设计单位提出设计变更方案

C. 由有资质的单位提出设计变更方案

D. 由监理单位提出设计变更方案

E. 需要进行重大设计变更的，必须经原设计审批部门审定后实施

20. 质量缺陷备案的内容包括（　　　）。

A. 质量缺陷产生的部位、原因　　B. 质量缺陷造成的经济损失

C. 对质量缺陷如何处理　　　　　D. 质量缺陷是否处理

E. 对建筑物使用的影响

21. 根据《水利工程质量管理规定》，监理单位质量管理的主要内容是（　　）。

    A．严格执行水利行业法规，严格履行合同

    B．审查施工单位的施工组织设计

    C．指导监督合同中有关质量标准、要求的实施

    D．负责工程质量检查、工程质量事故调查处理

    E．主持施工招标工作

22. 监理工程师应当按照工程监理规范的要求，采取（　　）等检验形式，对建设工程实施监理。

    A．旁站　　　　　　　　　　B．专项

    C．突击　　　　　　　　　　D．巡视

    E．平行检验

23. 监理单位必须接受水利工程质量监督单位对其（　　）的监督检查。

    A．监理业绩　　　　　　　　B．监理资格

    C．质量检查体系　　　　　　D．质量保证体系

    E．质量监理工作

24. 水利工程质量监督的依据是（　　）。

    A．国家有关的法律、法规

    B．招标投标文件

    C．水利水电行业有关技术规程、规范，质量标准

    D．经批准的设计文件

    E．建设各方的合同

25. 根据《水利工程质量监督管理规定》，在工程建设阶段，必须接受质量监督机构监督的单位是（　　）。

    A．招标代理机构　　　　　　B．建设单位

    C．设计单位　　　　　　　　D．监理单位

    E．施工单位

26. 下列有关水利工程建设项目质量监督期的说法，正确的是（　　）。

    A．从工程开工之日起，到工程竣工验收委员会同意工程交付使用止

    B．从工程开工前办理质量监督手续始，到工程竣工验收委员会同意工程交付使用止

    C．从工程开工前办理质量监督手续始，到工程竣工验收时止

    D．含合同质量保修期

    E．是否含合同质量保修期，视不同工程而定

27. 根据《水利工程质量监督管理规定》，工程质量监督机构监督检查和认定（　　）的划分。

    A．分项工程　　　　　　　　B．单位工程

    C．隐蔽工程　　　　　　　　D．分部工程

    E．单元工程

28. 下列选项中，属于水利工程质量监督主要内容的是（　　）。

A．对施工单位的质量保证体系实施监督检查

B．监督检查技术规程、规范和质量标准的执行情况

C．审查施工单位的技术措施

D．向工程竣工验收委员会提出工程质量等级的建议

E．对施工单位的资质进行复核

29．下列选项中，属于水利工程质量监督机构的质量监督权限的是（   ）。

A．发现越级承包工程等不符合规定要求的，责成项目法人限期改正

B．对施工单位的资质等级、经营范围进行核查

C．质量监督人员需持"水利工程质量监测员证"进入施工现场执行质量监督

D．对使用未经检验的建筑材料，责成施工单位采取措施纠正

E．提请有关部门奖励先进质量管理单位及个人

30．根据《水利工程质量监督管理规定》，工程质量检测是（   ）的重要手段。

A．工程质量监督、质量检查　　　B．工程勘察设计

C．质量评定和验收　　　　　　　D．工程施工

E．工程主要材料采购

31．根据《水利工程质量监督管理规定》，下列说法正确的是（   ）。

A．经批准的设计文件可以作为工程质量监督的依据

B．质量监督单位不可对设计单位现场服务实施监督检查

C．质量监督单位应检查施工单位和建设、监理单位对工程质量检验和质量评定情况

D．质量监督单位应在工程竣工验收前，对工程质量进行等级核定，编制工程质量评定报告

E．质量监督单位应向工程竣工验收委员会提出工程质量等级的建议

32．根据《水利工程质量监督管理规定》，对违反技术规程的施工单位，工程质量监督机构通知（   ）采取纠正措施。

A．水行政主管部门　　　　　　　B．质量检测单位

C．项目法人（建设单位）　　　　D．设计单位

E．监理单位

33．根据《水利工程责任单位责任人质量终身责任追究管理办法（试行）》，下列说法正确的有（   ）。

A．建设单位对水利工程建设质量负首要责任

B．施工单位对工程质量负主体责任

C．施工单位对施工质量承担直接责任

D．监理单位对工程质量负主体责任

E．建设单位对工程质量承担全面责任

34．根据《水利工程责任单位责任人质量终身责任追究管理办法（试行）》，下列说法正确的有（   ）。

A．项目负责人对工程质量负领导责任

B．参建单位法定代表人负间接领导责任

C．项目法人项目负责人对水利工程质量承担终身责任

D．监理单位总监理工程师应当按照项目法人与施工单位签订的施工合同进行监理

E．项目负责人不得以任何理由违反工程建设强制性标准

35．根据《水利工程责任单位责任人质量终身责任追究管理办法（试行）》，下列说法正确的有（　　）。

A．建设单位法定代表人对工程质量负领导责任

B．施工单位法定代表人对工程质量负总责

C．总监理工程师应当及时制止各种违法违规施工行为

D．施工单位项目经理不得以任何理由违反工程建设标准

E．总承包单位应当对其承包的工程或者采购的设备的质量负责

36．根据《水利工程责任单位责任人质量终身责任追究管理办法（试行）》，责任人包括（　　）。

A．法定代表人 B．项目负责人

C．直接责任人 D．间接责任人

E．领导责任人

37．根据《水利工程责任单位责任人质量终身责任追究管理办法（试行）》，下列说法正确的有（　　）。

A．责任期为水利工程使用期间

B．工程质量终身责任实行书面承诺

C．工程竣工后设立永久性责任标识牌

D．永久性责任标识牌载明的责任单位包括质量检测单位

E．参建单位法定代表人应当签署工程质量终身责任承诺书

38．根据《水利工程责任单位责任人质量终身责任追究管理办法（试行）》，对相关注册执业人员可以采取的责任追究方式有（　　）。

A．对责任人处单位罚款数额 5% 以下的罚款

B．责令停止执业 1 年

C．5 年以内不予注册

D．终身不予注册

E．按刑法有关规定进行处理

39．根据水利部水利建设质量工作考核有关办法，现场考核涉及质量监督机构的主要考核指标有（　　）。

A．质量监督工作计划

B．参建单位质量行为和实体质量检查

C．参建单位工程质量监督检查

D．工程质量监督检查情况

E．历次检查、巡查、稽查所提出质量问题的整改

40．下列质量事故中，可由项目法人组织有关单位制定处理方案的有（　　）。

A．质量缺陷 B．一般质量事故

C．较大质量事故　　　　　　　D．重大质量事故

E．特大质量事故

41．根据《水利工程质量事故处理暂行规定》，事故报告的内容应包括（　　　　）等。

A．工程名称、建设地点、工期

B．事故发生的时间、地点、工程部位以及相应的参建单位名称

C．事故发生原因初步分析

D．事故发生后采取的措施及事故控制情况

E．有关媒体对于本次事故的报道情况

42．根据《水利工程质量监督管理规定》，下列说法正确的是（　　　　）。

A．大型水利工程可根据需要建立质量监督项目站（组）

B．大型水利工程应设置项目站

C．水利工程建设项目质量监督方式以抽查为主

D．水利工程建设项目质量监督方式以专项检查为主

E．水利工程建设项目的质量监督期含合同质量保修期

【答案】

一、单项选择题

1．A；　　2．D；　　3．A；　　4．C；　　5．C；　　6．B；　　7．B；　　8．A；

9．C；　　10．D；　　11．D；　　12．A；　　13．C；　　14．D；　　15．B；　　16．C；

17．D；　　18．C；　　19．B；　　20．D；　　21．D；　　22．C；　　23．B；　　24．D；

25．C；　　26．D；　　27．B；　　28．B；　　29．A；　　30．D；　　31．D；　　32．A；

33．A；　　34．D；　　35．A；　　36．A；　　37．C；　　38．B；　　39．B；　　40．B；

41．C；　　42．D；　　43．A；　　44．C；　　45．A；　　46．A；　　47．C；　　48．D；

49．A；　　50．B；　　51．C；　　52．A；　　53．A；　　54．C；　　55．A；　　56．C；

57．C；　　58．A；　　59．A

二、多项选择题

1．B、E；　　　　2．A、B、C；　　　　3．B、D；　　　　4．A、B、C；

5．A、B、C、D；　　6．D、E；　　　　7．A、B、D、E；　　8．B、D、E；

9．A、C、D；　　　10．B、D；　　　　11．A、C；　　　　12．A、C、E；

13．A、B、E；　　　14．A、B、E；　　　15．B、C、E；　　　16．A、B、C、D；

17．A、D；　　　　18．B、D；　　　　19．B、C；　　　　20．A、C、D、E；

21．A、B、C；　　　22．A、D、E；　　　23．B、C、E；　　　24．A、C、D；

25．B、C、D、E；　　26．B、D；　　　　27．B、D、E；　　　28．A、B、D、E；

29．A、B、C、E；　　30．A、C；　　　　31．A、C、D、E；　　32．C、E；

33．A、B、C、E；　　34．C、E；　　　　35．C、D、E；　　　36．A、B、C；

37．B、C；　　　　38．B、C、D；　　　39．A、D；　　　　40．B、C；

41．A、B、C、D；　　42．B、C、E

9.2 水利水电工程施工质量检验

复习要点

1. 项目划分的原则
2. 施工质量检查的要求
3. 施工质量验收的要求
4. 单元工程质量标准
5. 施工质量验收表的使用

一 单项选择题

1. 外观质量得分率，指（　　　）外观质量实际得分占应得分数的百分数。
    A. 单元工程　　　　　　　　B. 单位工程
    C. 单项工程　　　　　　　　D. 分部工程

2. 项目划分由项目法人组织监理、设计及施工等单位共同商定，同时确定主要单位工程、主要分部工程、主要隐蔽单元工程和关键部位单元工程，项目法人在主体工程开工前将项目划分表及说明书面报（　　　）确认。
    A. 相应的项目水行政主管部门　　B. 相应的运行管理单位
    C. 相应的工程质量监督机构　　　D. 相应的建设单位

3. 根据《水利水电工程施工质量检验与评定规程》SL 176—2007 的有关规定，分部工程是指在一个建筑物内能组合发挥一种功能的建筑安装工程，是组成（　　　）工程的各个部分。
    A. 单位　　　　　　　　　　B. 单元
    C. 分项　　　　　　　　　　D. 枢纽

4. 根据《水利水电工程施工质量检验与评定规程》SL 176—2007，《水电水利基本建设工程单元工程质量等级评定标准》主要包括水工建筑物、金属结构及启闭机械安装工程和水轮发电机组安装工程等（　　　）个方面。
    A. 6　　　　　　　　　　　　B. 7
    C. 8　　　　　　　　　　　　D. 9

5. 根据《水利水电工程施工质量检验与评定规程》SL 176—2007 的有关规定，建设（监理）单位应根据《水电水利基本建设工程单元工程质量等级评定标准》（　　　）工程质量。
    A. 复核　　　　　　　　　　B. 抽查
    C. 监督　　　　　　　　　　D. 鉴定

6. 工程实施过程中，需对单位工程、主要分部工程、重要隐蔽单元工程和关键部位单元工程的项目划分进行调整时，项目法人应报送（　　　）确认。
    A. 主管部门　　　　　　　　B. 质量监督单位
    C. 县级及以上人民政府　　　D. 流域机构

7. 单位工程是指（　　　）。

    A．具有独立发挥作用或独立施工条件的建筑物

    B．在一个建筑物内能组合发挥一种功能的建筑安装工程

    C．除管理设施以外的主体工程

    D．对工程安全性、使用功能或效益起决定性作用的分部工程

8. 根据《水利水电工程施工质量检验与评定规程》SL 176—2007 的有关规定，计量器具需经（　　　）以上人民政府技术监督部门认定的计量检定机构或其授权设置的计量检定机构进行检定，并具备有效的检定证书。

    A．国家级　　　　　　　　　　B．省级

    C．市级　　　　　　　　　　　D．县级

9. 根据《水利水电工程施工质量检验与评定规程》SL 176—2007 的有关规定，检测人员应熟悉检测业务，了解被检测对象和所用仪器设备性能，并经考核合格，持证上岗。参与中间产品质量资料复核人员应具有（　　　）以上工程系列技术职称。

    A．教授　　　　　　　　　　　B．高级

    C．工程师　　　　　　　　　　D．初级

10. 原材料、中间产品一次抽检不合格时，应及时对同一取样批次另取（　　　）倍数量进行检验。

    A．2　　　　　　　　　　　　B．3

    C．4　　　　　　　　　　　　D．5

11. 单元工程或工序质量经鉴定达不到设计要求，经加固补强后，改变外形尺寸或造成永久性缺陷的，经项目法人、监理及设计单位确认能基本满足设计要求，其质量可按（　　　）处理。

    A．优良　　　　　　　　　　　B．不合格

    C．合格　　　　　　　　　　　D．基本合格

12. 工程项目质量优良评定标准为单位工程质量全部合格，其中有（　　　）以上的单位工程优良，且主要建筑物单位工程为优良。

    A．50%　　　　　　　　　　　B．70%

    C．85%　　　　　　　　　　　D．90%

13. 水利工程一般划分为单位工程、分部工程、单元工程三个等级；（　　　）工程是日常工程质量考核的基本单位，它是以有关设计、施工规范为依据的，其质量评定一般不超出这些规范的范围。

    A．单元　　　　　　　　　　　B．单项

    C．分部　　　　　　　　　　　D．单位

14. 按照《水电水利基本建设工程单元工程质量等级评定标准》，单元工程质量标准项目可分为保证项目、基本项目和（　　　）。

    A．一般原则和要求　　　　　　B．允许偏差项目

    C．质量检查项目　　　　　　　D．检测项目

15. 单元（工序）工程完工后，应及时评定其质量等级，并按现场检验结果，如实填写《评定表》。现场检验应遵守（　　　）原则。

A．试验验证　　　　　　　　B．随机取样

C．抽查核定　　　　　　　　D．质量核定

16．增补有关质量评定标准和表格，须经过（　　　）以上水利工程行政主管部门或其委托的水利工程质量监督机构批准。

A．国家级　　　　　　　　　B．省级

C．市级　　　　　　　　　　D．县级

17．《水利水电工程施工质量评定表（试行）》表1～表7从表头至评定意见栏均由施工单位经"三检"合格后填写，"质量等级"栏由复核质量的（　　　）填写。

A．终检工程师　　　　　　　B．监理人员

C．承包人技术负责人　　　　D．质量监督人员

18．《水利水电工程施工质量评定表（试行）》中关于合格率的填写，正确的表达方式是（　　　）。

A．0.922　　　　　　　　　B．92.22%

C．92%　　　　　　　　　　D．92.2%

19．根据《水利水电工程施工质量检验与评定规程》SL 176—2007，具有独立发挥作用或独立施工条件的建筑物称为（　　　）。

A．单项工程　　　　　　　　B．分部工程

C．单元工程　　　　　　　　D．单位工程

20．根据《水利水电工程施工质量检验与评定规程》SL 176—2007，质量缺陷是指对工程质量有影响，但小于（　　　）的质量问题。

A．较大事故　　　　　　　　B．重大事故

C．一般质量事故　　　　　　D．特大事故

21．根据《水利水电工程施工质量检验与评定规程》SL 176—2007，单元工程质量达不到《水电水利基本建设工程单元工程质量等级评定标准》合格规定时，经加固补强并经鉴定能达到设计要求，其质量可评为（　　　）。

A．合格　　　　　　　　　　B．优良

C．优秀　　　　　　　　　　D．部分优良

22．施工现场质量验收评定表一式（　　　）份，签字、复印后盖章。

A．二　　　　　　　　　　　B．三

C．四　　　　　　　　　　　D．五

23．单元（工序）《评定表》中，施工单位自评意见栏中"签字"人是（　　　）负责人。

A．初检　　　　　　　　　　B．复检

C．终检　　　　　　　　　　D．"三检"

24．单元（工序）《评定表》中，一般项目中的检查项目其检查结果若基本符合质量要求，检验点的合格率按（　　　）计。

A．50%　　　　　　　　　　B．60%

C．70%　　　　　　　　　　D．80%

25．单元（工序）《评定表》中，一般项目中的检查项目其检查结果若符合质量要

求，检验点的合格率按（　　　）计。

  A．60%   B．70%

  C．80%   D．90%

二　多项选择题

1．水利水电工程项目划分为（　　　）三级。

  A．单位工程   B．分项工程

  C．分部工程   D．单元工程

  E．单项工程

2．在工程实施过程中，对下列项目划分（　　　）进行调整时，项目法人需重新报送工程质量监督机构确认。

  A．单位工程   B．分部工程

  C．重要隐蔽单元工程 D．关键部位单元工程

  E．单元工程

3．根据《水利水电工程施工质量检验与评定规程》SL 176—2007 的有关规定，工程质量检验包括（　　　）等程序。

  A．施工准备检查

  B．中间产品与原材料质量检验

  C．水工金属结构、启闭机及机电产品质量检查

  D．质量事故检查及工程外观质量检验

  E．质量保证体系的检查

4．根据《水利水电工程施工质量检验与评定规程》SL 176—2007 的有关规定，分部工程质量优良评定标准包括（　　　）。

  A．单元工程质量全部合格，其中 70% 以上达到优良

  B．主要单元工程、重要隐蔽单元工程质量优良率达 90% 以上，且未发生过质量事故

  C．中间产品质量全部优良

  D．外观质量得分率达到 85% 以上（不含 85%）

  E．原材料质量、金属结构及启闭机制造质量优良；机电产品质量合格

5．根据《水利水电工程施工质量检验与评定规程》SL 176—2007 的有关规定，单位工程质量优良评定标准包括（　　　）。

  A．分部工程质量全部合格，其中 70% 以上达到优良，主要分部工程质量优良，且施工中未发生过质量事故

  B．中间产品质量合格，其中混凝土拌合质量优良；原材料质量、金属结构及启闭机制造质量合格，机电设备质量合格

  C．原材料、中间产品全部合格，金属结构及启闭机制造质量合格，机电设备质量合格

  D．外观质量得分率达到 85% 以上（不含 85%）

E．施工质量检验及评定资料齐全

6．下列关于《水利水电工程施工质量评定表（试行）》填表基本规定正确的是（　　　）。

　　A．单元（工序）工程完工后，应及时评定其质量等级，并按现场检验结果，如实填写评定表。现场检验应遵守随机取样原则

　　B．合格率用百分数表示，小数点后保留两位，如果恰为整数，则小数点后以0表示

　　C．评定表应使用蓝色或黑色墨水钢笔填写，不得使用圆珠笔、铅笔填写

　　D．文字应按国务院颁布的简化汉字书写，字迹应工整、清晰

　　E．改错时应将错误用斜线划掉，再在其左上方填写正确的文字（或数字）

7．下列关于《水利水电工程施工质量评定表（试行）》单元（工序）工程表头填写正确的是（　　　）。

　　A．单位工程、分部工程名称，按项目划分确定的名称填写

　　B．单元工程名称、部位：填写该单元工程名称（中文名称或编号），部位可用桩号、高程等表示

　　C．施工单位：填写施工单位现场机构的全称

　　D．单元工程量：填写本工程主要工程量

　　E．检验（评定）日期：年——填写4位数，月——填写实际月份（1—12月），日——填写实际日期（1—31日）

8．下列属于中间产品的有（　　　）。

　　A．钢筋　　　　　　　　　　　B．水泥

　　C．砂石集料　　　　　　　　　D．混凝土预制件

　　E．混凝土试块

9．根据《水利水电工程施工质量检验与评定规程》SL 176—2007的有关规定，单元工程质量等级评定中质量检验项目包括（　　　）。

　　A．主控项目　　　　　　　　　B．一般项目

　　C．保证项目　　　　　　　　　D．基本项目

　　E．允许偏差项目

10．下列关于施工单位质量保证体系的说法，正确的是（　　　）。

　　A．有专门的质量管理机构

　　B．有健全的质量管理制度

　　C．具备与工程相适应的质量检验、测试仪器设备

　　D．有专门的安全管理机构

　　E．有专项质量管理经费

11．根据《水利水电工程施工质量检验与评定规程》SL 176—2007的有关规定，水利水电工程施工质量等级评定依据包括（　　　）。

　　A．《水电水利基本建设工程单元工程质量等级评定标准》和国家及水利水电行业有关施工规程、规范及技术标准

　　B．经批准的设计文件、施工图纸、金属结构设计图样与技术条件、设计修改通知书、厂家提供的设备安装说明书及有关技术文件

C．工程承发包合同中采用的技术标准

D．工程试运行期的试验及观测分析成果

E．根据现场施工经验总结并监理认可的标准

12．工序施工质量评定分为合格和优良两个等级，其中合格标准包括（　　　）。

A．主控项目，检验结果应全部符合标准的要求

B．主控项目，检验结果应 95% 以上符合标准的要求

C．一般项目，逐项应有 70% 及以上的检验点合格，且不合格点不应集中

D．一般项目，逐项应有 80% 及以上的检验点合格，且不合格点不应集中

E．各项报验资料应符合标准要求

13．下列关于单元工程质量等级的说法，正确的是（　　　）。

A．全部返工重做的，可重新评定质量等级

B．经加固补强并经鉴定能达到设计要求，其质量只能评为合格

C．经加固补强并经鉴定能达到设计要求，其质量可以评为优良

D．经鉴定达不到设计要求，但建设单位认为能基本满足安全和使用功能要求的，可不加固补强

E．经加固补强后，造成永久性缺陷的，经建设单位认为基本满足设计要求，其质量可按合格处理

14．临时工程质量检验项目及评定标准，由（　　　）参照《水电水利基本建设工程单元工程质量等级评定标准》的要求研究决定，并报相应的质量监督机构核备。

A．监理单位　　　　　　　　B．水行政主管部门

C．设计单位　　　　　　　　D．项目法人

E．施工单位

15．下列关于质量评定组织要求的说法，正确的是（　　　）。

A．分部工程质量由施工单位自评，监理单位复核

B．单位工程质量由监理单位评定，项目法人复核

C．工程项目质量由项目法人自评，质量监督机构复核

D．外观质量评定组人数不应少于 5 人

E．阶段验收前，质量监督机构应提交工程质量评价意见

16．下列关于单元工程质量评定的说法，正确的是（　　　）。

A．可评定为"合格""优良"两个等级

B．可评定为"不合格""合格""优良"三个等级

C．经加固补强并经鉴定能达到设计要求，其质量可评为"优良"

D．经加固补强并经鉴定能达到设计要求，其质量只能评为"合格"

E．经加固补强并经鉴定能达到设计要求，其质量可评为"部分优良"

17．根据《水利水电工程施工质量检验与评定规程》SL 176—2007，工程项目质量优良的标准包括（　　　）。

A．单位工程质量全部合格

B．70% 以上的单位工程优良

C．施工期及运行期，各单位工程观测资料符合标准和合同约定

D．分部工程全部优良

E．分部工程优良率达 80% 以上

18．施工现场质量检验应遵循（　　）相结合的原则。

A．随机布点　　　　　　　　　B．监理工程师现场指定区位

C．质量监督机构确定　　　　　D．项目法人同意

E．检测机构需要

19．单元（工序）《评定表》可以加盖（　　）章。

A．项目法人　　　　　　　　　B．质量监督机构

C．工程项目经理部　　　　　　D．工程监理部

E．设计单位

【答案】

一、单项选择题

1．B；　　2．C；　　3．A；　　4．D；　　5．A；　　6．B；　　7．A；　　8．D；

9．C；　　10．A；　　11．C；　　12．B；　　13．A；　　14．B；　　15．B；　　16．B；

17．B；　　18．D；　　19．D；　　20．C；　　21．A；　　22．C；　　23．C；　　24．C；

25．D

二、多项选择题

1．A、C、D；　　　　2．A、C、D；　　　　3．A、B、C、D；　　　4．A、B；

5．D、E；　　　　　6．A、C、D；　　　　7．A、B、E；　　　　8．C、D；

9．A、B、C；　　　10．A、B、C；　　　11．A、B、C、D；　　12．A、C、E；

13．A、B、D、E；　　14．A、C、D、E；　　15．A、D、E；　　　16．A、D；

17．A、B；　　　　18．A、B；　　　　19．C、D

第 10 章 施工成本管理

10.1 阶段成本控制

微信扫一扫
在线做题+答疑

复习要点

1. 造价编制依据
2. 投标阶段成本控制

一 单项选择题

1. 下列属于基本直接费的是（   ）。
   A. 人工费　　　　　　　　　B. 冬雨期施工增加费
   C. 临时设施费　　　　　　　D. 现场管理费

2. 生活用水应由（   ）开支或职工自行负担。
   A. 现场经费　　　　　　　　B. 其他临时工程费
   C. 企业管理费　　　　　　　D. 间接费

3. 某水利建筑安装工程的建筑工程单价计算中，人工费为Ⅰ，材料费为Ⅱ，施工机械使用费用为Ⅲ，则基本直接费为（   ）。
   A. Ⅰ　　　　　　　　　　　B. Ⅰ＋Ⅱ
   C. Ⅱ＋Ⅲ　　　　　　　　　D. Ⅰ＋Ⅱ＋Ⅲ

4. 水利建筑安装工程的施工成本其他直接费中的其他费用不包括（   ）。
   A. 施工工具用具使用费　　　B. 工程定位复测费
   C. 公用施工道路照明费用　　D. 设备仪表移交生产前的维护费

5. 根据《水利工程设计概（估）算编制规定（工程部分）》，水利工程费用中，直接费不包括（   ）。
   A. 施工机械使用费　　　　　B. 临时设施费
   C. 安全生产措施费　　　　　D. 现场经费

6. 某水利建筑安装工程的建筑工程单价计算中，直接费为Ⅰ，基本直接费为Ⅱ，间接费为Ⅲ，已知企业利润的费率为λ，则企业利润为（   ）。
   A. Ⅰ×λ　　　　　　　　　　B.（Ⅰ＋Ⅲ）×λ
   C.（Ⅱ＋Ⅲ）×λ　　　　　　D.（Ⅰ＋Ⅱ＋Ⅲ）×λ

7. 某水利建筑安装工程的建筑工程单价计算中，直接费为Ⅰ，材料补差费为Ⅱ，间接费为Ⅲ，企业利润为Ⅳ，已知税金的费率为λ，则税金为（   ）。
   A. Ⅰ×λ　　　　　　　　　　B.（Ⅰ＋Ⅱ＋Ⅲ）×λ
   C.（Ⅰ＋Ⅲ＋Ⅳ）×λ　　　　D.（Ⅰ＋Ⅱ＋Ⅲ＋Ⅳ）×λ

8. 材料预算价格一般包括材料原价、运杂费、（   ）、采购及保管费四项。
   A. 装卸费　　　　　　　　　B. 成品保护费

C．二次搬运费   D．运输保险费

9．根据《水利部办公厅关于调整水利工程计价依据增值税计算标准的通知》（办财务函〔2019〕448号），税金税率为（   ）。

     A．9%　　　　　　　　　　　B．10%

     C．11%　　　　　　　　　　　D．13%

10．分类分项工程量清单项目编码500101002001中的后三位001代表的含义是（   ）。

     A．水利工程顺序码　　　　　　B．水利建筑工程顺序码

     C．土方开挖工程顺序码　　　　D．清单项目名称顺序码

11．暂列金额一般可为分类分项工程项目和措施项目合价的（   ）。

     A．3%　　　　　　　　　　　B．5%

     C．10%　　　　　　　　　　　D．15%

二 多项选择题

1．直接费包括（   ）。

     A．基本直接费　　　　　　　　B．间接费

     C．现场经费　　　　　　　　　D．其他直接费

     E．税金

2．基本直接费包括（   ）。

     A．人工费　　　　　　　　　　B．材料费

     C．施工机械使用费　　　　　　D．冬雨期施工增加费

     E．夜间施工增加费

3．下列属于夜间施工增加费的有（   ）。

     A．施工场地的照明费用　　　　B．照明线路工程费用

     C．加工厂的照明费用　　　　　D．车间的照明费用

     E．公用施工道路的照明费用

4．企业管理费主要内容包括现场管理人员的（   ）。

     A．基本工资　　　　　　　　　B．辅助工资

     C．工资附加费　　　　　　　　D．劳动保护费

     E．医疗费

5．间接费包括（   ）。

     A．企业管理费　　　　　　　　B．规费

     C．人员工资　　　　　　　　　D．劳动保护费

     E．医疗费

6．水利工程施工成本包括（   ）。

     A．直接费　　　　　　　　　　B．间接费

     C．材料补差　　　　　　　　　D．税金

     E．现场经费

7. 人工预算单价计算方法中将人工划分为（　　）等档次。

    A．工长　　　　　　　　　　　B．高级工

    C．中级工　　　　　　　　　　D．初级工

    E．学徒工

8. 人工预算单价计算方法按工程分类有（　　）等计算方法和标准。

    A．枢纽工程　　　　　　　　　B．引水工程

    C．堤防工程　　　　　　　　　D．河道工程

    E．除险加固工程

9. 运杂费指材料由交货地点运至工地分仓库（或相当于工地分仓库的堆放场地）所发生的（　　）等费用。

    A．运载车辆的运费　　　　　　B．调车费

    C．装卸费　　　　　　　　　　D．运输人员工资

    E．车辆损耗

10. 税金等于（　　）等几项费用与税率的乘积。

    A．直接费　　　　　　　　　　B．间接费

    C．企业利润　　　　　　　　　D．材料补差

    E．现场经费

11. 工程单价包括（　　）。

    A．直接工程费　　　　　　　　B．间接费

    C．企业利润　　　　　　　　　D．直接费

    E．税金

12. 投标报价表的主表包括（　　）。

    A．分类分项工程量清单计价表　　B．措施项目清单计价表

    C．其他项目清单计价表　　　　　D．零星工作项目清单计价表

    E．工程单价汇总表

13. 下列关于投标报价表填写的说法，正确的是（　　）。

    A．未写入招标文件工程量清单中但必须发生的工程项目，投标人可根据具体情况增加在招标文件工程量清单的最下行

    B．工程量清单中的工程单价是完成工程量清单中一个质量合格的规定计量单位项目所需的直接费、施工管理费、企业利润和税金

    C．投标总价应按工程项目总价表合计金额填写

    D．分类分项工程量清单计价表中应填写相应项目的单价和合价

    E．零星工作项目清单计价表应填写相应项目单价和合价

14. 下列情形中，可以将投标报价高报的有（　　）。

    A．施工条件差的工程

    B．专业要求高且公司有专长的技术密集型工程

    C．合同估算价低、自己不愿做又不方便不投标的工程

    D．风险较大的特殊工程

    E．投标竞争对手多的工程

15. 下列情形中，可以将投标报价低报的有（   ）。

    A．施工条件好的工程   B．有策略开拓某一地区市场

    C．工期宽松工程   D．风险较大的特殊工程

    E．投标竞争对手多的工程

16. 水利定额使用要求有（   ）。

    A．材料定额中，未列明品种、规格的，可根据设计选定的品种、规格计算，定额数量应根据实际调整

    B．土方定额的计量单位，除注明外，均按自然方计算

    C．挖掘机、装载机挖土定额系按挖装自然方拟定的，如挖装松土时，人工及挖装机械乘 0.85 调整系数

    D．现浇混凝土定额已包含模板制作、安装、拆除、修整

    E．钢筋制作安装定额，不分部位、规格型号综合计算

【答案】

一、单项选择题

1．A；   2．A；   3．D；   4．C；   5．D；   6．B；   7．D；   8．D；

9．A；   10．D；   11．B

二、多项选择题

1．A、D；   2．A、B、C；   3．A、E；   4．A、B、C、D；

5．A、B；   6．A、B；   7．A、B、C、D；   8．A、B、D；

9．A、B、C；   10．A、B、C、D；   11．B、C、D、E；   12．A、B、C、D；

13．B、C、D；   14．A、B、C、D；   15．A、B、C、E；   16．B、C、E

10.2　工程结算

复习要点

1．计量
2．支付

一　单项选择题

1．为完成工程项目施工，发生于该工程项目施工前和施工过程中招标人不要求列明工程量的项目为（   ）。

    A．措施项目   B．零星工作项目

    C．分类分项工程项目   D．其他项目

2．为完成工程项目施工，发生于该工程施工过程中招标人要求计列的费用项目为（   ）。

A．措施项目 B．零星工作项目

C．分类分项工程项目 D．其他项目

3．一般土方开挖、淤泥流砂开挖、沟槽开挖和柱坑开挖按施工图纸所示开挖轮廓尺寸计算的（ ）体积以立方米为单位计量，按《工程量清单》[指《水利水电工程标准施工招标文件》（2009 年版），合同文件中的已标价工程量清单，下同]相应项目有效工程量的每立方米工程单价支付。

A．压实 B．自然方

C．有效自然方 D．松方

4．钻孔灌注桩或者沉管灌注桩按施工图纸所示尺寸计算的桩体（ ）为单位计量，按《工程量清单》相应项目有效工程量的每立方米工程单价支付。

A．实际桩长以米 B．有效体积以立方米

C．有效桩长以米 D．设计体积以立方米

5．浆砌石、干砌石、混凝土预制块和砖砌体按施工图纸所示尺寸计算的（ ）为单位计量，按《工程量清单》相应项目有效工程量的每立方米工程单价支付。

A．实际砌筑体积以立方米 B．有效砌筑面积以平方米

C．有效砌筑体积以立方米 D．实际砌筑面积以平方米

6．主要用于初步设计阶段预测工程造价的定额为（ ）。

A．概算定额 B．预算定额

C．施工定额 D．投资估算指标

7．用于编制施工图预算时计算工程造价和计算工程中劳动力、材料、机械台时需要的定额为（ ）。

A．概算定额 B．预算定额

C．施工定额 D．投资估算指标

8．施工企业组织生产和管理在企业内部使用的定额为（ ）。

A．概算定额 B．预算定额

C．施工定额 D．投资估算指标

9．零星材料费以费率形式表示，其计算基数为（ ）。

A．主要材料费之和 B．人工费、机械费之和

C．直接工程费 D．间接费

10．汽车运输定额，适用于水利工程施工路况 10km 以内的场内运输。运距超过10km 时，超过部分按增运 1km 的台时数乘以（ ）系数计算。

A．0.65 B．0.75

C．0.85 D．0.95

11．推土机推土定额是按自然方拟定的，如推松土时，定额乘以（ ）调整系数。

A．0.6 B．0.7

C．0.8 D．0.9

12．挖掘机、轮斗挖掘机或装载机挖装土（含渠道土方）自卸汽车运输定额，适用于Ⅲ类土。Ⅰ、Ⅱ类土人工、机械调整系数均取（ ）。

A．0.61 B．0.71

C. 0.81　　　　　　　　　　　　D. 0.91

13. 挖掘机、轮斗挖掘机或装载机挖装土（含渠道土方）自卸汽车运输定额，适用于Ⅲ类土。Ⅳ类土人工、机械调整系数均取（　　　）。

　　A. 1.06　　　　　　　　　　　B. 1.07
　　C. 1.08　　　　　　　　　　　D. 1.09

14. 根据《住房城乡建设部 财政部关于印发建设工程质量保证金管理办法的通知》（建质〔2017〕138号），保证金总预留比例不得高于工程价款结算总额的（　　　）。

　　A. 2%　　　　　　　　　　　　B. 3%
　　C. 5%　　　　　　　　　　　　D. 8%

15. 工程质量保修期满后（　　　）个工作日内，发包人应向承包人颁发工程质量保修责任终止证书，并退还剩余的质量保证金，但保修责任范围内的质量缺陷未处理完成的应除外。

　　A. 15　　　　　　　　　　　　B. 30
　　C. 60　　　　　　　　　　　　D. 90

16. 工程目标管理和控制进度支付的依据是（　　　）。

　　A. 计划完成工程　　　　　　　B. 设计工程量
　　C. 监理人认可的工程量　　　　D. 实际完成的工程量

二　多项选择题

1. 下列关于施工用电价格的说法正确的是（　　　）。

　　A. 生活用电直接进入工程成本
　　B. 生产用电直接进入工程成本
　　C. 单价计算中的电价计算范围仅指生产用电
　　D. 生活用电应在现场经费内开支或职工负担
　　E. 施工用电价格由基本电价、电能损耗摊销费和供电设施维修摊销费组成

2. 根据《水利工程工程量清单计价规范》GB 50501—2007，工程量清单由（　　　）组成。

　　A. 分类分项工程量清单　　　　B. 措施项目清单
　　C. 其他项目清单　　　　　　　D. 零星工作项目清单
　　E. 临时工程项目清单

3. 土方明挖单价包括（　　　）。

　　A. 场地清理　　　　　　　　　B. 测量放样
　　C. 基坑深井降水　　　　　　　D. 土方开挖、装卸和运输
　　E. 边坡整治和稳定观测

4. 下列关于土方明挖工程计量与支付的说法，正确的是（　　　）。

　　A. "植被清理"工作所需的费用，包含在土方明挖项目有效工程量的每立方米工程单价中，不另行支付
　　B. 施工过程中增加的超挖量和施工附加量所需的费用，包含在《工程量清单》

相应项目有效工程量的每立方米工程单价中，不另行支付

C．承包人在料场开采结束后完成开采区清理、恢复和绿化等工作所需的费用，包含在《工程量清单》"环境保护和水土保持"相应项目的工程单价或总价中，不另行支付

D．施工过程中增加的超挖量和施工附加量所需的费用应另行支付

E．"植被清理"工作所需的费用应另行支付

5. 下列关于地基处理工程计量与支付的说法，正确的是（　　）。

A．承包人按合同要求完成振冲试验所需的费用，包含在《工程量清单》相应项目有效工程量的每米工程单价中，不另行支付

B．承包人按合同要求完成振冲桩体密实度和承载力检验等工作所需的费用应另行支付

C．承包人按合同要求完成灌注桩成孔成桩试验、成桩承载力检验包含在《工程量清单》相应灌注桩项目有效工程量的每立方米工程单价中，不另行支付

D．承包人按合同要求完成埋设孔口装置、造孔、清孔、护壁等工作所需的费用，包含在《工程量清单》相应灌注桩项目有效工程量的每立方米工程单价中，不另行支付

E．承包人按合同要求完成的混凝土拌合、运输和灌注等工作所需的费用应另行支付

6. 下列关于土方填筑工程计量与支付的说法，正确的是（　　）。

A．坝（堤）体填筑按施工图纸所示尺寸计算的有效自然方体积以立方米为单位计量，按《工程量清单》相应项目有效工程量的每立方米工程单价支付

B．混凝土防渗墙顶部附近的高塑性黏土按施工图纸所示尺寸计算的有效压实方体积以立方米为单位计量，由发包人按《工程量清单》相应项目有效工程量的每立方米工程单价支付

C．坝体上、下游面块石护坡按施工图纸所示尺寸计算的有效体积以立方米为单位计量，按《工程量清单》相应项目有效工程量的每立方米工程单价支付

D．如合同另有约定，承包人对工程完建后的料场整治和清理等工作所需的费用，可以另行支付

E．坝体填筑的现场碾压试验费用，按单价单独支付

7. 下列关于混凝土工程计量与支付的说法，正确的是（　　）。

A．现浇混凝土的模板费用，应另行计量和支付

B．混凝土预制构件模板所需费用不另行支付

C．施工架立筋、搭接、套筒连接、加工及安装过程中操作损耗等所需费用不另行支付

D．不可预见地质原因超挖引起的超填工程量所发生的费用应按单价另行支付

E．混凝土在冲（凿）毛、拌和、运输和浇筑过程中的操作损耗不另行支付

8. 下列关于混凝土工程计量与支付的说法，正确的是（　　）。

A．承包人进行的各项混凝土试验所需的费用不另行支付

B．止水、止浆、伸缩缝等应按每米（或平方米）工程单价支付

C．混凝土温度控制措施费不另行支付

D．混凝土坝体的接缝灌浆不另行支付

E．混凝土坝体内预埋排水管所需的费用应另行支付

9．下列关于砌石工程计量与支付的说法，正确的是（   ）。

A．砌筑工程的砂浆应另行支付

B．砌筑工程的拉结筋不另行支付

C．砌筑工程的垫层不另行支付

D．砌筑工程的伸缩缝、沉降缝应另行支付

E．砌体建筑物的基础清理和施工排水等工作所需的费用不另行支付

10．根据《国务院办公厅关于清理规范工程建设领域保证金的通知》(国办发〔2016〕49号)，建筑业企业在工程建设中需缴纳的保证金包括（   ）。

A．投标保证金　　　　　　　B．履约保证金

C．工程质量保证金　　　　　D．农民工工资保证金

E．诚信保证金

【答案】

一、单项选择题

1. A；　　2. D；　　3. C；　　4. B；　　5. C；　　6. A；　　7. B；　　8. C；

9. B；　　10. B；　　11. C；　　12. D；　　13. D；　　14. B；　　15. B；　　16. D

二、多项选择题

1. B、C、D、E；　　2. A、B、C、D；　　3. A、B、D、E；　　4. A、B、C；

5. A、C、D；　　6. B、C；　　7. B、C、D、E；　　8. A、B、C；

9. B、C、E；　　10. A、B、C、D

第11章 施工安全管理

11.1 水利水电工程建设安全生产职责

复习要点

1. 水利工程项目法人的安全生产责任
2. 水利工程勘察设计与监理单位的安全生产责任
3. 水利工程施工单位的安全生产责任
4. 水利工程项目安全的监督管理

一 单项选择题

1. 安全标志分为（　　）种。
   - A. 2
   - B. 3
   - C. 4
   - D. 5

2. 根据《水利工程建设安全生产管理规定》，项目法人在对施工投标单位进行资格审查时，应对投标单位的主要负责人、项目负责人以及专职安全生产管理人员是否经（　　）安全生产考核合格进行审查。
   - A. 水行政主管部门
   - B. 劳动监察部门
   - C. 质量监督部门
   - D. 建筑工程协会

3. 根据《水利水电工程施工安全管理导则》SL 721—2015，安全生产管理制度基本内容不包括（　　）。
   - A. 工作内容
   - B. 责任人（部门）的职责与权限
   - C. 基本工作程序及标准
   - D. 安全生产监督

4. 根据《水利工程建设安全生产管理规定》，项目法人应当将水利工程中的拆除工程和爆破工程发包给具有相应水利水电工程施工资质等级的施工单位。项目法人应当在拆除工程或者爆破工程施工（　　）日前，将相关资料报送水行政主管部门、流域管理机构或者其委托的安全生产监督机构备案。
   - A. 7
   - B. 14
   - C. 15
   - D. 30

5. 施工单位应当在施工组织设计中编制安全技术措施和施工现场临时用电方案，对达到一定规模的危险性较大的工程应当编制专项施工方案，并附具安全验算结果，经施工单位技术负责人签字以及（　　）核签后实施，由专职安全生产管理人员进行现场监督。
   - A. 项目经理
   - B. 总监理工程师
   - C. 项目法人
   - D. 国家一级注册安全工程师

6. 施工单位在使用施工起重机械和整体提升脚手架、模板等自升式架设设施前，应当组织有关单位进行验收，也可以委托具有相应资质的检验检测机构进行验收；使用承租的机械设备和施工机具及配件的，由施工总承包单位、（　　）、出租单位和安装单位共同进行验收。验收合格的方可使用。

      A．监理单位   B．设计单位

      C．项目法人   D．分包单位

7．施工单位应当对管理人员和作业人员每年至少进行（　　）次安全生产教育培训，其教育培训情况记入个人工作档案。安全生产教育培训考核不合格的人员，不得上岗。

      A．1   B．2

      C．3   D．4

8．施工单位从事水利工程的新建、扩建、改建、加固和拆除等活动，应当具备国家规定的注册资本、专业技术人员、技术装备和安全生产等条件，依法取得相应等级的（　　），并在其资质等级许可的范围内承揽工程。

      A．合格证书   B．岗位证书

      C．营业执照   D．资质证书

9．项目法人根据项目所在地（　　）以上人民政府编制的防御洪水方案结合工程建设情况每年均需编制工程度汛方案，施工单位根据项目法人的度汛方案结合自己承担工程实际情况的需要编制施工单位的度汛方案报项目法人批准。编制度汛方案是水利水电工程施工的一项特殊要求。

      A．乡级   B．县级

      C．市级   D．省级

10．根据《水利水电工程施工安全管理导则》SL 721—2015，下述内容中，属于施工单位一级安全教育的是（　　）。

      A．现场规章制度教育   B．安全操作规程

      C．班组安全制度教育   D．安全法规、法制教育

11．采用新结构、新材料、新工艺以及特殊结构的水利工程，（　　）应当提出保障施工作业人员安全和预防生产安全事故的措施建议。

      A．设计单位   B．监理单位

      C．项目法人   D．施工单位

12．水利工程建设项目安全设施"三同时"是（　　）。

      A．同时设计、同时施工、同时投入生产和使用

      B．同时招标、同时施工、同时验收

      C．同时施工、同时质量检测、同时验收

      D．同时列入概算、同时施工、同时投入生产和使用

13．安全色分为（　　）种。

      A．2   B．3

      C．4   D．5

14．水利水电工程施工企业管理人员安全生产考核合格证书有效期为（　　）年。有效期满需要延期的，应当于期满前3个月内向原发证机关申请办理延期手续。

A．1　　　　　　　　　　　　　　　B．2
C．3　　　　　　　　　　　　　　　D．5

15．多个安全标志牌设置在一起时，从左到右的顺序是（　　　）。

A．警告、禁止、指令、提示　　　　B．禁止、警告、指令、提示
C．指令、警告、禁止、提示　　　　D．提示、指令、警告、禁止

16．根据《水利水电工程施工企业主要负责人、项目负责人和专职安全生产管理人员安全生产考核管理办法》，水利水电工程施工企业管理人员安全生产考核合格证书有效期为（　　　）年。

A．3　　　　　　　　　　　　　　　B．4
C．5　　　　　　　　　　　　　　　D．6

17．几何图形是带斜杠的圆环，其中圆环与斜杠相连，用红色，图形符号用黑色，背景用白色的是（　　　）标志。

A．禁止　　　　　　　　　　　　　B．警告
C．指令　　　　　　　　　　　　　D．提示

18．根据水利部《水利水电工程施工企业主要负责人、项目负责人和专职安全生产管理人员安全生产考试大纲》，主要负责人考试内容中，"安全生产相关法规政策"考核占分值的（　　　）。

A．30%　　　　　　　　　　　　　B．40%
C．50%　　　　　　　　　　　　　D．60%

19．根据水利部《水利水电工程施工企业主要负责人、项目负责人和专职安全生产管理人员安全生产考试大纲》，项目负责人考试内容中，"安全生产相关法规政策"考核分值占（　　　）。

A．30%　　　　　　　　　　　　　B．40%
C．50%　　　　　　　　　　　　　D．60%

20．根据水利部《水利水电工程施工企业主要负责人、项目负责人和专职安全生产管理人员安全生产考试大纲》，项目负责人考试内容中，"安全生产技术"考核分值占（　　　）。

A．30%　　　　　　　　　　　　　B．40%
C．50%　　　　　　　　　　　　　D．60%

21．根据水利部《水利水电工程施工企业主要负责人、项目负责人和专职安全生产管理人员安全生产考试大纲》，项目负责人考试内容中，"安全生产管理基本知识"考核占分值的（　　　）。

A．10%　　　　　　　　　　　　　B．20%
C．30%　　　　　　　　　　　　　D．40%

22．根据水利部《水利水电工程施工企业主要负责人、项目负责人和专职安全生产管理人员安全生产考试大纲》，项目负责人考试内容中，"安全生产管理履职能力"考核占分值的（　　　）。

A．10%　　　　　　　　　　　　　B．20%
C．30%　　　　　　　　　　　　　D．40%

23. 根据水利部《水利水电工程施工企业主要负责人、项目负责人和专职安全生产管理人员安全生产考试大纲》，专职安全生产管理人员考试内容中，"安全生产技术"考核占分值的（　　）。

    A．20%
            B．30%

    C．40%
            D．50%

二 多项选择题

1. 项目法人应当将水利工程中的拆除工程和爆破工程发包给具有相应水利水电工程施工资质等级的施工单位。项目法人应当在拆除工程或者爆破工程施工 15 日前，向水行政主管部门、流域管理机构或者其委托的安全生产监督机构报送的备案资料有（　　）。

    A．拟拆除或拟爆破的工程及可能危及毗邻建筑物的说明

    B．监理单位资质等级证明

    C．生产安全事故的应急救援预案

    D．施工进度计划方案

    E．堆放、清除废弃物的措施

2. 下列关于施工场地安全标志设置的说法，正确的有（　　）。

    A．提示目标位置的提示性标志应在下方加方向辅助标志

    B．文字辅助标志为矩形

    C．安全标志可以设立在门页上

    D．安全标志可以设立在移动的三轮车上

    E．禁止标志的几何图形是圆形

3. 下列关于安全标志的说法，正确的有（　　）。

    A．指令标志使用蓝色背景

    B．指令标志不是强制性的

    C．警告标志的几何图形是三角形

    D．警告标志使用红色背景

    E．提示标志的几何图形通常是方形

4. 下列关于工程中管路着色的说法，正确的是（　　）。

    A．排水管为绿色
            B．供油管为红色

    C．消防水管为红色
          D．压缩空气管为白色

    E．排油管为红色

5. 施工单位的（　　）应当经水行政主管部门安全生产考核合格后方可参与水利工程投标。

    A．主要负责人
            B．项目负责人

    C．专职安全生产管理人员
     D．技术负责人

    E．兼职安全生产管理人员

6. 根据《水利工程建设安全生产管理规定》的有关规定，对工程建设监理单位安

全责任的规定中包括（　　　）。

  A．应当严格按照国家的法律法规和技术标准进行工程的监理

  B．施工前应当履行有关文件的审查义务

  C．应当履行代表项目法人对施工过程中的安全生产情况进行监督检查义务

  D．采用新结构、新材料、新工艺以及特殊结构的水利工程，应当提出保障施工作业人员安全和预防生产安全事故的措施建议

  E．应当严格执行操作规程，采取措施保证各类管线、设施和周边建筑物、构筑物的安全

7．根据《水利工程建设安全生产管理规定》，（　　　）等特种作业人员，必须按照国家有关规定经过专门的安全作业培训，并取得特种作业操作资格证书后，方可上岗作业。

  A．运输作业人员　　　　　　　　B．安装拆卸工

  C．爆破作业人员　　　　　　　　D．起重信号工

  E．登高架设作业人员

8．根据《大中型水电工程建设风险管理规范》GB/T 50927—2013，具体风险处置方法包括（　　　）等。

  A．风险规避　　　　　　　　　　B．风险释放

  C．风险转移　　　　　　　　　　D．风险自留

  E．风险利用

9．施工现场专职安全生产管理人员的职责包括（　　　）。

  A．制定单位安全生产管理制度

  B．制止违章指挥

  C．制止违章操作

  D．发现生产安全事故隐患，应当及时向项目负责人报告

  E．及时向安全生产管理机构报告发现的生产安全事故隐患

10．根据水利部《水利水电工程施工企业主要负责人、项目负责人和专职安全生产管理人员安全生产考试大纲》，"安全生产知识考试要点"包括（　　　）。

  A．习近平总书记关于安全生产重要论述

  B．安全生产的有关法规政策

  C．安全警示标志

  D．企业安全生产管理基础知识

  E．安全生产基本概念

11．根据水利部《水利水电工程施工企业主要负责人、项目负责人和专职安全生产管理人员安全生产考试大纲》，"安全生产管理能力考试要点"包括（　　　）。

  A．习近平总书记关于安全生产重要论述

  B．安全生产的有关法规政策

  C．安全警示标志

  D．企业安全生产管理基础知识

  E．安全生产基本概念

一、单项选择题

1. C； 2. A； 3. D； 4. C； 5. B； 6. D； 7. A； 8. D；

9. B； 10. D； 11. A； 12. A； 13. C； 14. C； 15. A； 16. A；

17. A； 18. D； 19. A； 20. A； 21. A； 22. C； 23. C

二、多项选择题

1. A、C、E； 2. B、E； 3. A、E； 4. A、B、C、D；

5. A、B、C； 6. A、B、C； 7. B、C、D、E； 8. A、C、D、E；

9. B、C、D、E； 10. A、B、C； 11. D、E

11.2　水利水电工程建设风险管控

复习要点

1. 水利工程建设项目风险管理
2. 安全事故应急管理
3. 安全生产标准化

一　单项选择题

1. 根据《水利水电工程施工危险源辨识与风险评价导则（试行）》，依据事故可能造成的人员伤亡数量及财产损失情况，重大危险源共划分为（　　）级。

　　A. 二　　　　　　　　　　　　B. 三

　　C. 四　　　　　　　　　　　　D. 五

2. 按事故的严重程度和影响范围，将水利工程建设质量与安全事故分为（　　）级。

　　A. 二　　　　　　　　　　　　B. 三

　　C. 四　　　　　　　　　　　　D. 五

3. 根据《水利安全生产标准化评审管理暂行办法》，某水利生产经营单位水利安全生产标准化评审得分 85 分，各一级评审项目得分占应得分的 65%，则该企业的安全生产标准化等级为（　　）。

　　A. 一级　　　　　　　　　　　B. 二级

　　C. 三级　　　　　　　　　　　D. 不合格

4. 被撤销水利安全生产标准化等级的单位，自撤销之日起，须按降低至少一个等级重新申请评审；且自撤销之日起满（　　）个月后，方可申请被降低前的等级评审。

　　A. 3　　　　　　　　　　　　　B. 6

　　C. 9　　　　　　　　　　　　　D. 12

5. 某次事故查明死亡人数为 4 人，直接经济损失约 1200 万元，则根据《水利工程建设重大质量与安全事故应急预案》，该次事故为（　　）。

A．特别重大质量与安全事故　　　B．质量与安全事故特大

C．较大生产安全事故　　　　　D．质量与安全事故

6．根据《水利部生产安全事故应急预案》，特别重大事故是指一次死亡人数为（　　　）人以上。

A．10　　　　　　　　　　B．20

C．30　　　　　　　　　　D．40

7．水利水电施工企业安全生产评审标准的核心内容是（　　　）。

A．《水利水电施工企业安全生产标准化评审标准》

B．《水利水电施工企业安全生产标准化评审标准（试行）》

C．《水利安全生产标准化评审管理暂行办法》

D．《企业安全生产标准化基本规范》

8．《水利水电施工企业安全生产标准化评审标准》采取（　　　）。

A．全部打分制　　　　　　B．全部打分＋否决项

C．否决项制　　　　　　　D．综合评估制

9．《水利水电施工企业安全生产标准化评审标准》中，一次性扣完标准分值的项目是（　　　）。

A．未定期考核奖惩　　　　B．警示标志未定期进行检查维护

C．未实施安全风险辨识　　D．施工方案无安全技术措施

10．《水利水电施工企业安全生产标准化评审标准》中，一级评审项目有（　　　）个。

A．5　　　　　　　　　　B．6

C．7　　　　　　　　　　D．8

11．《水利工程项目法人安全生产标准化评审标准》中，一级评审项目有（　　　）个。

A．6　　　　　　　　　　B．7

C．8　　　　　　　　　　D．9

12．根据《水利部生产安全事故应急预案》，重大事故是指一次死亡人数为（　　　）人以上。

A．10　　　　　　　　　　B．20

C．30　　　　　　　　　　D．40

13．根据《水利部生产安全事故应急预案》，较大事故是指一次死亡人数为（　　　）人以上。

A．2　　　　　　　　　　B．3

C．4　　　　　　　　　　D．5

14．根据《水利部生产安全事故应急预案》，特别重大事故是指一次重伤人数为（　　　）人以上。

A．20　　　　　　　　　　B．50

C．80　　　　　　　　　　D．100

15．根据《水利部生产安全事故应急预案》，较大涉险事故是指发生涉险人数为（　　　）人以上。

A．10　　　　　　　　　　B．20

C. 30   D. 40

16. 根据《水利部生产安全事故应急预案》，较大涉险事故是指需要紧急疏散（　　）人以上。

A. 200   B. 300

C. 400   D. 500

17. 根据《水利部生产安全事故应急预案》，可以采取的先期应急处置措施有（　　）项。

A. 7   B. 8

C. 9   D. 10

18. 根据《水利部生产安全事故应急预案》，发生重特大生产安全事故，快报时间力争（　　）min 内。

A. 5   B. 10

C. 15   D. 20

19. 根据《水利部生产安全事故应急预案》，发生重特大生产安全事故，书面报告时间力争（　　）min 内。

A. 10   B. 20

C. 30   D. 40

20. 根据《水利部生产安全事故应急预案》，地方水利工程发生较大生产安全事故，书面报告时间为（　　）min 内。

A. 30   B. 60

C. 90   D. 120

21. 根据《水利部生产安全事故应急预案》，地方水利工程发生较大生产安全事故，快报时间为（　　）min 内。

A. 30   B. 60

C. 90   D. 120

22. 根据《水利部生产安全事故应急预案》，有关单位接到水利部要求核报的信息时，电话反馈时间不得超过（　　）min。

A. 20   B. 30

C. 50   D. 60

23. 根据《水利部生产安全事故应急预案》，有关单位接到水利部要求核报的信息时，书面反馈时间不得超过（　　）min。

A. 20   B. 30

C. 40   D. 60

24. 根据《水利部生产安全事故应急预案》，水利部应对地方水利工程生产安全事故应急响应设定为（　　）个等级。

A. 2   B. 3

C. 4   D. 5

25. 根据《水利部生产安全事故应急预案》，水利部应对部直属单位（工程）生产安全事故应急响应设定为（　　）个等级。

A．3   B．4

C．5   D．6

26．根据《水利部生产安全事故应急预案》，水利部受理水利工程建设事故信息报告的部门是（   ）。

　　A．建设司   B．监督司

　　C．水旱灾害防御司   D．应急办公室

27．对于排查出的事故隐患，有关责任单位不能立即整改的，要做到"（   ）落实"。

　　A．三   B．四

　　C．五   D．六

28．根据水利部要求，水利行业要构建水利安全生产风险管控"（   ）项机制"。

　　A．三   B．四

　　C．五   D．六

29．水利生产经营单位危险源辨识与风险等级评价按阶段划分为（   ）个。

　　A．二   B．三

　　C．四   D．五

30．标示危险源风险等级的颜色有（   ）种。

　　A．2   B．3

　　C．4   D．5

31．根据《水利工程生产安全重大事故隐患清单指南（2024年版）》，将隐患分为（   ）个类别。

　　A．2   B．3

　　C．4   D．5

32．根据《水利工程生产安全重大事故隐患清单指南（2024年版）》，基础管理重大事故隐患分为（   ）个管理环节。

　　A．2   B．3

　　C．4   D．5

33．根据《水利工程生产安全重大事故隐患清单指南（2024年版）》，临时工程重大事故隐患分为（   ）个管理环节。

　　A．2   B．3

　　C．4   D．5

二 多项选择题

1．取得水利安全生产标准化等级证书的单位，在证书有效期内发生下列（   ）行为后，水利部可撤销其安全生产标准化等级。

　　A．在评审过程中弄虚作假、申请材料不真实的

　　B．不接受检查的

　　C．迟报、漏报、谎报、瞒报生产安全事故的

D．项目法人所管辖建设项目、水利水电施工企业发生较大及以上生产安全事故后，在 3 个月内申请复评不合格的

E．水利工程管理单位发生造成经济损失超过 10 万元以上的生产安全事故后，在半年内申请复评不合格的

2．根据《大中型水电工程建设风险管理规范》GB/T 50927—2013，水利水电工程建设风险包括（　　）等类型。

A．人员伤亡风险　　　　　　　　B．工程质量风险

C．工期延误风险　　　　　　　　D．环境影响风险

E．社会影响风险

3．根据《水利部生产安全事故应急预案》，应急管理工作原则包括（　　）。

A．预防为主，综合治理　　　　　B．以人为本，安全第一

C．属地为主，部门协调　　　　　D．专业指导，技术支撑

E．预测预警，平战结合

4．根据《水利部生产安全事故应急预案》，下列说法正确的有（　　）。

A．事故快报需要通过电话确认

B．事故快报应初步估计直接经济损失

C．事故快报不得采用手机短信

D．事故书面报告时间最长不得超过 2h

E．事故快报时间最长不得超过 30min

5．事故快报的形式包括（　　）。

A．电话　　　　　　　　　　　　B．手机短信

C．微信　　　　　　　　　　　　D．电子邮件

E．书面报告

6．事故应急救援预案的核心内容是（　　）。

A．及时进行救援处理　　　　　　B．进行单位内部、外部联系

C．减少事故造成的损失　　　　　D．保护事故现场

E．主要指挥人员到场

7．根据《安全生产许可证条例》，施工单位使用承租的机械设备和施工机具及配件的，应由（　　）共同验收合格后方可使用。

A．施工总承包单位　　　　　　　B．设备的制造单位

C．出租单位　　　　　　　　　　D．安装单位

E．质量监督机构

8．属于水利安全生产风险管控"六项机制"的有（　　）机制。

A．查找　　　　　　　　　　　　B．研判

C．处置　　　　　　　　　　　　D．责任

E．约谈

9．申请水利安全生产标准化评审的单位应具备的条件有（　　）。

A．设立有安全生产行政许可的，应依法取得国家规定的相应安全生产行政许可

B．水利工程项目法人所管辖的建设项目、水利水电施工企业在评审期内，未

发生较大及以上生产安全事故

    C．水利工程项目法人所管辖的建设项目、水利水电施工企业在评审期内，重大事故隐患已治理达到安全生产要求

    D．水利工程管理单位在评审期内，未发生造成人员死亡、重伤 3 人以上安全事故

    E．水利工程管理单位在评审期内，未发生直接经济损失超过 1000 万元以上的生产安全事故

10．选用电缆应注意的主要质量指标是（   ）。

    A．材质   B．标称截面积

    C．绝缘性能   D．电阻值

    E．耐压值

11．塑料护套线不应直接敷设在（   ）内。

    A．绝缘套管   B．槽盒内

    C．可燃装饰面内   D．保温层内

    E．顶棚内

12．下列关于水利安全生产标准化达标动态管理的说法，正确的有（   ）。

    A．动态管理实行累积记分制

    B．记分周期按年度计算

    C．累计记分达到 10 分，实施黄牌警示

    D．累计记分达到 25 分，撤销证书

    E．同一安全生产相关违法违规行为同时受到 2 类及以上行政处罚的，累计记分

13．应急管理工作原则包括（   ）。

    A．以人为本，安全第一   B．属地为主，部门协调

    C．讲究实效，控制费用   D．分工负责，协同应对

    E．预防为主，平战结合

14．预警管理包括（   ）。

    A．发布预警   B．预警行动

    C．预警终止   D．应急处置

    E．信息发布

15．生产安全事故的应急资源包括（   ）。

    A．应急专家   B．专业救援队伍

    C．应急经费   D．应急物资、器材

    E．应急宣传

16．存在（   ）行为的单位，不得评定为安全生产标准化达标单位。

    A．发生事故   B．漏报事故

    C．谎报事故   D．瞒报事故

    E．迟报事故

17.《水利工程项目法人安全生产标准化评审标准》中，"一票否决"设置在（   ）

一级评审项目中。

    A．目标职责   B．制度化管理

    C．现场管理   D．安全风险管控及隐患排查治理

    E．事故管理

18．下列关于构建水利安全生产风险管控"六项机制"的说法，正确的有（   ）。

    A．危险源辨识执行"横向到边、纵向到底"的原则

    B．水利生产经营单位原则上每半年至少组织开展1次危险源辨识工作

    C．重大风险采用红色标示

    D．单位实际控制人是单位风险管控工作的第一责任人

    E．危险源要做到"一源一案（应急预案）"

19．根据《水利工程生产安全重大事故隐患清单指南（2024年版）》，下列说法正确的有（   ）。

    A．工程建设各参建单位是事故隐患判定工作的主体

    B．水行政主管部门承担事故隐患判定后核定工作

    C．事故隐患判定采用直接判定法

    D．工程存在重大事故隐患应全部停产停业

    E．监理单位负责重大事故隐患治理督办工作

【答案】

一、单项选择题

1．C；   2．C；   3．C；   4．D；   5．C；   6．C；   7．D；   8．B；

9．D；   10．D；   11．C；   12．A；   13．B；   14．D；   15．A；   16．D；

17．A；   18．D；   19．D；   20．D；   21．B；   22．A；   23．C；   24．B；

25．A；   26．B；   27．C；   28．D；   29．A；   30．C；   31．C；   32．A；

33．B

二、多项选择题

1．A、B、C；   2．A、C、D、E；   3．B、C、D；   4．A、D；

5．A、B、C、D；   6．A、C；   7．A、C、D；   8．A、B、C、D；

9．A、B、C、D；   10．A、B、C、D；   11．C、D、E；   12．A、C；

13．A、B、D、E；   14．A、B、C；   15．A、B、D；   16．B、C、D、E；

17．D、E；   18．A、C、D；   19．A、C

第 12 章 绿色施工及现场环境管理

12.1 绿色施工

微信扫一扫
在线做题＋答疑

复习要点

1. 废水、废物、噪声、粉尘和废气、危险品控制
2. 节能减排与生态保护

一 单项选择题

1. 根据《污水综合排放标准》GB 8978—1996，废水（污水）处理率在当地政府无规定时，不应低于（　　）。

    A．50
    B．60
    C．70
    D．80

2. 废水控制不包括（　　）。

    A．工程废水控制
    B．商业废水控制
    C．生活污水控制
    D．地表降水防护

3. 工程废水控制中，主要污染物为石油类污染物时，宜采取（　　）。

    A．自然沉淀法
    B．综合法
    C．水力旋流法
    D．絮凝除油剂消除

4. 下列处理方式，不属于对危险废弃物处理的是（　　）。

    A．中和措施
    B．掩埋
    C．焚烧
    D．上交有关部门

5. 3 类声环境功能区昼间噪声限值为（　　）dB（A）。

    A．50
    B．55
    C．60
    D．65

6. 对通风管道进行降噪处理时，可采取（　　）的方式。

    A．设置隔声间封闭噪声
    B．加装消声装置
    C．设置隔声屏障
    D．采用隔声罩将噪声源封闭

7. 不属于节能减排目标考核项目的是（　　）。

    A．电力消耗量
    B．人力消耗量
    C．染料消耗量
    D．材料消耗量

8. 声环境功能区分为（　　）类。

    A．五
    B．六
    C．七
    D．八

9. 在施工场界处，夜间突发噪声的最大声级超过场界噪声限值的幅度不得大于（　　）dB（A）。

    A．5   B．10

    C．15   D．20

10. 当施工场界界线不明确时，以施工方和外界最近建（构）筑物距离的（　　）处为界。

    A．1/3   B．1/2

    C．2/3   D．1/4

11. 节能减排目标的考核项目一般包括（　　）项。

    A．三   B．四

    C．五   D．六

12. 按照绿色施工的要求，0.4kV 供电系统输电距离宜控制在（　　）km 之内。

    A．0.4   B．0.5

    C．0.6   D．1.0

二 多项选择题

1. 湿地生态保护，根据保护对象的影响程度采取（　　）的措施。

    A．生境保护   B．水源地保护

    C．控制生态流量   D．灌溉

    E．物种保护

2. 土石方挖填及装卸作业时，可采取的降低粉尘污染的措施有（　　）。

    A．挖填和装卸作业应避免随意甩渣，大风天气应抑尘施工

    B．干燥区域作业，应洒水降尘

    C．堆渣宜采取挡护措施

    D．永久开挖坡面宜及时封闭

    E．散装水泥、粉煤灰应密闭输送

3. 基坑废水是指（　　）。

    A．混凝土冲毛废水   B．冲仓废水

    C．水泥灌浆废水   D．养护废水

    E．基础造孔废水

4. 废水中主要污染物为悬浮物时，可分别采用（　　）进行处理。

    A．自然沉淀法   B．絮凝沉淀法

    C．曝气   D．中和措施

    E．水力旋流法

5. 工程中使用的可溶或遇水改变性质的物品有（　　）等。

    A．河沙   B．水泥

    C．外加剂   D．降阻剂

    E．电石

6. 固体废物处置应做到（　　　）。

    A. 减量化   B. 无害化

    C. 深埋化   D. 拦挡化

    E. 资源化

7. 按照绿色施工的要求，下列说法合理的有（　　　）。

    A. 工程弃渣应先拦后弃

    B. 危险废弃物应进行掩埋

    C. 弃渣场应有通畅的排水系统

    D. 生活区的排水主干渠应硬化

    E. 工程废弃物应上交有关部门

8. 按照绿色施工的要求，下列说法合理的有（　　　）。

    A. 噪声控制可采取噪声源控制

    B. 噪声控制可采取噪声传播途径控制

    C. 交通噪声可采取设置隔声屏障控制

    D. 雷管可采用压沙袋措施减小爆破噪声

    E. 台阶爆破改为光面爆破可减小爆破噪声

9. 按照绿色施工的要求，下列说法合理的有（　　　）。

    A. 露天爆破作业宜采用松动爆破

    B. 钻爆作业优先采用干钻

    C. 地下工程应采用洒水喷雾措施

    D. 集料生产宜优先采用湿式生产工艺

    E. 集料生产宜优先采用半干式生产工艺

10. 按照绿色施工的要求，生态保护包括（　　　）。

    A. 陆生植物保护与恢复   B. 陆生动物保护

    C. 水生生态保护   D. 湿地生态保护

    E. 天空飞鸟保护

11. 按照绿色施工的要求，环境监测方法包括（　　　）。

    A. 人工巡视   B. 仪器采样

    C. 调查访问   D. 政府监督

    E. 社会监督

【答案】

一、单项选择题

1. D;   2. B;   3. D;   4. A;   5. D;   6. B;   7. B;   8. A;

9. C;   10. B;   11. A;   12. C

二、多项选择题

1. B、C、D;   2. A、B、C、D;   3. A、B、D;   4. A、B、E;

5. B、C、D、E;   6. A、B、E;   7. A、C、D;   8. A、B、C、D;

9. A、C、D、E；　　10. A、B、C、D；　　11. A、B、C

12.2　环境管理

1. 健康保护
2. 环境监测

一　单项选择题

1. 环境监测不包括（　　）。
    A. 人工巡视　　　　　　　　B. 人工采样
    C. 仪器采样　　　　　　　　D. 调查访问
2. 对于工程废水，生产试运行时，监测时机应为（　　）次。
    A. 1　　　　　　　　　　　B. 2
    C. 3　　　　　　　　　　　D. 4
3. 按照绿色施工的要求，生活垃圾露天堆放处（　　）d 监测 1 次。
    A. 10　　　　　　　　　　B. 15
    C. 30　　　　　　　　　　D. 60
4. 按照绿色施工的要求，工程弃渣堆放处（　　）d 监测 1 次。
    A. 10　　　　　　　　　　B. 15
    C. 30　　　　　　　　　　D. 60

二　多项选择题

1. 施工现场环境管理和健康保护应采取的措施有（　　）。
    A. 应为员工发放必要的劳动防护用具、用品
    B. 员工宿舍应保证适宜的通风、避光
    C. 生活、办公区的垃圾存放处应定期进行卫生防疫消毒
    D. 应协同当地卫生防疫部门实施疫情监控
    E. 应按规定安排员工进行体检，并依体检结论安排必要的治疗和休息
2. 处于地方性疾病区域的施工项目，应制定防疫措施，避免（　　）等疾病传播。
    A. 自然疫源性疾病　　　　　B. 虫媒传染病
    C. 介风传染病　　　　　　　D. 介水传染病
    E. 人禽互感传染病

【答案】

一、单项选择题

1. B；   2. B；   3. B；   4. B

二、多项选择题

1. A、C、D、E；   2. A、B、D

第13章 实务操作和案例分析题

复习要点

（1）实务操作和案例分析题考点范围一般较大，通常涉及考试大纲若干个条目。

（2）实务操作和案例分析题会涉及网络图分析、绘制等方面的知识。

（3）实务操作和案例分析题会涉及一些合同管理方面的公式。

（4）实务操作和案例分析题会涉及简单的计算，需要先列公式，通过公式反映计算结果的出处。

（5）实务操作和案例分析题参考答案（关键问题等提示性内容）不是标准答案必备内容，只是起到帮助理解答案的作用。

【案例1】

背景资料：

某混凝土重力坝工程包括左岸非溢流坝段、溢流坝段、右岸非溢流坝段、右岸坝肩混凝土刺墙段。最大坝高43m，坝顶全长322m，共17个坝段。该工程采用明渠导流施工。坝址以上流域面积610.5km²，属于亚热带暖湿气候区，雨量充沛，湿润温和。平均气温比较高，需要采取温控措施。其施工组织设计主要内容包括：

（1）大坝混凝土施工方案的选择。

（2）坝体的分缝分块。根据混凝土坝型、地质情况、结构布置、施工方法、浇筑能力、温控水平等因素进行综合考虑。

（3）坝体混凝土浇筑强度的确定。应满足该坝体在施工期的历年度汛高程与工程面貌。在安排坝体混凝土浇筑工程进度时，应估算施工有效工作日，分析气象因素造成的停工或影响天数，扣除法定节假日，然后再根据阶段混凝土浇筑方量拟定混凝土的月浇筑强度和日平均浇筑强度。

（4）混凝土拌和系统的位置与容量选择。

（5）混凝土运输方式与运输机械选择。

（6）运输线路与起重机轨道布置。门、塔机栈桥高程必须在导流规划确定的洪水位以上，宜稍高于坝体重心，并与供料线布置高程相协调，栈桥一般平行于坝轴线布置，栈桥桥墩应部分埋入坝内。

（7）混凝土温控要求及主要温控措施。

问题：

1．为防止混凝土坝出现裂缝，可以在几个阶段采取温控措施？

2．混凝土浇筑的施工过程包括哪些？

3．对于17个独立坝段，可供选择的坝段分缝分块形式有哪几种？

4．大坝水工混凝土浇筑的水平运输包括哪两类？垂直运输设备主要有哪些？

5．大坝水工混凝土浇筑的运输方案有哪些？本工程采用哪种运输方案？

6. 混凝土拌和设备生产能力主要取决于哪些因素？

7. 混凝土的正常养护时间为多少天？

【案例 2】

背景资料：

某工程项目分解后，根据工作间的逻辑关系绘制的双代号网络计划如图 13-1 所示。工程实施到第 12 天末进行检查时各工作进展如下：A、B、C 三项工作已经完成，D 与 G 工作分别已完成 5d 的工作量，E 工作完成了 4d 的工作量。

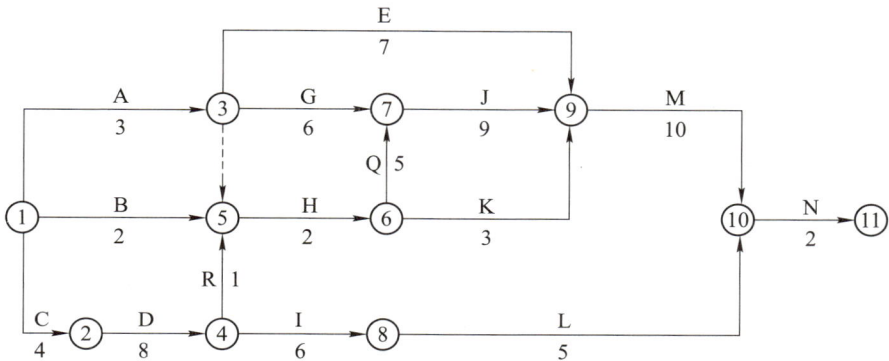

图 13-1 双代号网络计划

问题：

1. 通过网络计算，该项目的总工期为多少天？

2. 哪些工作是关键工作？

3. 按计划的最早进度，D、E、G 三项工作是否已推迟？推迟的时间是否影响计划工期？

【案例 3】

背景资料：

某水电站厂房为现浇钢筋混凝土结构。监理工程师批准的施工网络计划如图 13-2 所示（图中持续时间单位为月）。该工程施工合同工期为 18 个月。合同约定，土方工程单价为 16 元/m^3，土方工程量估算为 22000m^3；混凝土工程量估算为 1800m^3，单价为 320 元/m^3；当土方或混凝土的任何一项实际完成工程量超出《工程量清单》所列工程量的 15% 时，则超出 15% 部分的结算单价可进行调整，调整系数为 0.9。在工程进行到第四个月时，业主方要求承包商增加一项工作 K，经协商其持续时间为 2 个月，安排在 D 工作结束后、F 工作开始前完成，其土方量为 3500m^3，混凝土工程量为 200m^3。

问题：

1. 该项工程的工期是多少个月？在施工中应重点控制哪些工作？为什么？

2. 由于增加了 K 工作，承包方提出了顺延工期 2 个月的要求，该要求是否合理？画出增加 K 工作后的网络计划并说明理由。

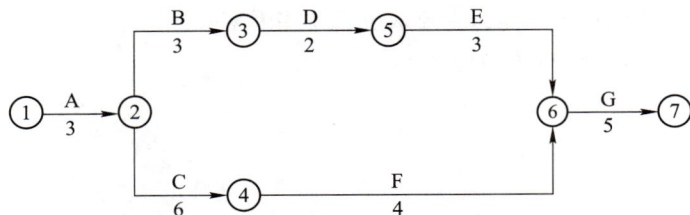

图 13-2　施工网络计划

3．由于增加了 K 工作，相应的工程量有所增加，承包方提出对增加工程量的结算费用为：

土方工程：$3500×16 = 56000$ 元

混凝土工程：$200×320 = 64000$ 元

合计：120000 元

该费用计算是否合理？为什么？

【案例 4】

背景资料：

某施工项目双代号网络进度计划如图 13-3 所示，其中 A、B、D 工作使用同一种施工机械，开工前有一台施工机械出现故障，导致可使用的该施工机械只有一台，根据现场施工条件，工作顺序调整为 B、A、D，施工机械租赁费 2000 元 /d。

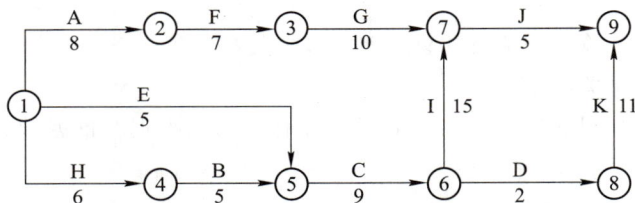

图 13-3　双代号网络进度计划

问题：

1．根据施工机械只有一台的约束条件以及工作顺序的调整，绘出新的双代号网络计划图。

2．计算调整后的网络计划工期并指出关键线路。

3．由于发包人的原因，工作 E 比原计划延长 5d，工作 G 比原计划延长 2d。由于承包商原因，工作 K 比原计划延长 10d，该施工机械共闲置多少天？

4．承包商可要求业主给予该施工机械闲置补偿多少元？

【案例 5】

背景资料：

某水库枢纽工程主要由大坝及泄水闸等组成。大坝为壤土均质坝，最大坝高 15.5m，坝长 1135m。该大坝施工承包人根据设计要求就近选择某一料场，该料场土料黏粒含量较高，含水量适中。

在施工过程中，料场土料含水量因降雨等原因发生变化，比施工最优含水量偏高，承包人及时采取了一些措施，使其满足上坝要求。

坝面作业共安排了 A、B、C 三个工作班组进行填筑碾压施工。在统计一个分部工程质量检测结果中，发现在 90 个检测点中，有 25 个点不合格。其中检测 A 班组 30 个点，有 5 个不合格点；检测 B 班组 30 个点，有 13 个不合格点；检测 C 班组 30 个点，有 7 个不合格点。

问题：

1．在羊足碾、振动平碾、气胎碾、夯板、振动羊足碾等机械中，最适合用于本工程土坝填筑作业的压实机械有哪些？

2．该土坝填筑压实标准用什么指标控制？填筑压实参数主要包括哪些？

3．料场含水量偏高，为满足上坝要求，可采取哪些措施？

4．根据质量检测统计结果，试采用分层法分析，判断哪个班组施工质量对土坝总体质量水平影响最大？

【案例 6】

背景资料：

某项目法人主持建设的大型水利枢纽工程由电站、溢洪道和土坝组成。主坝为均质土坝，上游设干砌石护坡，下游设草皮护坡和堆石排水体，坝顶设碎石路，工程实施过程中发生下述事件：

事件 1：项目法人委托该工程质量监督机构对于大坝填筑按《水电水利基本建设工程单元工程质量等级评定标准》规定的检验数量进行质量检查。质量监督机构受项目法人委托，承担了该工程质量检测任务。

事件 2：土坝施工单位将坝体碾压分包给具有良好碾压设备和经验的乙公司承担。合同文件中规定单元工程的划分标准是：以 40m 坝长、20cm 铺料厚度为单元工程的计算单位，铺料为一个单元工程，碾压为另一个单元工程。

事件 3：本工程监理单位给施工单位的"监理通知"如下：经你单位申请并提出设计变更，我单位复核同意将坝下游排水体改为浆砌石，边坡由 13∶2.5 改为 13∶2。

事件 4：土坝单位工程完工验收结论为：本单位工程划分为 30 个分部工程，其中质量合格 12 个，质量优良 18 个，优良率为 60%，主要分部工程（坝顶碎石路）质量优良，且施工中未发生重大质量事故；中间产品质量全部合格，其中混凝土拌合物质量达到优良；原材料质量、金属结构及启闭机制造质量合格；外观质量得分率为 83%。所以，本单位工程质量评定为优良。

事件 5：该工程项目单元工程质量评定表由监理单位填写，土坝单位工程完工验收由施工单位主持。工程截流验收及工程截流阶段移民安置验收由项目法人主持。

问题：

1．判断事件 1 中是否存在不合理问题？并说明理由。

2．判断事件 2 中是否存在不合理问题？并说明理由。

3．判断事件 3"监理通知"中是否存在不合理问题？并说明理由。

4．依据水利工程验收和质量评定的有关规定，判断事件 4 中验收结论存在的问题。

5．根据水利工程验收和质量评定的有关规定，指出事件 5 中存在的不妥之处并改正。

【案例 7】

背景资料：

某高土石坝坝体施工项目，项目法人与施工总承包单位签订了施工总承包合同，并委托了工程监理单位实施监理。

施工总承包完成桩基工程后，将深基坑支护工程的设计委托给了专业设计单位，并自行决定将基坑的支护和土方开挖工程分包给了一家专业分包单位施工。专业设计单位根据业主提供的勘察报告完成了基坑支护设计后，即将设计文件直接给了专业分包单位；专业分包单位在收到设计文件后编制了基坑支护工程和降水工程专项施工组织方案，施工组织方案经施工总承包单位项目经理签字后即由专业分包单位组织了施工。

专业分包单位在施工过程中，由负责质量管理工作的施工人员兼任现场安全生产监督工作。土方开挖到接近基坑设计标高时，总监理工程师发现基坑四周地表出现裂缝，即向施工总承包单位发出书面通知，要求停止施工，并要求现场施工人员立即撤离，查明原因后再恢复施工，但总承包单位认为地表裂缝属正常现象没有予以理睬。不久基坑发生严重坍塌，并造成 4 名施工人员被掩埋，其中 3 人死亡，1 人重伤。

事故发生后，专业分包单位立即向有关应急管理部门上报了事故情况。经事故调查组调查，造成坍塌事故的主要原因是地质勘察资料中未标明地下存在古河道，基坑支护设计中未能考虑这一因素。事故中直接经济损失 80 万元，于是专业分包单位要求设计单位赔偿事故损失的 80 万元。

问题：

1．请指出上述整个事件中有哪些做法不妥？并写出正确的做法。

2．根据《水利工程建设安全生产管理规定》，施工单位应对哪些达到一定规模的危险性较大的工程编制专项施工方案？

3．本事故可定为哪种等级的事故？

4．这起事故的主要责任单位是谁？并说明理由。

【案例 8】

背景资料：

某水库溢洪道加固工程，其控制段现状为：底板顶高程 30.0m，闸墩顶面高程 42.0m，墩顶以上为现浇混凝土排架、启闭机房及公路桥。加固方案为：底板顶面增浇 20cm 混凝土，闸墩外包 15cm 混凝土，拆除重建排架、启闭机房及公路桥。其中现浇钢筋混凝土排架采用爆破拆除方案。

施工单位在存放炸药点设置"禁止烟火"、在混凝土排架上设置"当心坠落"、在施工区入口处设置"必须戴安全帽"、在安全疏散通道设置"安全通道"、在灭火设备摆放位置设置"灭火设备"等安全标志。

施工过程中，针对闸墩新浇薄壁混凝土的特点，施工单位拟采用如下温控措施：

（1）通过采用高效减水剂以减少水泥用量。

（2）采用低发热量的水泥。

（3）采取薄层浇筑方法增加散热面。

（4）预埋水管通水冷却。

问题：

1．指出本工程施工中可能发生的主要伤害事故的种类，并列举相关作业。

2．分别指出上述安全标志的类型和使用的安全色。

3．指出施工单位采取的温控措施中哪些不适用本工程？

【案例 9】

背景资料：

在某水利工程施工工地，施工单位根据施工需要建设一座四层砖混建筑物作为临时办公用房。第一层楼的一端是车间，另一端为原材料库房，库房内存放了木材、海绵和油漆等物品。车间与原材料库房用铁栅栏和木板隔离。搭在铁栅栏上的电线没有采用绝缘管穿管绝缘，原材料库房电闸的保险丝用两根铁丝替代。第二层楼是包装、检验车间及办公室。第三层楼为成品库。第四层楼为职工宿舍。由于原材料库房电线短路产生火花引燃库房内的易燃物，发生了火灾爆炸事故，导致 17 人死亡，20 人受伤，直接经济损失 80 多万元。

问题：

1．指出该临时办公用房在使用中的不妥之处。

2．依据安全生产有关规定，施工单位负责人在接到事故报告后，应当做什么？不得做什么？

3．事故调查组应由哪些部门组成？调查组的主要职责是什么？

4．事故调查的基本程序是什么？

【案例 10】

背景资料：

某大型水电站工地，施工单位在重力坝浇筑过程中，管理人员只在作业现场的危险区悬挂了警示牌，夜间施工时，不幸发生了高空坠落导致死亡 3 人的事故。当工程某隐蔽部位的一道工序施工结束，在未通知监理人员到场检验的情况下，为赶施工进度，项目经理就紧接着指挥完成下道工序的浇筑。工程建设期间，还时常发生当地群众到建设管理单位及施工工地聚集阻挠施工事件。

问题：

1．根据《水利建设工程文明工地创建管理办法》的规定，文明工地创建标准包括哪些方面的主要内容？

2．按照《水利部关于水利安全生产标准化达标动态管理的实施意见》（水监督〔2021〕143 号），该施工单位在安全生产标准化等级证书有效期内，发生上述事故一次记多少分？安全生产标准化方面面临什么处罚？

3．施工单位在完成隐蔽工程后，在未通知监理人员到场检查的情况下，能否将隐蔽部位进行覆盖并进行下一道工序的施工？为什么？

4. 该工地能否被评为文明建设工地？为什么？

5. 群众到施工现场阻挠施工时，施工单位应向哪个单位或部门寻求解决？

【案例 11】

背景资料：

某施工单位分别在某省会城市远郊和城区承接了两个标段的堤防工程施工项目，其中防渗墙采用钢板桩技术进行施工。施工安排均为夜间插打钢板桩，白天进行钢板桩防渗墙顶部的混凝土圈梁浇筑、铺土工膜、植草皮等施工。施工期间由多台重型运输车辆将施工材料及钢板桩运抵作业现场，临时散乱进行堆放。由于工程任务量大，施工工期紧，施工单位调度大量运输车辆频繁来往于城郊之间，并且土料运输均出现超载，同时又正值酷暑季节，气候干燥，因此，运输过程中产生大量泥土和灰尘。

问题：

1. 按绿色施工要求，钢板桩施工需要做好什么控制？

2. 远郊施工环境布置应重点注意哪些方面？

3. 城区施工环境布置应如何考虑？

4. 分析本案例施工期间环境保护存在的主要问题。如何改进？

【案例 12】

背景资料：

某堤防工程项目法人与承包商签订了工程施工承包合同。合同中估算工程量为 5300m³，单价为 180 元 /m³，合同工期为 6 个月。有关付款条款如下：

（1）开工前业主应向承包商支付估算合同总价 20% 的工程预付款。

（2）业主自第 1 个月起，从承包商的工程款中，按 3% 的比例扣留质量保证金。

（3）当累计实际完成工程量超过（或低于）估算工程量的 10% 时，可进行调价，调价系数为 0.9（或 1.1）。

（4）每月签发付款最低金额为 15 万元。

（5）工程预付款从乙方获得累计工程款超过估算合同价的 30% 以后的下 1 个月起，至第 5 个月均匀扣除。

承包商每月实际完成并经签证确认的工程量见表 13-1。

表 13-1　承包商每月实际完成并经签证确认的工程量

月份	1	2	3	4	5	6
完成工程量（m³）	800	1000	1200	1200	1200	500
累计完成工程量（m³）	800	1800	3000	4200	5400	5900

问题：

1. 估算合同总价为多少？

2. 工程预付款为多少？工程预付款从哪个月起扣留？每月应扣工程预付款为多少？

3. 每月工程量价款为多少？应签证的工程款为多少？应签发的付款凭证金额为多少？

【案例 13】

背景资料：

某工程合同价为 1500 万元，分两个区段，有关情况见表 13-2。

保留金在竣工验收和缺陷责任期满后分两次支付，各 50%；误期损害赔偿费限额为合同价的 5%，缺陷责任期为 1 年。

表 13-2　某工程相关情况

区段	工程价（万元）	合同规定完工日期	实际竣工日期（已在移交证书上写明）	索赔允许延长工期（d）	签发移交证书日期	扣保留金总额（万元）	缺陷责任期内业主已动用保留金赔偿（万元）	误期赔偿费率
I	1000	2017-3-1	2017-3-1	0	2017-3-10	50	15	3‰
II	500	2017-8-31	2017-10-10	10	2017-10-15	25	0	2‰
合计	1500	2017-8-31	2017-10-10	10		75	15	

问题：

1. 该工程误期赔偿费为多少？
2. 所扣保留金应何时退还？应给承包商退还多少？

【案例 14】

背景资料：

某水利工程项目法人与承包商签订了工程施工合同，合同中含两个子项工程，估算工程量甲项为 2300m³，乙项为 3200m³，经协商，合同单价甲项为 180 元 /m³，乙项为 160 元 /m³。承包合同约定：

（1）开工前项目法人应向承包商支付合同价 20% 的预付款。

（2）业主自第 1 个月起，从承包商的工程款中按 3% 的比例扣留质量保证金（不考虑价格调整系数）。

（3）当子项工程实际工程量超过估算工程量 10% 时，可对合同单价进行调价，调整系数为 0.9。

（4）根据市场情况规定价格调整系数平均按 1.2 计算。

（5）监理工程师签发月度付款最低金额为 25 万元。

（6）预付款在最后两个月扣除，每月扣 50%。

承包商每月实际完成并经监理工程师签证确认的工程量见表 13-3。

表 13-3　承包商每月实际完成并经监理工程师签证确认的工程量（单位：m³）

月份	1	2	3	4
甲项	500	800	800	600
乙项	700	900	900	600

问题：

1. 预付款是多少？

2. 各月工程量价款是多少？监理工程师应签证的工程款是多少？实际签发的付款凭证金额是多少？

【案例 15】

背景资料：

某水利水电施工企业承包商与项目法人签订了一份堤防工程施工合同，合同约定工期为 68d，工期每提前 1d 奖励 2000 元，每延期 1d 罚款 3000 元。承包商提交的施工网络进度计划如图 13-4 所示，该计划得到业主代表的认可。

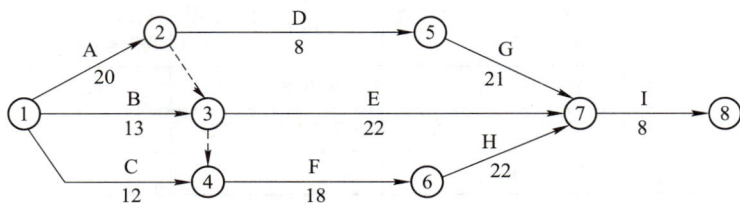

图 13-4　施工网络进度计划

在实际施工过程中发生了如下几项事件：

事件 1：项目法人未能按时提供出全部施工场地，使 A、B 两项工作的作业时间分别延长了 3d 和 2d，造成这两项工作分别窝工 8 个工日和 10 个工日。工作 C 未受影响。

事件 2：在工作 D 施工时，主要施工设备出现故障，停工检修 2d，造成窝工 20 个工日。

事件 3：在工作 E 施工时，由于项目法人提供的某种材料不合格，造成拆除用工 30 个工日，机械设备闲置 3 个台班，台班单价为 300 元，材料费损失 2 万元，因拆除重新施工使作业时间延长 3d。

事件 4：在工作 F 施工时，因设计变更，造成施工时间增加 2d，多用人工 15 个工日，增加其他费用 1 万元。

问题：

1. 在上述事件中，承包商可就哪些事件提出工期补偿和费用补偿要求？理由是什么？

2. 该工程的实际施工天数为多少天？可得到的工期补偿为多少天？工期奖罚天数为多少天？

3. 当地人工日工资单价为 35 元／工日，窝工人工费补偿标准为 20 元／工日。若不计施工管理费、利润等补偿，在该工程中，承包商可得到多少经济补偿？

【案例 16】

背景资料：

某堤防工程，发包人与承包人依据《水利水电工程标准施工招标文件》（2009 年版）签订了施工承包合同，合同中的项目包括土方填筑和砌石护坡，其中土方填筑 200 万 m^3，单价为 10 元 /m³；砌石 10 万 m³，单价为 40 元 /m³。

1）合同中的有关情况为：

（1）合同开工日期为 9 月 20 日。

（2）工程量清单中单项工程量的变化超过 20% 按变更处理。

（3）发包人指定的采石场距工程现场 10km，开采条件可满足正常施工强度 500m³/d 的需要。

（4）工程施工计划为先填筑，填筑全部完成后再进行砌石施工。

（5）合同约定每年 10 月 1—3 日为休息日，承包人不得安排施工。

2）在合同执行过程中：

（1）在土方施工中，由于以下原因引起停工：

事件 1：合同规定发包人移交施工场地的时间为当年 10 月 3 日，由于发包人原因，实际移交时间延误到 10 月 8 日晚。

事件 2：10 月 6—15 日因不可抗力事件，工程全部暂停施工。

事件 3：10 月 28 日—11 月 2 日，承包人的施工设备发生故障，主体施工发生施工暂停。承包人设备停产一天的损失为 1 万元，人工费需 8000 元。

（2）土方填筑实际完成 300 万 m³，经合同双方协商，对超过合同规定百分比的工程量，单价增加了 3 元 /m³；土方填筑工程量的增加未延长填筑作业天数。

（3）工程施工中，承包人在发包人指定的采石场地开采了砌石 5 万 m³ 后，该采石场再无石材可采。监理人指示承包人自行寻找采石场。

承包人另寻采石场发生合理费用支出 5000 元。新采石场距工程现场 30km，石料运输运距每增加 1km，运费增加 1 元 /m³。采石场变更后，由于运距增加，运输能力有限，每天只能运输 400m³，监理人同意延长工期。采石场变更后，造成施工设备利用率不足并延长工作天数，合同双方协商从使用新料场开始，按照 2000 元 /d 补偿承包人的损失。

（4）工程延期中，承包人管理费、保险费、保函费等损失为 5000 元 /d。

问题：

1. 试分析确定承包人应获准的工程延期天数。

2. 试分析确定承包人应获批准的由于变更引起的费用赔偿金额。

[案例 17]

背景资料：

某泵站工程，项目法人与总承包商、监理单位分别签订了施工合同、监理合同。总承包商经项目法人同意将土方开挖、设备安装与防渗工程分别分包给专业性公司，并签订了分包合同。施工合同中说明：

建设工期 278d，2004 年 9 月 1 日开工，工程造价 4357 万元。合同约定结算方法：合同价款调整范围为项目法人认定的工程量增减、设计变更和洽商；安装配件、防渗工程的材料费调整依据为本地区工程造价管理部门公布的价格调整文件。

实施过程中，发生如下事件：

事件 1：总承包商于 8 月 25 日进场，进行开工前的准备工作。原定 9 月 1 日开工，因项目法人办理伐树手续而延误至 6 日才开工，总承包商要求工期顺延 5d。

事件 2：土方公司在基础开挖中遇有地下文物，采取了必要的保护措施。为此，总承包商请土方公司向项目法人要求索赔。

事件 3：在基础回填过程中，总承包商已按规定取土样，试验合格。监理工程师对填土质量表示异议，责成总承包商再次取样复验，结果合格。总承包商要求监理单位支付试验费。

事件 4：总承包商对混凝土搅拌设备的加水计量器进行改进研究，在本公司试验室内进行试验，改进成功用于本工程，总承包商要求此项试验费由业主支付。

事件 5：结构施工期间，总承包商经总监理工程师同意更换了原项目经理，组织管理一度失调，导致封顶时间延误 8d。总承包商以总监理工程师同意为由，要求给予适当工期补偿。

事件 6：监理工程师检查防渗工程，发现止水带安装不符合要求，记录并要求防渗公司整改。防渗公司整改后向监理工程师进行了口头汇报，监理工程师即签证认可。事后发现仍有部分有误，需进行返工。

事件 7：在做基础处理时，经中间检查发现施工不符合设计要求，防渗公司也自认为难以达到合同规定的质量要求，就向监理工程师提出终止合同的书面申请。

事件 8：在进行结算时，总承包商根据已标价的工程量清单，要求安装配件费用按发票价计取，项目法人认为应按合同条件的约定计取，为此发生争议。

问题：

1. 在事件 1 中，总承包商的要求是否成立？理由是什么？

2. 在事件 2 中，总承包商的做法是否正确？理由是什么？

3. 在事件 3 中，总承包商的要求是否合理？理由是什么？

4. 在事件 4 中，监理工程师是否应批准总承包商的支付申请？理由什么？

5. 在事件 5 中，总承包商是否可以得到工期补偿？理由是什么？

6. 在事件 6 中，返修的经济损失由谁承担？理由是什么？监理工程师有什么不妥之处？

7. 在事件 7 中，监理工程师应如何协调处理？

8. 在事件 8 中，哪种意见正确？理由是什么？

【案例 18】

背景资料：

某项目法人投资一建设工程项目，通过招标选择了一家施工单位，并与之签订了合同。合同约定，在施工过程中，若由于项目法人原因造成窝工，则机械的停工费用和人工窝工费按台班费和工日费的 40% 结算支付。该工程施工网络进度计划如图 13-5 所示。

在计划执行过程中，出现了如下事件：

事件 1：因项目法人不能及时提供材料使 E 工作延误 2d，G 工作延误 1d，H 工作延误 2d。

事件 2：因机械故障检修使 E 工作延误 1d，G 工作延误 1d。

事件 3：因项目法人变更设计，使 F 工作延误 2d。

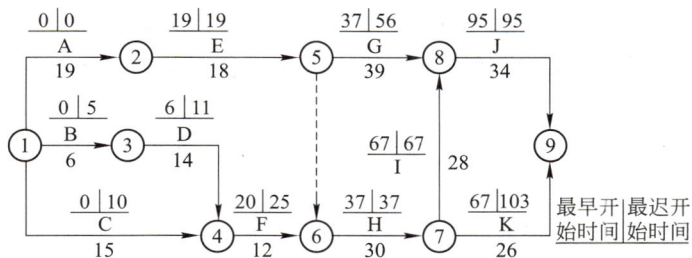

图 13-5　施工网络进度计划

事件4：因电网停电，使F工作延误0.5d，I工作延误0.5d。以上事件对同一工作延误时间不在同一时间段内。

为此施工单位及时向监理工程师提交了一份索赔报告，并附有关资料和证据。主要索赔要求如下：

（1）工期：E停工3d，F停工2.5d，G停工2d，H停工2d，I停工0.5d，要求总计顺延工期10d。

（2）费用：

① 机械设备台班费

E工作吊车：（2＋1）×1200＝3600元

F工作搅拌机：（2＋0.5）×300＝750元

G工作小机械：（1＋1）×300＝600元

H工作搅拌机：2×300＝600元

合计要求补偿机械台班费损失5550元（经监理工程师审核，上述机械台班费单价合理）。

② 人工费

E工作：3×15×40＝1800元

F工作：2.5×18×40＝1800元

G工作：2×8×40＝640元

H工作：2×18×40＝1440元

I工作：0.5×10×40＝200元

合计要求补偿人工费损失5880元（经监理工程师审核，上述人工单价和人工数量合理）。

问题：

1．工期索赔是否合理？为什么？

2．机械台班费索赔是否合理？为什么？

3．人工费索赔是否合理？为什么？

【案例19】

背景资料：

某水闸工程施工招标投标及合同管理过程中，发生如下事件：

事件1：该工程可行性研究报告批准后立即进行施工招标。

事件 2：施工单位的投标文件所载工期超过招标文件规定的工期，评标委员会向其发出了要求补正的通知，施工单位按时递交了答复，修改了工期计划，满足了要求。评标委员会认可工期修改。

事件 3：招标人在合同谈判时，要求施工单位提高混凝土强度等级，但不调整单价，否则不签合同。

事件 4：合同约定，发包人的义务和责任有：

（1）提供施工用地。

（2）执行监理单位指示。

（3）保证工程施工人员安全。

（4）避免施工对公众利益的损害。

（5）提供测量基准。

承包人的义务和责任有：

（1）垫资 100 万元。

（2）为监理人提供工作和生活条件。

（3）组织工程验收。

（4）提交施工组织设计。

（5）为其他人提供施工方便。

事件 5：合同部分条款如下：

（1）计划施工工期 3 个月，自合同签订次月起算。合同工程量及单价见表 13-4。

表 13-4　合同工程量及单价

项目	土方工程	混凝土工程	砌石工程	临时工程
工程量	10 万 m³	0.8 万 m³	0.2 万 m³	2 项
综合单价	10 元 /m³	400 元 /m³	200 元 /m³	40 万元
开工及完工时间	第 1 月	第 3 月	第 2 月	第 1 月

（2）合同签订当月生效，发包人向承包人一次性支付合同总价的 10%，作为工程预付款，施工期最后 2 个月等额扣回。

（3）质量保证金为合同总价的 3%，在施工期内，按每月工程进度款 3% 的比例扣留。保修期满后退还，保修期 1 年。

问题：

1. 根据水利水电工程招标投标有关规定，事件 1、事件 2、事件 3 的处理方式或要求是否合理？逐一说明理由。

2. 根据《水利水电工程标准施工招标文件》（2009 年版），分别指出事件 4 中有关发包人和承包人的义务和责任中的不妥之处。

3. 按事件 5 所给的条件，合同金额为多少？发包人应支付的工程预付款为多少？应扣留的质量保证金总额为多少？

4. 按事件 5 所给的条件，若施工单位按期完成各项工程，计算施工单位工期最后 1 个月的工程进度款、保留金扣留、工程预付款扣回、应收款。

【案例 20】

背景资料：

某省一重点水利工程项目，计划于 2004 年 12 月 28 日开工，由于坝肩施工标段工程复杂，技术难度高，一般施工队伍难以胜任，项目法人（招标人，下同）自行决定采取邀请招标方式。于 2004 年 9 月 8 日向通过资格预审的 A、B、C、D、E 五家施工承包企业发出了投标邀请书。该五家企业均接受了邀请，并于规定时间 9 月 20—22 日购买了招标文件。招标文件中规定，10 月 18 日下午 4 时是招标文件规定的投标截止时间，11 月 10 日发出中标通知书。

在投标截止时间之前，A、B、D、E 四家企业提交了投标文件，但 C 企业于 10 月 18 日下午 5 时才送达，原因是中途堵车；10 月 21 日下午由当地招标投标监督管理办公室主持进行了公开开标。

评标委员会成员共由 7 人组成，其中当地招标投标监督管理办公室 1 人，公证处 1 人，招标人 1 人，技术经济方面专家 4 人。评标时发现，E 企业投标文件虽无法定代表人签字和委托人授权书，但投标文件均已有项目经理签字并加盖了公章。评标委员会于 10 月 28 日提出了评标报告。B、A 企业分别为综合得分第一名、第二名。由于 B 企业投标报价高于 A 企业，11 月 10 日招标人向 A 企业发出了中标通知书，并于 12 月 12 日签订了书面合同。

问题：

1．项目法人自行决定采取邀请招标方式的做法是否妥当？说明理由。

2．招标人对 C 企业和 E 企业投标文件应当如何处理？说明理由。

3．指出开标工作的不妥之处，说明理由。

4．指出评标委员会成员组成的不妥之处，说明理由。

5．招标人确定 A 企业为中标人是否违规？说明理由。

6．合同签订的日期是否违规？说明理由。

【案例 21】

背景资料：

经批准后，Y 省水利厅作为项目法人对某大型水利水电工程土建标采用公开招标的方式招标，该项目属于中央投资的公益性水利工程。招标人于 2006 年 5 月 2—11 日发布招标公告，公告规定投标人须具有水利水电工程施工总承包一级资质，采用资格后审。5 月 12—16 日出售招标文件，招标文件规定 5 月 30 日为投标截止时间（相关日历如图 13-6 所示）。截至 5 月 16 日，共有 6 家投标单位购买了招标文件，且该 6 家单位（分别为 A、B、C、D、E、F）均在招标文件规定的时间内提交了投标文件，其中 F 投标单位为甲单位（水利水电施工总承包一级资质）与乙单位（水利水电施工总承包二级资质）的联合体。投标单位 A 在提交投标文件后发现其报价估算有较严重的失误，遂赶在投标截止时间前 15min，递交了一份书面声明，要求撤回已提交的投标文件。

开标时，由招标人委托的市公证处人员检查投标文件的密封情况，确认无误后，由工作人员当众拆封。由于投标单位 A 已撤回投标文件，故招标人宣布有 B、C、

D、E、F 5 家投标单位投标，并宣读该 5 家投标单位的投标价格、工期和其他主要内容。

2006 年 5 月						
日	一	二	三	四	五	六
	1	2	3	4	5	6
7	8	9	10	11	12	13
14	15	16	17	18	19	20
21	22	23	24	25	26	27
28	29	30	31			

2006 年 6 月						
日	一	二	三	四	五	六
				1	2	3
4	5	6	7	8	9	10
11	12	13	14	15	16	17
18	19	20	21	22	23	24
25	26	27	28	29	30	

图 13-6 相关日历

评标委员会委员由招标人代表和其他技术经济专家组成，共 9 人，其中招标人代表 4 人，从 Y 省水利厅组建的评标专家库随机抽取专家 5 名，其专业分布为：工程建设管理 1 人、金属结构 1 人、造价 2 人、水工 1 人。

在评标过程中，评标委员会要求 B、D 两投标人分别对其施工方案作详细说明，并对若干技术要点和难点提出问题，要求其提出具体、可靠的实施措施。评标委员会的招标人代表希望投标单位 B 再适当考虑一下降低报价的可能性，并由评标委员会发出问题澄清通知。

按照招标文件中确定的综合评标标准，5 个投标人综合得分从高到低的顺序为 B、D、F、C、E，故评标委员会确定投标单位 B 为中标人。由于投标单位 B 为外地企业，招标人于 6 月 10 日将中标通知书以挂号方式寄出，投标单位 B 于 6 月 14 日收到中标通知书。

由于从报价情况来看，5 个投标人的报价从低到高的顺序依次为 D、C、B、E、F，因此，6 月 16—21 日招标人又与投标单位 B 就合同价格进行了多次谈判，结果投标单位 B 将价格降到略低于投标单位 C 的报价水平，最终双方于 7 月 12 日签订了书面合同。合同签订后，招标人向 A、C、D、E、F 5 家投标单位发去了中标结果通知书。

问题：

从所介绍的背景资料来看，判断在该项目的招标投标程序中哪些方面不符合招标投标的有关规定，并说明理由。

【案例 22】

背景资料：

某寒冷地区大型水闸工程共 18 孔，每孔净宽 10.0m，其中闸室为两孔一联，每联底板顺水流方向长与垂直水流方向宽均为 22.7m，底板厚 1.8m。交通桥采用预制"T"形梁板结构；检修桥为现浇板式结构，板厚 0.35m。各部位混凝土设计强度等级分别为：闸底板、闸墩、检修桥为 C25，交通桥为 C30；混凝土设计抗冻等级除闸墩为 F150 外，其余均为 F100。施工中发生以下事件：

事件 1：为提高混凝土抗冻性能，施工单位严格控制施工质量，采取对混凝土加强振捣与养护等措施。

事件2：为有效防止混凝土底板出现温度裂缝，施工单位采取减少混凝土发热量等温度控制措施。

事件3：施工中，施工单位组织有关人员对11号闸墩出现的蜂窝、麻面等质量缺陷在工程质量缺陷备案表上进行填写，并报监理单位备案，作为工程竣工验收备查资料。工程质量缺陷备案表填写内容包括质量缺陷产生的部位、原因等。

事件4：为做好分部工程验收评定工作，施工单位对闸室段分部混凝土试件抗压强度进行了统计分析，其中C25混凝土取样55组，最小强度为23.5MPa，强度保证率为96%，离差系数为0.16。分部工程完成后，施工单位向项目法人提交了分部工程验收申请报告，项目法人根据工程完成情况同意进行验收。

问题：

1．检修桥模板设计强度计算时，除模板和支架自重外还应考虑哪些基本荷载？该部位模板安装时起拱值的控制标准是多少？拆除时对混凝土强度有什么要求？

2．除事件1中给出的措施外，提高混凝土抗冻性还有哪些主要措施？除事件2中给出的措施外，底板混凝土浇筑还有哪些主要温度控制措施？

3．指出事件3中质量缺陷备案做法的不妥之处，并加以改正；工程质量缺陷备案表除给出的填写内容外，还应填写哪些内容？

4．根据事件4中混凝土强度统计结果，确定闸室段分部C25混凝土试件抗压强度质量等级，并说明理由。该分部工程验收应具备的条件有哪些？

【案例23】

背景资料：

某项目部组织一土坝工程施工任务。为加快施工进度，该项目部按坝面作业的铺料、整平和压实三个主要工序组建专业施工队施工，并将该坝面分为三个施工段，按施工段1、施工段2、施工段3顺序组织流水作业。已知各专业施工队在各施工段上的工作持续时间见表13-5。

表13-5　各专业施工队在各施工段上的工作持续时间

工作队	施工段1	施工段2	施工段3
铺料	3d	2d	4d
整平	1d	1d	2d
压实	2d	1d	2d

为编制工程施工进度计划，施工技术人员开展了设计资料和施工条件分析研究、选择质量检验方法、计算工程量和工作持续时间、选择施工方法并确定施工顺序等主要工作。

问题：

1．根据施工技术人员开展的主要工作，提出编制工程施工进度计划的主要步骤。

2．指出坝面流水作业中的工艺逻辑关系和组织逻辑关系。

3．根据工作的逻辑关系绘制该项目进度计划的双代号网络图。

4. 根据网络图和本案例给出的各项工作的持续时间确定其计算工期和关键线路。

5. 在"施工段2"整平时突降暴雨，造成工期延误7d，试分析其对施工工期的影响程度。

【案例24】

背景资料：

施工单位承包某工程的施工，与业主签订的承包合同约定：

（1）工程合同价2000万元；若遇合同约定可以调整的费用或材料价格变动时，工程价款采用价格调整公式动态结算。

（2）工程质量保证金按照工程款的3%预留。

（3）该工程的人工费占工程价款的35%，可以调整价格的材料中，水泥占23%，钢材占12%，石料占8%，砂料占7%。其余不调价的费用等占15%。

（4）开工前项目法人向施工单位支付合同价20%的工程预付款，当工程进度款到合同价的60%时，开始从超过部分的工程结算款中按60%抵扣工程预付款，竣工前全部扣清。

（5）工程进度款逐月结算。

问题：

1. 竣工结算的程序是什么？

2. 工程预付款和起扣点是多少？

3. 当工程完成合同工程量的70%后，遇上物价变动，导致水泥、钢材涨价，其中，水泥价格增长20%，钢材价格增长15%，试问承包商可索赔价款多少？合同实际价款为多少？

4. 完工结算时，工程结算款应为多少？

【案例25】

背景资料：

某平原区拦河闸工程，设计流量850m³/s，校核流量1020m³/s，闸室结构如图13-7所示。本工程施工采用全段围堰法导流，上、下游围堰为均质土围堰，基坑采用轻型井点降水。闸室地基为含少量砾石的黏土，自然湿密度为1820～1900kg/m³，基坑开挖时，施工单位采用反铲挖掘机配自卸汽车将闸室地基挖至建基面高程10.0m，弃土运距约1km。

工作桥夜间施工过程中，2名施工作业人员不慎坠落，其中1人死亡，1人重伤。

问题：

1. 说明该拦河闸工程的等别及闸室和围堰的级别。指出图13-7中结构物1和结构物2的名称。

2. 依据土的开挖方法和难易程度，土共分为几类？按照所给自然湿密度值，判断本工程闸室地基土属于其中哪一类？

3. 背景资料中，施工单位选用的土方开挖机具和开挖方法是否合适？简要说明理由。

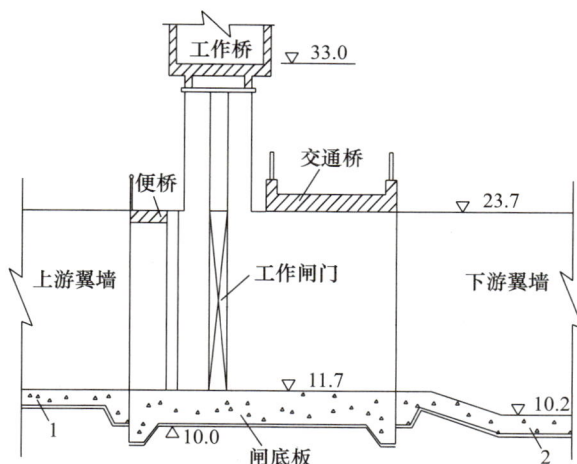

图 13-7 闸室结构

4. 根据《水利部生产安全事故应急预案》，水利工程建设生产安全事故共分为几级？本工程背景中的事故等级属于哪一级？根据 2 名工人的作业高度和环境说明其高处作业的级别和种类。

【案例 26】

背景资料：

某泵站工程，项目法人（发包人，下同）与总承包商、监理单位分别签订了施工合同、监理合同。总承包商经业主同意将土方开挖、设备安装与防渗工程分别分包给专业性公司，并签订了分包合同。

施工过程中发生如下事件：

事件 1：总承包商于 2002 年 8 月 25 日进场，进行开工前的准备工作。合同约定泵站工程 2002 年 9 月 1 日开工，因项目法人办理伐树手续而延误至 2002 年 9 月 6 日才开工。总承包商据此提出索赔。

事件 2：土方公司在基础开挖中遇有地下文物，采取了必要的保护措施。为此，总承包商请土方公司直接向项目法人提出索赔。

事件 3：在基础回填过程中，总承包商已按规定取土样，试验合格。监理工程师对回填质量表示异议，责成总承包商再次取样复验，结果合格。总承包商要求监理单位支付试验费。

事件 4：总承包商对混凝土搅拌设备的加水计量器进行改进研究，在本公司试验室内进行实验，改进成功用于本工程，总包单位要求此项试验费由项目法人支付。

事件 5：监理工程师检查防渗工程，发现止水安装不符合要求，记录并要求防渗公司整改。防渗公司整改后向监理工程师进行了口头汇报，监理工程师即签证认可。事后发现仍有个别部位达不到合格标准，需进行返工。

问题：

1. 事件 1 中，总承包商可提出哪些索赔要求？简要说明理由。

2. 指出事件 2、事件 3 中的不妥之处，并提出正确做法。

3．事件 4 中，总包单位的要求是否合理？为什么？

4．指出事件 5 中的不妥之处并改正。返修的经济损失由谁承担？

【案例 27】

背景资料：

某水闸工程建筑在砂质壤土地基上，水闸每孔净宽 8m，共 3 孔，采用平板闸门，闸门采用一台门式启闭机启闭，闸墩厚度为 2m，因闸室的总宽度较小，故不分缝。闸底板的总宽度为 30m，净宽为 24m，底板顺水流方向长度为 20m。

施工中发现由于平板闸门主轨、侧轨安装出现严重偏差，造成了质量事故。事故发生后，项目法人向省水利厅提出了书面事故报告。报告包括以下内容：工程名称、建设地点、工期以及负责人联系电话；事故发生的时间、地点、工程部位以及相应参建单位；事故报告单位、负责人以及联系方式等。

问题：

1．根据水利部有关规定，质量事故处理的基本原则是什么？事故处理方案如何实施？

2．根据水利部颁布的《水利工程质量事故处理暂行规定》，工程质量事故如何分类？分类的依据是什么？质量缺陷如何确定并实施什么制度？

3．事故报告除上述内容外，还应包括哪些内容？

4．简述平板闸门的安装工艺。

【案例 28】

背景资料：

某新建排涝泵站工程设计流量为 $16m^3/s$，共安装 4 台机组，单机配套功率 400kW。泵站采用正向进水方式布置于河堤背水侧，区域涝水由泵站抽排后通过压力水箱和穿堤涵洞排入河道，涵洞出口设防洪闸挡洪。河道汛期为每年的 6—9 月，堤防级别为 1 级。

本工程施工期 19 个月，为 2011 年 11 月—2013 年 5 月。施工中发生如下事件：

事件 1：第一个非汛期施工的主要工程内容有：（1）堤身土方开挖、回填；（2）泵室地基处理；（3）泵室混凝土浇筑；（4）涵身地基处理；（5）涵身混凝土浇筑；（6）泵房上部施工；（7）防洪闸施工；（8）进水闸施工。

事件 2：穿堤涵洞第五节涵身施工过程中，止水片（带）施工工序质量验收评定见表 13–6。

事件 3：2013 年 3 月 6 日，该泵站建筑工程通过了合同工程完工验收。项目法人计划于 2013 年 3 月 26 日前完成与运行管理单位的工程移交手续。

事件 4：档案验收前，施工单位负责编制竣工图。其中，总平面布置图（图 A）图面变更了 45%；涵洞出口段挡土墙（图 B）由原重力式变更为扶臂式；堤防混凝土预制块护坡（图 C）碎石垫层厚度由原设计的 10cm 变更为 15cm。

事件 5：2013 年 4 月，泵站全部工程完成。2013 年 5 月底，该工程竣工验收委员会对该泵站工程进行了竣工验收。

表13-6 止水片（带）施工工序质量验收评定

单位工程名称			—	工序编号	—
分部工程名称			涵洞工程	施工单位	—
单元工程名称、部位			第5单元	施工日期	—

项次		检验项目	质量标准	检查（测）记录	合格数	合格率
A	1	片（带）外观	表面平整，无乳皮、锈污、油渍、砂眼、钉孔、裂纹等	所有外露的止水片均表面平整，无乳皮、锈污、油渍、砂眼、钉孔、裂纹等	—	—
	2	基座	符合设计要求（按基础面要求验收合格）	6个点均符合设计要求	6	100%
	3	片（带）插入深度	符合设计要求	2个点均符合设计要求	2	100%
	4	沥青井柱	位置准确、牢固，上下层衔接好，电热元件及绝热材料埋设准确，沥青填塞密实	—	—	—
	5	接头	符合工艺要求	15个接头均符合工艺要求	15	100%
B	1	片（带）偏差 宽	允许偏差5mm	4.5、5.0、3.5、3.0、6.0	4	80%
		片（带）偏差 高	允许偏差2mm	1.0、2.0、1.5、−3.0、0.5	4	80%
		片（带）偏差 长	允许偏差20mm	15、17、10、30	3	75%
	2	搭接长度 金属止水片	≥20mm，双面焊接	15、20、23、25	3	75%
		搭接长度 橡胶、PVC止水带	≥100mm	85、95、100、105、105、110、120、115	6	75%
		搭接长度 金属止水片与PVC止水带接头栓接长度	≥350mm（螺栓栓接法）	—	—	—
	3	片（带）中心线与接缝中心线安装偏差	允许偏差5mm	3.0、3.5、4.0	3	100%

施工单位自评意见	A 检验结果 C 符合本标准的要求；B 逐项检验点合格率 D ，且不合格点不集中分布。工序质量等级评定为： E 年　　月　　日
监理单位复核意见	—

问题：

1. 从安全度汛角度考虑，指出事件1中汛前必须保证完成的工程项目。

2. 根据《水利水电工程单元工程施工质量验收评定标准 混凝土工程》SL 632—2012，指出表13-6中A、B、C、D、E所代表的名称或数据。

3. 根据《水利水电建设工程验收规程》SL 223—2008，指出并改正事件3中项目法人工作计划的不妥之处。

4. 根据水利部《水利工程建设项目档案管理规定》，分别指出事件4中图A、图B、图C三种情况下的竣工图编制要求。

5．根据《水利水电建设工程验收规程》SL 223—2008，指出并改正事件 5 中的不妥之处。

【案例 29】

背景资料：

某水电站工地，傍晚木工班班长带领全班人员在高程 350m 的混凝土施工工作面加班安装模板，并进行了安全教育。当时天色已暗，照明灯已损坏，安全员不在现场。工作期间，一木工身体状况不良，为接同伴递来的木方条，卸下安全带后，水平移动 2m，不幸从临空面直接坠落至地面，高度为 14.5m，经抢救无效死亡。

问题：

1．采取哪些措施可以防止伤亡事故的发生？指出本案例中高处作业的级别和种类。

2．该案例施工作业环境存在哪些安全隐患？工人可能存在的违章作业有哪些？

3．根据《水利水电工程施工安全管理导则》，为防止类似本安全事故的再次发生，施工单位亟需建立（或完善，或严格执行）的安全生产管理制度有哪些？

4．班组安全教育的主要内容有哪些？

【案例 30】

背景资料：

某新建水闸工程的部分工程经监理单位批准的施工进度计划如图13-8所示（单位：d）。

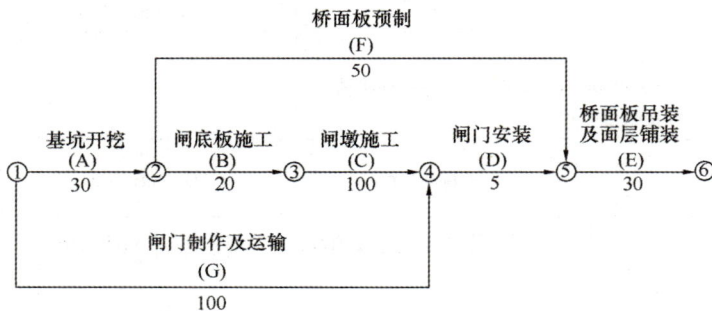

图13-8　施工进度计划图

合同约定：工期提前奖金标准为 20000 元 /d，逾期完工违约金标准为 20000 元 /d。

施工中发生如下事件：

事件 1：A 工作过程中发现局部地质条件与发包人提供的勘察报告不符，需进行处理，A 工作的实际工作时间为 34d。

事件 2：在 B 工作中，部分钢筋安装质量不合格，承包人按监理人要求进行返工处理，B 工作实际工作时间为 26d。

事件 3：在 C 工作中，承包人采取赶工措施，进度曲线如图 13-9 所示。

事件 4：由于发包人未能及时提供设计图纸，导致闸门在开工后第 153 天末才运抵现场。

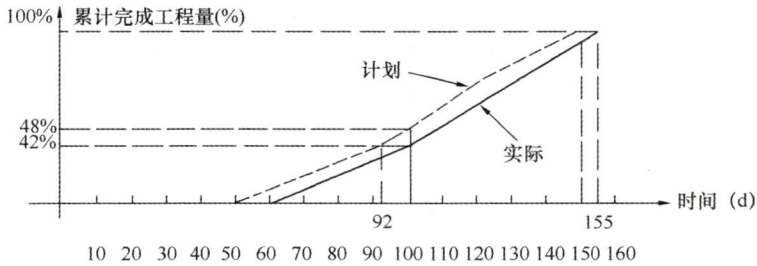

图 13-9　进度曲线

问题：

1. 计算计划总工期，指出关键线路（关键问题，消耗时间最多的线路是关键线路）。

2. 指出事件 1、事件 2、事件 4 的责任方，并分别分析对计划总工期有何影响。

3. 根据事件 3，指出 C 工作的实际工作持续时间。说明第 100 天末时 C 工作实际比计划提前（或拖延）的累计工程量。指出第 100 天末完成了多少天的赶工任务。

4. 综合上述事件，计算实际总工期和承包人可获得的工期补偿天数。计算施工单位因工期提前得到的奖金或因逾期支付的违约金金额。

【案例 31】

背景资料：

某水利工程项目概算 1 亿元，由政府投资建设。

招标人委托某招标代理公司代理施工招标。招标人对招标代理公司提出以下要求：为了避免潜在的投标人过多，项目招标公告仅在本市日报上发布，且采用邀请招标方式招标。招标文件规定：投标担保可采用投标保证金或投标保函方式担保，评标方法采用经评审的最低投标价法，投标有效期为 60d。

项目施工招标信息发布以后，共有 12 家潜在的投标人报名参加投标。招标人认为报名参加投标的人数太多，为减少评标工作量，要求招标代理公司先行对报名的潜在投标人资格条件进行审查，主要审查潜在投标人资质条件。

开标、评标后发现：

（1）投标人 A 的投标报价为 8000 万元。

（2）投标人 B 在开标后又提交了一份补充说明，提出可以降价 5%。

（3）投标人 C 投标文件的投标函盖有企业及企业法定代表人的印章，但没有加盖项目负责人的印章。

（4）投标人 D 与其他投标人组成了联合体投标，附有各方资质证书，但没有联合体共同投标协议书。

（5）投标人 E 的投标报价低于投标人 A 的报价约 3%，故投标人 E 在开标后第 2 天撤回了其投标文件。

经过对投标文件的评审，投标人 A 被确定为第一中标候选人，经评审的投标报价为 8000 万元。发出中标通知书后，招标人和投标人 A 进行合同谈判。招标人要求投标人 A 降价 3%，否则不予签订合同。

问题：

1．发包人对招标代理公司提出的要求是否正确？说明理由。

2．判断 A、B、C、D 投标人的投标文件是否有效？无效时，须说明理由。

3．招标人对投标人 E 撤回投标文件的行为应如何处理？

4．判断合同谈判中，招标人的要求是否合理？不合理时，须说明理由。该项目施工合同应在何时签订？签约合同价应是多少？

实务操作和案例分析题答案

【案例 1】答：

1．温控措施的实施阶段有：

（1）原材料温度控制（关键问题，需要了解具体措施）。

（2）混凝土生产过程温度控制（关键问题，需要了解具体措施）。

（3）混凝土运输和浇筑过程温度控制（关键问题，需要了解具体措施）。

（4）浇筑后温度控制（关键问题，需要了解具体措施）。

（5）养护（关键问题，需要了解具体措施）。

2．混凝土浇筑的施工过程包括浇筑前的准备作业，浇筑时入仓铺料、平仓振捣和浇筑后的养护。

3．坝段的分缝分块形式有纵缝分块、斜缝分块、通仓浇筑和错缝分块四种。

4．大坝水工混凝土浇筑的水平运输包括有轨和无轨运输两种类型；垂直运输设备主要有门机、塔机、缆机和履带式起重机。

5．大坝水工混凝土浇筑的运输方案有门、塔机运输方案，缆机运输方案以及辅助运输浇筑方案。本工程采用门、塔机运输方案。

6．混凝土拌和设备生产能力主要取决于设备容量、台数与生产率等因素。

7．混凝土的正常养护时间约 28d。

【案例 2】答：

1．通过网络计算（图 13–10），得出项目的总工期为 41d。

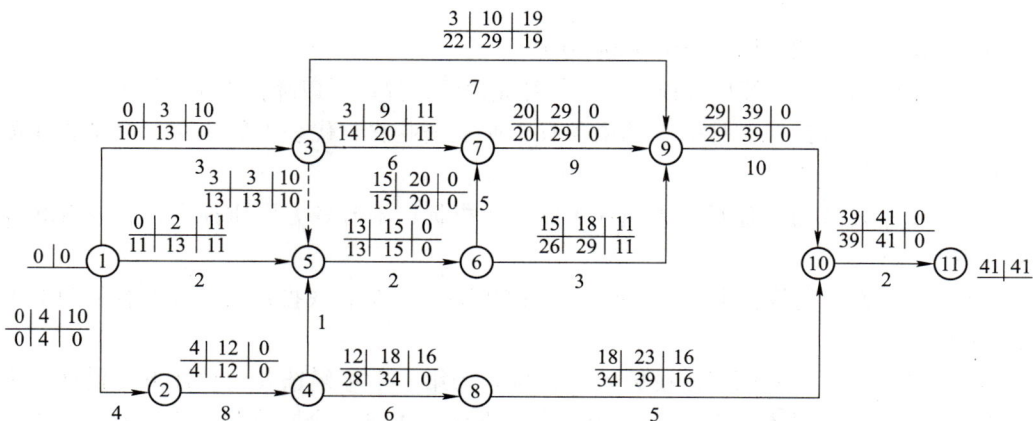

图 13–10　关键线路

2．关键线路上的工作（关键工作）为：C→D→R→H→Q→J→M→N，如图 13-10 所示（关键问题，计算总工期所涉及的工作是关键工作）。

3．实际工作分析：

D 工作滞后 3d，预计完成时间为第 15 天。因属于关键工作，导致总工期推迟 3d。

E 工作滞后 3d，预计完成时间为第 15 天。因有总时差 19d，对总工期不产生影响。

G 工作滞后 1d，预计完成时间为第 13 天。因有总时差 11d，对总工期不产生影响。

【案例 3】答：

1．该项工程计算的施工工期为 18 个月。在施工中应重点控制 A、C、F、G 关键工作，因为它们决定了工期的长短，且无时间上的机动性（时差等于零）。

2．承包方提出了顺延工期 2 个月的要求不合理（关键问题，实际增加工期 1 个月）。

增加 K 工作后的网络计划如图 13-11 所示。因为增加 K 工作后关键线路转移为 A→B→D→K→F→G，计算工期为 19 个月，实际影响总工期只有 1 个月（$T_C' - T_C = 19 - 18 = 1$）。

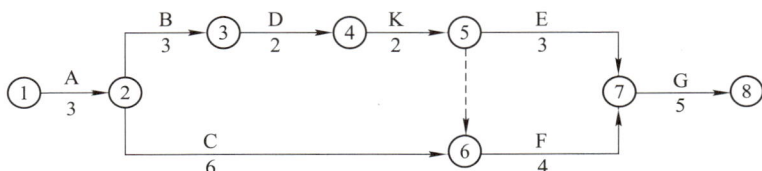

图 13-11　增加 K 工作后的网络计划

3．增加结算费用 120000 元不合理。因为增加了 K 工作，使土方工程量增加了 3500m³，已超过了原估计工程量 22000m³ 的 15%，故应进行价格调整，新增土方工程款为：（22000×15%）×16 + [3500 - （22000×15%）]×16×0.9 = 3300×16 + 200× 16×0.9 = 55680 元。

混凝土工程量增加了 200m³，没有超过原估计工程量 1800m³ 的 15%，故仍按原单价计算，新增混凝土工程款为：200×320 = 64000 元。

故合理的费用为：55680 + 64000 = 119680 元。

【案例 4】答：

1．由于设备约束条件限制，A 工作要在 B 工作结束后开始，其新网络计划如图 13-12 所示（关键问题，箭线要有箭头，工作名称在箭线上方，消耗时间在箭线下方。节点编号，顺箭头方向从小号到大号。注意虚箭线的使用）。

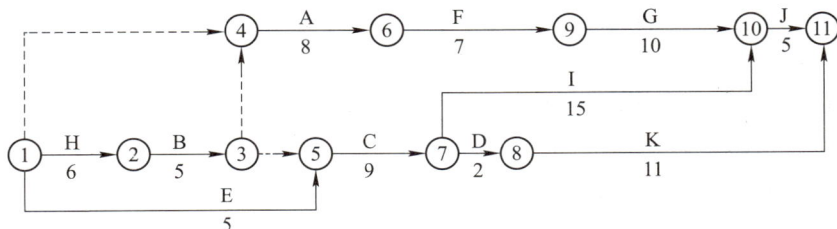

图 13-12　新网络计划

2．调整后网络计划的计算工期为 41d，关键线路为 H→B→A→F→G→J。

3. 工作 E 延长的 5d 在自由时差内，对后续工作没有影响，工作 D 的最早开始时间仍为第 20 天，工作 G、K 对 B、A、D 工作不产生影响。A 工作结束到 D 工作开始，设备共闲置 1d。

4. 承包商不应要求业主给予设备闲置补偿（关键问题，发包人原因对使用同一种机械的 B、A、D 工作没有影响）。

【案例 5】答：

1. 羊足碾；振动平碾；气胎碾；夯板；振动羊足碾（关键问题，振动平碾与振动羊足碾的选择）。

2. 用干密度和施工含水率控制。土料填筑压实参数主要包括碾压机具的型号、振动频率和重量、行走速度、施工含水率、碾压遍数及铺土厚度等。

3. 具体措施主要有：

（1）深挖截水沟，覆盖防雨布等（关键问题，改善料场的排水条件，减少雨水进入土料）。

（2）进行翻晒处理。

（3）轮换掌子面。

4. 分层法列表见表 13-7。

表 13-7　分层法列表

工作班组	检测点数	不合格点数	个体不合格率（%）	占不合格点总数百分率（%）
A	30	5	16.67	20
B	30	13	43.33	52
C	30	7	23.33	28
合计	90	25	—	—

根据以上分层调查的统计数据表可知，B 班组的施工质量对总体质量水平影响最大。

【案例 6】答：

1. 事件 1 中：

（1）项目法人委托该工程质量监督机构对于大坝填筑按《水电水利基本建设工程单元工程质量等级评定标准》规定的检验数量进行质量检查不合理。

理由：项目法人不应委托质量监督机构对大坝填筑进行质量检查，应通过施工合同由监理单位要求施工单位按《水电水利基本建设工程单元工程质量等级评定标准》规定的检验数量进行质量检查。

（2）质量监督机构受项目法人委托，承担了该工程质量检测任务不合理。

理由：质量监督机构与项目法人是监督与被监督的关系，质量监督机构不应接受项目法人委托承担工程质量检测任务。

2. 事件 2 中：

（1）土坝施工单位将坝体碾压分包给乙公司承担不合理。

理由：坝体碾压是主体工程，不能分包。

（2）单元工程划分不合理。

理由：铺料和碾压工作是一个单元工程的两个工序。

3．事件3中：

（1）监理单位通过"监理通知"形式下发设计变更指令不对，应通过"变更指示"和"变更通知"形式确认同意。

理由：根据《水利水电工程标准施工招标文件》通用合同中关于"变更"的规定："承包人收到监理人按合同约定发出的图纸和文件，经检查认为其存在约定变更的条件之一，可向监理人提出书面变更建议，监理人收到承包人书面建议后，应与发包人共同研究，确认存在变更的，应在收到承包人书面建议后14d内作出变更指示，经研究不同意变更的，应由监理人书面答复承包人。"（这里并未提出设计变更应由设计单位提出，通常的做法不是标准的规定）

（2）监理单位同意将坝下游排水体改为浆砌石不对。

理由：浆砌石不利于坝体排水，不能将排水体改为浆砌石。

4．事件4中验收结论存在的问题有（关键问题，验收结论不能不假思考地照搬规程）：

（1）坝顶碎石路不能作为主要分部工程（关键问题，主要分部工程是对单位工程安全、功能或效益起决定性作用）。

（2）土坝无金属结构及启闭机。

（3）分部工程应为全部合格，其中，质量优良18个，分部工程优良率低于70%，外观质量得分率低于85%，因此该单位工程质量不得评定为优良。

（4）验收结论中还应包括质量检验与评定资料是否齐全以及质量事故处理情况等。

（5）优良品率及外观质量得分率数字表达不准确，小数点后应保留一位数字。

5．事件5中不妥之处：

（1）工程项目单元工程质量评定表由监理单位填写不妥，单元质量评定表应该由施工单位填写。

（2）土坝单位工程完工验收由施工单位主持不妥，单位工程完工验收应该由项目法人主持。

（3）工程截流验收及移民安置验收由项目法人主持不妥。工程截流验收由竣工验收主持单位或其委托单位主持。移民安置验收应由省级人民政府或其规定的移民管理机构主持（关键问题，注意水利部2022年颁发的《大中型水利水电工程移民安置验收管理办法》，与之前的老办法变动较大）。

【案例7】答：

1．上述整个事件中存在如下不妥之处：

（1）施工总承包单位自行决定将基坑支护和土方开挖工程分包给了一家专业分包单位施工是不妥的。工程分包人应按规定报监理单位经业主同意后方可进行（关键问题，施工分包须合同中约定或发包人同意）。

这里分两种情况：第一种情况是基坑支护专业设计由业主在施工招标文件中明确交总承包方负责，这时由总承包方根据情况委托专业设计单位负责基坑支护设计，成果经总承包方上报监理单位审核批准后执行；第二种情况是基坑支护专业设计单位由业主直接委托，专业设计单位完成基坑支护设计后，设计文件的交接应经发包人交付给监理单位，经监理单位审核后下发施工总承包单位使用。

（2）专业分包单位编制的基坑工程和降水工程专项施工组织方案，经施工总承包单位项目经理签字后即组织施工的做法是不妥的。专业分包单位编制了基坑支护工程和降水工程专项施工组织方案后，应由施工单位技术负责人签字并经总监理工程师审批后方可实施；基坑支护与降水工程、土方和石方开挖工程必须由专职安全生产管理人员进行现场监督。

（3）专业分包单位由负责质量管理工作的施工人员兼任现场安全生产管理工作的做法是不妥的。应由专职安全生产管理人员进行管理。

（4）总承包单位对总监理工程师因发现基坑四周地表出现裂缝而发出要求停止施工的书面通知不予以理睬的做法是不妥的。总承包单位应按监理通知的要求停止施工。

（5）事故发生后专业分包单位直接向有关应急管理部门上报事故的做法是不妥的，应经过施工总承包单位。

（6）专业分包单位要求设计单位赔偿事故损失是不妥的。专业分包单位和设计单位之间不存在合同关系，不能直接向设计单位索赔，当属于（1）中的第一种情况时，应由总承包方自行解决；当属于（1）中的第二种情况时，总承包方应通过监理单位向业主索赔。

2. 施工单位应对下列达到一定规模的危险性较大的工程编制专项施工方案，并附具安全验算结果，经施工单位技术负责人签字以及总监理工程师核签后实施，由专职安全生产管理人员进行现场监督：

（1）基坑支护与降水工程。

（2）土方和石方开挖工程。

（3）模板工程。

（4）起重吊装工程。

（5）脚手架工程。

（6）拆除、爆破工程。

（7）围堰工程。

（8）其他危险性较大的工程。

3. 本起事故中3人死亡、1人重伤，事故应定为Ⅲ级重大质量与安全事故。

4. 本起事故的主要责任应由施工总承包单位承担。在总监理工程师发出书面通知要求停止施工的情况下，施工总承包单位继续施工，直接导致事故的发生，所以本起事故的主要责任应由施工总承包单位承担。

【案例8】答：

1. 可能发生的伤害事故和相关作业有：高空坠落，如拆除重建排架等；物体打击，如现浇混凝土排架；火药爆炸，如火药的运输、存储处；炸伤，如爆破拆除作业；触电，如施工用电；起重伤害，如起吊重物；机械伤害，如钢筋绑扎；车辆伤害，如交通运输；坍塌，如拆除重建排架。

2. "禁止烟火"为禁止标志，采用红色；"当心坠落"为警告标志，采用黄色；"必须戴安全帽"为指令标志，采用蓝色；"安全通道"为提示标志，采用绿色；"灭火设备"为消防设施标志，采用红色。

3．第（3）、第（4）项温控措施不适用于本工程（关键问题，排架不是大体积混凝土）。

【案例9】答：

1．不妥之处：

（1）生产、经营、储存、使用危险化学物品的车间、商店、仓库不得与员工宿舍在同一座建筑物内，并应当与员工宿舍保持安全距离。

（2）车间与原材料库房用铁栅栏和木板隔离。

（3）搭在铁栅栏上的电线没有采用绝缘管穿管绝缘。

（4）原材料库房电闸的保险丝用两根铁丝替代。

2．按照规定，施工单位负责人接到事故报告后，应当迅速采取有效措施，组织抢救，防止事故扩大，减少人员伤亡和财产损失，并按照国家有关规定立即如实报告当地负有安全生产监督管理职责的部门，不得隐瞒不报、谎报或者拖延不报，不得故意破坏事故现场、毁灭有关证据。

3．事故调查组应由应急管理机构、公安及消防机关、监察机关、工会、水行政主管部门和有关技术专家组成事故调查组。

调查组的主要职责是：

（1）查明事故发生的原因、人员伤亡及财产损失情况。

（2）查明事故的性质和责任。

（3）提出事故处理及防止类似事故再次发生所应采取措施的建议。

（4）提出对事故责任者的处理建议。

（5）检查控制事故的应急措施是否得当和落实。

（6）写出事故调查报告。

4．事故调查的基本程序是：

（1）成立事故调查组。

（2）现场物证搜集（包括现场摄像拍照）、探查（绘制事故现场图，查明起火点和火源）。

（3）搜集有关原始资料和记录。

（4）调查询问相关人员，做出司法认可的笔录。

（5）分析事故原因，写出事故技术报告（必要时有的还需要做材料分析试验和技术鉴定）。

（6）分清事故责任，写出事故管理责任和责任者的处理意见报告。

（7）调查组研究讨论。

（8）形成事故调查报告。

（9）调查报告报批。

【案例10】答：

1．依据《水利建设工程文明工地创建管理办法》，文明工地创建标准包括六个方面：

（1）体制机制健全。

（2）质量管理到位。

（3）安全施工到位。

（4）环境和谐有序。

（5）文明风尚良好。

（6）创建措施有力。

2．记15分。该施工单位安全生产标准化等级证书期满后将不予延期（关键问题，重新申请安全生产标准化评审）。

3．不能。未经监理人员进行隐蔽工程验收，就开始后续工程施工，违反了隐蔽工程质量检验程序（关键问题，违反《水利水电工程施工质量检验与评定规程》SL 176-2007有关条款）。

4．不能。理由如下：

（1）发生死亡3人的生产安全重大事故（关键问题，安全施工不到位）。

（2）施工单位在隐蔽工程施工中未经监理检验进行下一道工序施工（关键问题，质量管理不到位）。

该工程建设过程中发生当地群众大量聚集事件（关键问题，达不到环境和谐有序）。

5．向项目法人以及项目所在地县级以上人民政府报告并要求解决（关键问题，项目法人职责之一是配合地方政府做好工程建设外部条件的落实。政府应当为项目法人履职创造良好的外部条件）。

【案例11】答：

1．工程废水控制、噪声控制、粉尘控制（关键问题，不能照搬书本，要有针对性）。

2．远郊施工合理规划进场运输线路，保持道路平整，设法保证道路通畅。对进出场土路应采取措施防止车辆行进过程中引起大量扬尘对环境的污染。

安排专人调度和管理现场，指挥进场施工车辆卸料及停放，并及时清理施工剩余料或闲置机具，保持现场料具存放整洁。施工作业区与生活区分开设置，保证安全的施工和生活环境。

3．城区施工现场较狭小，现场布置主要考虑合理规定进场车辆的运输线路，设法保证其通畅。

安排专人管理卸料及其堆放，及时清理施工剩余料或闲置机具，保持现场料具存放整洁。施工场地出口应设洗车池清洁车辆，以防止泥土污染城区。

运输土料、草皮等进入城市，还应对运输设备和装载量进行选择确定，防止土料、草皮在运输过程中散落对城市形成环境污染。

施工作业区与生活区分开设置，保证安全的施工和生活环境。

4．插打钢板桩施工时的噪声大，夜间施工影响市民休息，因此，在城区标段应尽量将插打钢板桩从夜间施工调整到白天施工，即便是为抢进度，确需夜间施工时，一般也应在夜晚10时前停止该项施工。噪声不得超过场界噪声限值。

现场材料、机具存放不合理，应设置专人负责场地环境，对施工现场料具、设备等进行集中堆放，并保持整洁。

施工运输车辆出工地没有进行清洗措施，应在施工场地出口设洗车池清洁车辆，以防止泥土污染城区。

运土料车辆超载，应合理选择运输车辆，防止超载和土料运输遗撒。

【案例 12】答：

1．估算合同总价为：5300×180 ＝ 95.4 万元。

2．有关付款结算如下（关键问题，列公式再计算，防止连锁错误，导致考试分数损失）：

（1）工程预付款金额为：95.4×20% ＝ 19.08 万元。

（2）工程预付款应从第 3 个月起扣留，因为第 1、2 个月累计工程款为：1800×180 ＝ 32.4 万元＞95.4×30% ＝ 28.62 万元。

（3）每月应扣工程预付款为：19.08÷3 ＝ 6.36 万元。

3．有关价款结算如下：

（1）第 1 个月工程量价款为：800×180 ＝ 14.40 万元。

应签证的工程款为：14.40×0.97 ＝ 13.97 万元＜15 万元，第 1 个月不予付款。

（2）第 2 个月工程量价款为：1000×180 ＝ 18.00 万元。

应签证的工程款为：18.00×0.97 ＝ 17.46 万元（关键问题，扣质量保证金）。

13.97 ＋ 17.46 ＝ 31.43 万元（关键问题，1 月份没有支付工程款）。

应签发的付款凭证金额为：31.43 万元。

（3）第 3 个月工程量价款为：1200×180 ＝ 21.60 万元。

应签证的工程款为：21.60×0.97 ＝ 20.95 万元。

应扣工程预付款为：6.36 万元。

20.95－6.36 ＝ 14.59 万元＜15 万元，故第 3 个月不予签发付款凭证。

第 4 个月工程量价款为：1200×180 ＝ 21.60 万元。

应签证的工程款为：21.6×0.97 ＝ 20.95 万元。

应扣工程预付款为：6.36 万元。

应签发的付款凭证金额为：14.59 ＋ 20.95－6.36 ＝ 29.18 万元（关键问题，3 月份没有支付工程款）。

第 5 个月累计完成工程量为 5400m³，比原估算工程量超出 100m³，但未超出估算工程量的 10%，所以仍按原单价结算。

第 5 个月工程量价款为：1200×180 ＝ 21.60 万元。

应签证的工程款为：21.6×0.97 ＝ 20.95 万元。

应扣工程预付款为：6.36 万元。

20.95－6.36 ＝ 14.59 万元＜15 万元，故第 5 个月不予签发付款凭证。

第 6 个月累计完成工程量为 5900m³，比原估算工程量超出 600m³，已超出估算工程量的 10%，对超出的部分应调整单价。

应按调整后的单价结算的工程量为：5900－5300×（1 ＋ 10%）＝ 70m³。

第 6 个月工程量价款为：70×180×0.9 ＋（500－70）×180 ＝ 8.87 万元。

应签证的工程款为：8.87×0.97 ＝ 8.60 万元。

应签发的付款凭证金额为：14.59 ＋ 8.60 ＝ 23.19 万元。

【案例 13】答：

1．Ⅰ区段不延误。

Ⅱ区段：

延误天数＝40d（关键问题，合同约定完工日期2017年8月31日，实际完工日期2017年10月10日）。

索赔允许延长10天，故实际延误＝40－10＝30天。

赔偿金额＝30×2/1000×500＝30万元。

最高限额＝1500×5%＝75万元。

因为30万＜75万，故工程误期赔偿费为30万元。

2．保留金列表见表13-8。

表13-8　保留金列表

区段	退还50%保留金		缺陷责任期退还余留的保留金		
	日期（发移交证书日）	金额（万元）	业主已动用金额（万元）	缺陷责任期终止日期	金额（万元）
I	2017-3-10	25	15	2018-10-10	（25－15）＝10
II	2017-10-15	12.5	0	2018-10-10	12.5

故保留金退还：

2017-3-10后14d内，退还25万元。

2017-10-15后14d内，退还12.5万元。

2018-10-10后30个工作日内，退还22.5万元。

【案例14】答：

1．预付款金额为（2300×180＋3200×160）×20%＝18.52万元。

2．各月工程量价款、监理工程师应签证的工程款以及实际签发的付款凭证计算如下（关键问题，监理工程师签发月度付款最低金额为25万元，少于25万元则本月不签发，留到下月合并签发）：

（1）第1个月：

工程量价款为：500×180＋700×160＝20.2万元。

应签证的工程款为：20.2×（1.2－0.03）＝23.63万元（关键问题，履约期4个月，结算价格按合同价格乘1.2价格调整系数）。

由于合同规定监理工程师签发的最低金额为25万元，故本月监理工程师不予签发付款凭证。

（2）第2个月：

工程量价款为：800×180＋900×160＝28.8万元。

应签证的工程款为：28.8×（1.2－0.03）＝33.70万元。

本月监理工程师实际签发的付款凭证金额为：23.63＋33.70＝57.33万元。

（3）第3个月：

工程量价款为：800×180＋800×160＝27.2万元。

应签证的工程款为：27.2×（1.2－0.03）＝31.82万元。

应扣预付款为：18.52×50%＝9.26万元，应付款为：31.82－9.26＝22.56万元。

监理工程师签发月度付款最低金额为25万元，所以本月监理工程师不予签发付款凭证。

（4）第4个月（关键问题，超过估算工程量10%时，要对合同价格进行调整）：

甲项工程累计完成工程量为 2700m³，比原估算工程量 2300m³ 超出 400m³，已超过估算工程量的 10%，超出部分其单价应进行调整。

超过估算工程量 10% 的工程量为：$2700-2300\times(1+10\%)=170m^3$，这部分工程量单价应调整为：$180\times0.9=162$ 元 $/m^3$。

甲项工程工程量价款为：$(600-170)\times180+170\times162=10.494$ 万元。

乙项工程累计完成工程量为：3000m³，比原估算工程量 3200m³ 减少 200m³，不超过估算工程量的 10%，其单价不进行调整。

乙项工程工程量价款为：$600\times160=9.6$ 万元。

本月完成甲、乙两项工程量价款合计为：$10.494+9.6=20.094$ 万元。

应签证的工程款为：$20.094\times(1.2-0.03)=23.5$ 万元。

本月监理工程师实际签发的付款凭证金额为：

$22.56+23.5-18.52\times50\%=36.80$ 万元。

【案例 15】答：

1. 针对事件 1 可以提出工期补偿和费用补偿要求。

理由：因为提供施工场地属于项目法人应承担的责任，而工作 A 位于关键线路（关键问题，需要按网络进度计划确定计划工期和关键线路上的工作）。

针对事件 2 不能提出补偿要求。

理由：保证施工设备运转良好属于承包商的责任。

针对事件 3 可以提出费用补偿要求。

理由：因为项目法人提供的材料不合格应由项目法人承担责任。但由此增加的作业时间没有超过该项工作的总时差，提出的工期补偿不能接受。

针对事件 4 可以提出费用和工期补偿要求。

理由：因设计变更责任在项目法人，且工作 F 位于关键线路。

2. 本案例中，承包商提交的工程施工网络进度计划的关键线路为①→②→③→④→⑥→⑦→⑧，计划工期为 68d，与合同工期相同（关键问题，按工作时间实际变化情况，计算实际工期；按承包商可提出索赔事件，计算承包商应获得的工期补偿；计算实际工期与计划工期的差值，即延期时间；承包商应获得的工期补偿时间与延期时间之差，即为承包商的工期奖罚天数）。

该工程实际工期为 73d（关键问题，将图中各项工作的持续时间以实际持续时间代替，关键线路没有发生变化）。

由于项目法人责任，造成工期延误后的工期仍为 73d，关键线路没有变化（关键问题，将业主负责的各项工作持续时间延长天数加到原计划中）。

所以项目法人原因该工程索赔工期为 $73-68=5d$，施工单位责任没有造成工期延误，故奖罚天数为 0d。

3. 承包商可得到的合理经济补偿总额为：

$(8+10)\times20+30\times35+3\times300+20000+15\times35+10000=32835$ 元（关键问题，承包商可得到的经济补偿是由于业主的责任而引起的人工、机械、材料的窝工、损失或增加，本案例中为事件 1、事件 3、事件 4。计算时应注意增加人工工时与窝工的区别）。

【案例 16】答：

1. 承包人应获准的工程延期天数是由于发包人的原因、发包人应承担的风险造成的工期延误。本案例中包括：

（1）移交场地延误。

（2）不可抗力停工。

（3）石料场变化后运输能力降低。

本案例中，批准工程延期为37d，其中：

（1）因不可抗力、移交场地延误等原因（属于发包人应承担的停工原因）造成10月4—15日暂停，工期延误12d（关键问题，不可抗力造成工程停工、移交场地属于发包人责任）。

（2）由于石料场变化，运输能力不足，影响填筑工效，延长工期：

$$\frac{100000-50000}{400}-\frac{100000-50000}{500}=25d$$

（关键问题，比较料场变化后，运输能力的降低，造成工期延长）

2. 由于变更引起的费用增加包括：

（1）土方填筑量增加超过规定百分比引起的费用增加。

（2）由于石料运输距离增加引起的费用增加。

（3）由于石料运输能力不足应给予承包人的补偿。

（4）承包人另寻采石场发生的合理费用。

（5）发包人应负责的停工期间设备停产损失。

（关键问题，首先分析计算应由发包人负责的停工时间，然后乘以停工期间的设备、人工损失费。在10月4—15日的12d停工期间，10月4—8日由于发包人移交场地原因造成，属于应补偿费用的停工（5d）；10月9—15日，由于异常自然条件引起停工，属于不予费用补偿的停工；10月6—8日属于"共同性延误"，以先发生因素"发包人移交场地延误"确定延误责任，因此应予以费用补偿）

（6）工期延长后管理费、保险费、保函费等费用损失补偿。

本案例中：

（1）土方填筑量增加超过规定百分比引起的费用增加：

$$[300-(1+20\%)\times200]\times(10+3)=780\,万元。$$

（2）由于石料运输距离增加引起的费用增加：

$$(10-5)\times(30-10)\times1=100\,万元。$$

（3）由于石料运输能力不足应给予承包人的补偿：

$$[(10-5)/400]\times2000=25\,万元。$$

（4）承包人另寻采石场发生合理费用0.5万元。

（5）发包人应负责的停工期间设备停产损失：应予补偿费用的停工共计5d，补偿费用：

$$5\times(0.8+1)=9\,万元。$$

（6）工期延长后管理费、保险费、保函费等费用损失补偿：

$$(5+25)\times0.5=15\,万元。$$

【**案例 17**】答：

1．成立。

理由：因为属于项目法人责任（或项目法人未及时提供施工现场）。

2．不正确。

理由：因为土方公司为分包单位，与项目法人无合同关系。

3．不合理。

理由：此项费用应由项目法人支付，不可以直接要求监理单位支付（关键问题，如监理单位给施工单位造成损失了，应当首先由项目法人赔偿。项目法人可以根据监理合同，决定是否要监理单位赔偿业主的损失）。

4．不批准。

理由：是总承包商自己的工作，有关费用已经包含在合同单价或有关费用中。

5．得不到。

理由：项目经理是否有能力管理工程是施工单位的责任（关键问题，虽然总监理工程师同意更换，不等同于免除总承包商应负的责任）。

6．返修的经济损失由防渗公司承担。保证施工质量是施工单位的责任。

监理工程师的不妥之处：

（1）不能凭口头汇报签证认可，应到现场复验。

（2）不能直接要求防渗公司整改，应要求总承包商整改。

（3）不能根据分包单位的要求进行签证，应根据总包单位的申请进行复验、签证。

7．监理工程师应做如下协调处理：

（1）拒绝直接接受分包单位终止合同申请（关键问题，项目法人与分包商没有合同关系）。

（2）要求总包单位与分包单位双方协商，达成一致后解除合同。

（3）要求总承包商对不合格工程返工处理。

8．项目法人意见正确。因为合同约定，安装配件材料费调整依据为本地区工程造价管理部门公布的价格调整文件。

【**案例 18**】答：

1．非承包商原因引起停工，项目法人应给予工期顺延。但因承包商自身原因引起的停工不应顺延工期，如因施工机械故障原因引起 E 工作延误 1d、G 工作延误 1d。同时，不在关键线路上的工序，虽然非承包商原因引起延误，但若有足够时差，对工期不产生影响，不应计入索赔额，如 G、F 工作。

故合理的工期索赔时间是：

E 工作 2d ＋ H 工作 2d ＋ I 工作 0.5d ＝ 4.5d。

2．项目法人直接原因或按合同约定应当由项目法人承担风险的因素而造成的机械窝工，可以索赔，但因承包商自身原因造成的机械窝工，不应索赔。另外，本合同约定机械停工费按台班的 40% 结算支付应计入索赔计算而非全部。

因此，该项机械台班索赔合理的计算应是：

E 工序吊车：2×1200 ＝ 2400 元。

F 工序搅拌机：2.5×300 ＝ 750 元。

G 工序小机械：1×300 ＝ 300 元。

H 工序搅拌机：2×300 ＝ 600 元。

机械窝工补偿额合计：（2400 ＋ 750 ＋ 300 ＋ 600）×40% ＝ 1620 元。

3．人工费索赔分析计算同上。

该项索赔合理的计算应是：

E 工作：2×15×40 ＝ 1200 元。

F 工作：2.5×18×40 ＝ 1800 元。

G 工作：1×8×40 ＝ 320 元。

H 工作：2×18×40 ＝ 1440 元。

I 工作：0.5×10×40 ＝ 200 元。

人工费补偿额合计：（1200 ＋ 1800 ＋ 320 ＋ 1440 ＋ 200）×40% ＝ 1984 元。

【案例 19】答：

1．（1）事件 1 不合理。

理由：施工招标应该在初步设计已经批准；建设资金来源已落实，年度投资计划已经安排；具有能满足招标要求的设计文件，已与设计单位签订适应施工进度要求的图纸交付合同或协议；有关建设项目永久征地、临时征地和移民搬迁的实施、安置工作已经落实或已有明确安排后进行（关键问题，监理单位已确定不是必须具备的条件）。

（2）事件 2 不合理。

理由：工期超期属于重大偏差。细微偏差可以要求投标人补正。评标委员会不应向施工单位发出要求补正的通知，也不能认可工期修改（关键问题，工期属于实质性内容，投标人的澄清、说明、补正不得改变投标文件的实质性内容）。

（3）事件 3 不合理。

理由：施工单位提高混凝土强度等级，但不调整单价，属于变相压低报价（关键问题，如确需提高混凝土强度等级，双方应协商调整相应单价，不能强迫中标人不调整单价而签订合同）。

2．事件 4 中发包人的义务和责任不妥之处有：

（1）执行监理单位指示。

（2）保证工程施工人员安全。

（3）避免施工对公众利益的损害。

承包人的义务和责任不妥之处有：

（1）垫资 100 万元。

（2）为监理人提供工作和生活条件。

（3）组织工程验收。

3．合同金额为 500 万元；发包人应支付的工程预付款为 50 万元；应扣留的质量保证金总额为 15 万元。

4．最后 1 个月的工程进度款为 320 万元；质量保证金扣留 9.6 万元；工程预付款扣回 25 万元；施工单位应收款为 285.4 万元。

【案例 20】答：

1．项目法人自行决定采取邀请招标的做法是不妥的。

理由：根据《中华人民共和国招标投标法》第十一条规定，省、自治区、直辖市人民政府确定的地方重点项目中不适宜公开招标的项目，要经过省、自治区、直辖市人民政府批准，方可进行邀请招标。

2．拒收 C 企业的投标文件。

理由：根据《中华人民共和国招标投标法》第二十八条规定，在招标文件要求提交投标文件的截止时间后送达的投标文件，招标人应当拒收。

E 企业投标文件应作废标处理。

理由：根据《中华人民共和国招标投标法》和《评标委员会和评标方法暂行规定》，投标文件若没有法定代表人签字和加盖公章，则属于重大偏差（关键问题，没有法定代表人签字，项目经理也未获得委托人授权书，无权代表本企业投标签字，尽管有单位公章，仍属存在重大偏差）。

3．不妥之处一，10 月 21 日下午才开标。

理由：根据《中华人民共和国招标投标法》第三十四条规定，开标应当在投标文件确定的提交投标文件的截止时间公开进行。本案例招标文件规定的投标截止时间是 10 月 18 日下午 4 时。

不妥之处二，当地招标投标监督管理办公室主持开标。

理由：根据《中华人民共和国招标投标法》第三十五条规定，开标应由招标人主持。

4．不妥之处一，当地招标投标监督管理办公室 1 人，公证处 1 人进入评标委员会。

理由：根据《中华人民共和国招标投标法》和《评标委员会和评标方法暂行规定》，评标委员会由招标人或其委托的招标代理机构熟悉相关业务的代表，以及有关技术、经济等方面的专家组成。公证处人员参加评标委员会，影响公正工作的开展。

不妥之处二，评标委员会技术经济专家比例为 4/7，偏少。

理由：《中华人民共和国招标投标法》第三十七条规定，评标委员会技术、经济等方面的专家不得少于成员总数的 2/3。

5．确定 A 企业中标是违规的。

理由：根据《中华人民共和国招标投标法》第四十一条规定，能够最大限度地满足招标文件中规定的各项综合评价标准的中标人的投标应当中标。因此中标人应当是综合评分最高或经评审的投标价最低的投标人。本案例中 B 企业综合评分是第一名应当中标，以 B 企业投标报价高于 A 企业为由违背规定。

6．合同签订时间违规。

理由：根据《中华人民共和国招标投标法》第四十六条规定，招标人和中标人应当自中标通知书发出之日起 30d，按照招标文件和中标人的投标文件订立书面合同。本案例 11 月 10 日发出中标通知书，迟至 12 月 12 日才签订书面合同，两者的时间间隔已超过 30d。

【案例 21】答：

不符合招标投标的有关规定的方面有：

（1）投标单位 F 资质不符合招标公告的要求，不应向其出售招标文件。

理由：根据《中华人民共和国招标投标法》规定："由同一专业的单位组成的联合

体，按照资质等级较低的单位确定资质等级。"

（2）评标委员会招标人代表偏多。

理由：根据《评标委员会和评标方法暂行规定》《水利工程建设项目招标投标管理规定》的有关规定，评标委员会中招标人代表人数不能超过评委总人数的 1/3，而本案例中招标人代表 4 人，显然已经超过评委总数的 1/3。

（3）不应以要求投标单位考虑降价发出问题澄清通知。

理由：报价属于实质性内容，投标人的澄清、说明、补正不得改变投标文件的实质性内容。

（4）中标通知书发出后，招标人不应与中标人就降低投标报价进行谈判。

理由：招标人和中标人应按照招标文件和投标文件订立书面合同，不得再行订立背离合同实质性内容的其他协议（关键问题，投标报价属于实质性内容）。

（5）投标文件截止时间 19 日偏短。

理由：《中华人民共和国招标投标法》规定不得少于 20 日。

（6）订立书面合同的时间为 32 日，过迟。

理由：《中华人民共和国招标投标法》规定，招标人和中标人应当自中标通知书发出之日起 30 日内订立书面合同（关键问题，不是中标人收到中标通知书之日）。

（7）招标人在合同签订后才将中标结果通知书发给 A、C、D、E、F 5 家投标单位，违规。

理由：《中华人民共和国招标投标法》规定，中标人确定后，招标人应当向中标人发出中标通知书，并同时将中标结果通知所有未中标的投标人。

【案例 22】答：

1. 检修桥模板设计强度计算时除模板和支架自重外还应考虑新浇筑混凝土自重；钢筋重量；工作人员及浇筑设备、工具荷载等基本荷载（关键问题，增加荷载名称）。

检修桥承重模板跨度大于 4m，模板安装时起拱值按跨度的 0.3% 左右确定（关键问题，需要考虑检修桥跨度）。

检修桥承重模板跨度大于 8m，在混凝土强度达到设计强度的 100% 时才能拆除（关键问题，需要考虑检修桥跨度不同，拆模需要的混凝土强度不同）。

2. 提高混凝土抗冻性主要措施还有：提高混凝土的密实性；减小水胶比；掺加外加剂（或引气剂）（关键问题，一般情况下，至少可以举例出两个以上措施）。

底板混凝土浇筑主要温度控制措施还有：降低混凝土入仓温度、加速混凝土散热（关键问题，一般情况下，至少可以举例出两种以上措施）。

3. 施工单位组织质量缺陷备案表填写，报监理单位备案不妥，应由监理单位组织质量缺陷备案表填写，报工程质量监督机构备案（关键问题，一般情况下，至少可以举例出两个以上不妥，同时写出正确做法）。

还应填写：对工程安全、使用功能和运行影响（或：对建筑物使用的影响），处理意见或不处理原因分析（或：对质量缺陷是否处理和如何处理）（关键问题，一般情况下，至少缺项两个以上）。

4. 根据混凝土强度统计结果，闸室段分部 C25 混凝土试件抗压强度质量符合合格等级。因为根据《水利水电工程施工质量检验与评定规程》SL 176—2007，C25 混凝土最小强度为 23.5MPa，大于 0.9 倍设计强度标准值，符合优良标准；强度保证率为 96%，大于 95%，符合优良标准；离差系数为 0.16 大于 0.14、小于 0.18，符合合格标准。所以 C25 混凝土试件抗压强度质量符合合格等级（关键问题，确定等级的依据）。

闸室段分部工程验收应具备以下条件：所有单元工程已完成；已完单元工程施工质量经评定全部合格，有关质量缺陷已处理完毕或有监理机构批准的处理意见；合同约定的其他条件（关键问题，一般情况下，条件至少两个以上）。

【案例 23】答：

1. 编制施工进度计划的主要步骤是：分析研究设计资料和施工条件，正确计算工程量和工作持续时间，选择施工方法并确定施工顺序（关键问题，步骤需要排序）。

2. 坝面作业工艺逻辑关系应是先铺料、后整平、再压实；坝面作业组织逻辑关系应是从施工段 1 到施工段 2，最后到施工段 3 的顺序组织施工（关键问题，工艺逻辑关系与组织逻辑关系）。

3. 该项目的双代号网络计划如图 13-13 所示（关键问题，箭线要有箭头，工作名称在箭线上方，消耗时间在箭线下方。节点编号，顺箭头方向从小号到大号）。

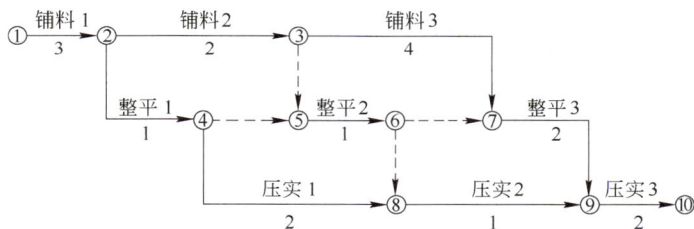

图 13-13　土石坝工程双代号网络计划

4. 网络图的计算工期：13d（关键问题，消耗时间最多的线路是关键线路）。

网络图的关键线路为：①→②→③→⑦→⑨→⑩。

关键线路在下列网络图中用双箭线或粗实线来表示（图 13-14）。

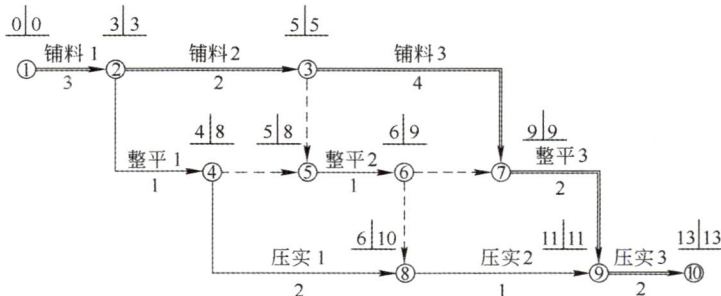

图 13-14　土石坝工程双代号网络计划的关键线路

5. 网络图中工作整平 2 为非关键工作，总时差为 3d，现由于暴雨原因工作整平 2 延误 7d，故对施工工期影响时间为 7-3 = 4d（关键问题，非关键线路可以变成关键线路）。

【案例 24】答：

1. 竣工结算的程序是（关键问题，掌握《水利水电工程标准施工招标文件》支付的有关要求，注意次序不能颠倒和时间要求）：

（1）完工验收后，承包人按照国家有关规定和专用合同条款约定的时间向监理机构提交完工结算报告。

（2）监理机构提出审查意见后报送发包人。

（3）发包人收到完工结算报告后应在 28d 内予以批准或提出修改意见并在专用合同条款约定的时间内办理工程结算。

（4）质量保证金应在保修期满的 21d 内退还承包人。若保修期满时尚需承包人完成剩余工作，则监理机构有权在支付证书中扣留与剩余工作所需金额相应的质量保证金。

2．预付款为：$2000 \times 20\% = 400$ 万元（关键问题，简单计算不能出错，否则影响后续各项计算结果。注意每项计算都需要列公式）

预付款起扣点为 $2000 \times 60\% = 1200$ 万元

3．$P = P_0 \times (0.15 + 0.35A/A_0 + 0.23B/B_0 + 0.12C/C_0 + 0.08D/D_0 + 0.07E/E_0)$
（人工费变动后价格 A，人工费合同约定价格 A_0；水泥变动后价格 B，水泥合同约定价格 B_0；钢材变动后价格 C，钢材合同约定价格 C_0；石料变动后价格 D，石料合同约定价格 D_0；砂料变动后价格 E，砂料合同约定 E_0）

当工程完成 70% 时，$P_0 = 2000 \times (1-0.7) = 600$ 万元（关键问题，确定价格调整时间或可以调整价格的工程量）。

$P = 600 \times (0.15 + 0.35 \times 1 + 0.23 \times 1.2 + 0.12 \times 1.15 + 0.08 \times 1 + 0.07 \times 1)$

$= 638.4$ 万元。

可索赔价款为：$638.4 - 600 = 38.4$ 万元。

合同实际价款：$2000 + 38.4 = 2038.4$ 万元。

4．质量保证金：$2038.4 \times 3\% = 61.152$ 万元（关键问题，保证金按工程结算款，不是合同价）。

工程结算款：$2038.4 - 61.152 = 1977.25$ 万元（关键问题，完工时可以实际得到的结算款，质量保证金需要待保修期满后支付）。

【案例25】答：

1．工程等别：Ⅱ 等；闸室级别：2 级；围堰级别：4 级（关键问题，不要混淆工程等别与建筑物级别以及表达形式）。

图 13-7 中：结构物 1 为铺盖，结构物 2 为消力池（关键问题，对于单向挡水建筑物，消能结构物部署在下游）。

2．土共分为 4 类；本工程闸室地基土为 Ⅲ 类（关键问题，土的工程分类只有 4 类，判断属于哪一类有几种标准）。

3．施工单位选择的开挖机具合适，开挖方法不合适。理由：本工程闸室地基土为 Ⅲ 类，弃土运距约 1km，选用反铲挖掘机配自卸汽车开挖是合适的，用挖掘机直接开挖至建基面高程不合适，闸室地基保护层应由人工开挖（关键问题，机械开挖基础时，至建基面需要留保护层，并采取人工开挖的方法）。

4．分析如下：

（1）生产安全事故共分为 4 级，包括特别重大事故、重大事故、较大事故、一般事故，本工程事故等级为一般事故（关键问题，安全生产事故与质量事故的等级标准不同）。

（2）高处作业级别为三级，高处作业种类为特殊（或夜间）高处作业（关键问题，高处作业等级分为4级，种类分为一般高处作业和特殊高处作业两种）。

【案例 26】答：

1. 承包商可提出 5d 的工期索赔，以及相应的人员窝工和施工机械闲置的费用索赔要求，因为提供施工场地是项目法人的责任（关键问题，掌握可以提出费用索赔和工期索赔的情形，分清责任）。

2. 事件 2 中土方公司向项目法人要求索赔不妥，应由土方公司向总承包商索赔，总承包商向项目法人索赔（关键问题，项目法人与分包公司没有合同关系）。

事件 3 中总承包商要求监理单位支付试验费不妥，应要求项目法人支付试验费（关键问题，监理单位受项目法人委托进行合同管理，监理单位与承包单位没有合同关系，给承包单位造成的损失，应直接向项目法人提出索赔）。

3. 不合理，因为此项支出应由总包单位承担（关键问题，掌握造价方面有关知识）。

4. 监理工程师要求防渗公司整改不妥，应要求总承包商整改（关键问题，项目法人与分包公司没有合同关系）。

防渗公司整改后向监理工程师进行了口头汇报不妥，应由总承包商提出检验申请。

监理工程师签证认可不妥，应根据总包单位的申请进行复验、签证（关键问题，项目法人与分包公司没有合同关系）。

经济损失由防渗公司承担（关键问题，承包单位实施的工程必须达到合格标准）。

【案例 27】答：

1. 质量事故处理的基本要求包括：

发生质量事故后，必须坚持"事故原因不查清楚不放过、主要事故责任者和职工未受教育不放过、补救和防范措施不落实不放过、责任人员未受到处理不放过"的原则。

事故处理方案的要求是，必须针对事故原因提出工程处理方案，经有关单位审定后实施。

事故处理需要进行设计变更的，需原设计单位或有资质的单位提出设计变更方案；需要进行重大设计变更的，必须经原设计审批部门审定后实施；事故部位处理完毕后，必须按照管理权限经过质量评定与验收后，方可投入使用或进入下一阶段施工（关键问题：过去是事故原因不查清楚不放过、主要事故责任者和职工未受教育不放过、补救和防范措施不落实不放过"三不放过原则"。现在应遵循"四不放过原则"）。

2. 工程质量事故依据直接经济损失的大小，检查、处理事故对工期的影响时间长短和对工程正常使用的影响进行分类，分为一般质量事故、较大质量事故、重大质量事故、特大质量事故四类。

根据水利部颁布的《水利工程质量事故处理暂行规定》，小于一般质量事故的质量问题称为质量缺陷。水利工程应当实行质量缺陷备案制度。

3. 事故报告内容还应包括：事故发生的简要经过、伤亡人数和直接经济损失的初步估计、事故发生原因初步分析、事故发生后采取的措施及事故控制情况。

4. 平板闸门安装的顺序是：闸门放到门底坎；按照预埋件调配止水和支承导向

部件；安装闸门拉杆；在门槽内试验闸门的提升和关闭；将闸门处于试验水头并投入运行。

安装行走部件时，应使其所有滚轮（或滑块）同时紧贴主轨；闸门压向主轨时，止水与预埋件之间应保持3～5mm的富裕度。

【案例28】答：

1. 汛前必须保证完成的工程项目有：（1）、（4）、（5）、（7）（关键问题，从安全度汛角度考虑，像这种穿堤涵洞施工，汛前应实现堤防回填完成，防洪闸施工完成，具备挡洪条件）。

2. 根据《水利水电工程单元工程施工质量验收评定标准 混凝土工程》SL 632—2012，A为主控项目；B为一般项目；C为100%（全部）；D为均大于70%（或最小为75%）；E为合格。

3. 合同工程完工验收后，项目法人应与施工单位进行工程交接；工程竣工后，项目法人与运行管理单位进行工程移交。因此，"运行管理单位"应为"施工单位"；"工程移交"应为"工程交接"（关键问题，不要混淆"工程移交"和"工程交接"）。

4. 图A：重新绘制竣工图，在说明栏内注明变更依据（关键问题，图面变更面积超过20%，需要重新绘制竣工图）。

图B：重新绘制竣工图，在说明栏内注明变更依据（关键问题，结构形式重大变化，需要重新绘制竣工图）。

图C：在原施工图上更改，在说明栏内注明变更依据，加盖并签署竣工图章（关键问题，尺寸变化属于一般性图纸变更，可以用施工图加盖并签署竣工图章作为竣工图）。

5. 验收时间不妥。泵站工程竣工验收应在经过一个排水或抽水期后1年内进行。因此，2013年4月，泵站全部工程完成，2013年5月底，该工程即进行竣工验收，不满足《水利水电建设工程验收规程》SL 223—2008的要求（关键问题，工程完成后要经过一定时间的试运行检验）。

【案例29】答：

1. 临空面设置安全防护网或防护栏杆、木工不擅自卸下安全带，可以防止本伤亡事故的发生。

本案例中高处作业的级别为二级，为夜间（特殊）高处作业。

2. 施工作业环境存在的安全隐患有：夜间施工照明设施已经损坏；人员直接坠地，说明高处作业未架设安全防护网或防护栏杆。工人可能存在的违章作业有：身体状况不良时，进行高处作业；高处作业不系安全带；特殊高处作业，没有专人监护。

3. 施工单位亟需建立（或完善，或严格执行）的安全生产管理制度有：（1）安全防护用品、设施管理制度；（2）安全作业管理制度；（3）生产安全事故隐患治理制度（关键问题，针对本事故，提出最直接相关的制度）。

4. 安全教育的主要内容有木工岗位安全操作制度、班组安全制度、安全纪律等（关键问题，掌握三级安全教育的内容）。

【案例30】答：

1. 关键线路：A、B、C、D、E；工期：185d。

2. 事件1，责任方发包人，A是关键工作，影响计划总工期4d。

事件2，责任方是承包人，B是关键工作，影响计划总工期6d。

事件4，责任方是发包人，G是非关键工作，总时差50d，影响计划总工期3d（关键问题，按《水利水电工程标准施工招标文件》有关发包人与承包人的义务和责任条款，分清责任）。

3. C工作实际用的时间为155−60＝95d，第100天时C工作实际比计划拖延6%（48%～42%），第100天完成了2d的赶工任务。

4. 实际总工期185＋4＋6−5＝190d，比计划工期拖延5d，其中有4d是发包人的责任，所以承包人需支付给发包人逾期完工违约20000元。

【案例31】答：

1. 存在以下3个不正确方面：

（1）招标人提出招标公告只在本市日报上发布是不正确的。

理由：公开招标项目的招标公告。应当在"中国招标投标公共服务平台"或项目所在地省级电子招标投标公共服务平台发布。

（2）招标人要求采用邀请招标是不正确的。

理由：因该工程项目由政府投资建设，相关法规规定："全部使用国有资金投资或者国有资金投资占控股或者主导地位的项目，应当采用公开招标方式招标。如果采用邀请招标方式招标，应由有关部门批准。"

（3）对潜在投标人资格条件进行审查时，主要审查潜在投标人资质条件不正确（或不全面）。

理由：资格条件审查的内容还应包括：财务状况、投标人业绩、投标人信誉等。

2. 投标文件有效性方面：

（1）A投标人的投标文件有效。

（2）投标人B的投标文件（或原投标文件）有效，但补充说明无效。

理由：开标后，投标人不得主动提出澄清、说明或补正。

（3）投标人C的投标文件有效。

（4）投标人D的投标文件无效。

理由：因为组成联合体投标的，投标文件应附联合体各方共同投标协议。

3. 投标人E撤回投标文件，招标人可以没收其投标保证金。

4. 合同方面问题：

（1）招标人的要求不合理。

理由：根据《水利工程建设项目招标投标管理规定》和《工程建设项目施工招标投标办法》有关规定，招标人不得向中标人提出压低报价、增加工作量、缩短工期或其他违背中标人意愿的要求，不得以此作为签订合同的条件。

（2）该项目应自中标通知书发出后30日内按招标文件和投标人A的投标文件签订书面合同，双方不得再签订背离合同实质性内容的其他协议。

（3）签约合同价格应为8000万元。

综合测试题（一）

1. 根据《水利水电工程等级划分及洪水标准》SL 252—2017，水利水电工程根据其工程规模、效益和在经济社会中的重要性，划分为（   ）。
   A．五等   B．五级
   C．四等   D．四级

2. 混凝土的强度等级是指混凝土的抗压强度具有的保证率为（   ）。
   A．80%   B．85%
   C．90%   D．95%

3. 在截流方法中，混合堵的截流方法是采用（   ）相结合的抛投合龙方法。
   A．立堵与平堵   B．上堵与下堵
   C．爆破堵与下闸堵   D．抛投块料堵与爆破堵

4. 型号为QL2×80－D的启闭机属于（   ）。
   A．液压启闭机   B．螺杆式启闭机
   C．卷扬式启闭机   D．移动式启闭机

5. 涵洞构造中用以适应地基不均匀沉降的是（   ）。
   A．管座   B．沉降缝
   C．截水环   D．涵衣

6. 地下相向开挖的两端在相距（   ）m以内时，装炮前应通知另一端暂停工作。
   A．60   B．50
   C．40   D．30

7. 水利工程建设过程中，发生改变原设计标准和规模的设计变更时，应报（   ）批准。
   A．监理人   B．发包人
   C．原设计单位   D．原设计审批部门

8. 根据《水利工程施工监理规范》SL 288—2014的有关规定，下列不属于监理人在开工前应对承包人审批的项目是（   ）。
   A．承包人的施工安全、环境保护措施及规章制度的制定情况

234

B．承包人提交的资金流计划

C．承包人提交的施工组织设计、施工措施计划和施工进度计划等技术方案

D．由承包人负责提供的设计文件和施工图纸

9．冷轧带肋钢筋代号为 CRB，如 CRB550 中的数值表示钢筋应达到的（　　）。

    A．最大抗拉强度值　　　　　　　　B．最小抗拉强度值

    C．最小抗压强度值　　　　　　　　D．最大抗压强度值

10．根据《水利工程设计概（估）算编制规定（工程部分）》，水闸夜间施工增加费属于（　　）。

    A．基本直接费　　　　　　　　　　B．其他直接费

    C．间接费　　　　　　　　　　　　D．现场经费

11．水闸施工中，由于工期紧，需夜间加班，造成底板素混凝土垫层工程质量不合格，返工后质量得到保证但延误了工期，造成了较大的经济损失。该事故是（　　）。

    A．重大质量事故　　　　　　　　　B．一般质量事故

    C．特大质量事故　　　　　　　　　D．较大质量事故

12．根据《水电建设工程质量管理暂行办法》，监理单位对水闸建设实施过程中施工质量负（　　）。

    A．监督责任　　　　　　　　　　　B．直接责任

    C．监督与控制责任　　　　　　　　D．间接责任

13．混凝土坝的混凝土设计龄期一般为（　　）d。

    A．6　　　　　　　　　　　　　　　B．28

    C．90　　　　　　　　　　　　　　D．180

14．某基岩断层，其断块之间的相对错动方向是上盘下降、下盘上升，该断层可称为（　　）。

    A．正断层　　　　　　　　　　　　B．逆断层

    C．顺断层　　　　　　　　　　　　D．反断层

15．混凝土坝施工中，在平行于坝轴线方向，向基础内钻一排孔，用压力灌浆法将水泥浆液灌入岩石裂隙中，用以坝基防渗。该工程采用的灌浆方法是（　　）。

    A．固结灌浆　　　　　　　　　　　B．帷幕灌浆

    C．接触灌浆　　　　　　　　　　　D．高压喷射灌浆

16．根据《水电水利工程施工重大危险源辨识及评价导则》DL/T 5274—2012，依据事故可能造成的人员伤亡数量及财产损失情况，重大危险源共划分为（　　）级。

A. 2   B. 3
C. 4   D. 5

17. 建设项目管理"三项制度"中不包括（   ）。
    A. 项目法人责任制   B. 招标投标制
    C. 建设监理制   D. 合同管理制

18. 根据《中华人民共和国水法》规定，在河道管理范围内铺设跨河管道、电缆属于（   ）。
    A. 禁止性规定   B. 非禁止性规定
    C. 限制性规定   D. 非限制性规定

19. 依法必须招标的国家重大建设项目，必须在报送项目的（   ）报告中增加有关招标内容。
    A. 项目建议书   B. 可行性研究
    C. 初步设计   D. 规划

20. 水库管理部门，应当根据工程规划设计、经批准的防御洪水方案和洪水调度方案以及工程实际状况，在兴利服从防洪，保证安全的前提下，制定汛期调度运用计划，经有关部门审查批准后，报（   ）备案。
    A. 上级主管部门   B. 有管辖权的应急管理部门
    C. 有管辖权的人民政府   D. 有管辖权的人民政府防汛指挥部

二、多项选择题（共 10 题，每题 2 分。每题的备选项中，有 2 个或 2 个以上符合题意。至少有 1 个错项。错选，本题不得分；少选，所选的每个选项得 0.5 分）

1. 钢筋的混凝土保护层厚度所起的主要作用有（   ）。
    A. 满足钢筋防锈的要求
    B. 满足钢筋防火的要求
    C. 满足混凝土防裂的要求
    D. 满足混凝土抗冻的要求
    E. 满足钢筋与混凝土之间粘结力传递的要求

2. 抛投块料截流按照抛投合龙方法可分为（   ）。
    A. 平堵   B. 立堵
    C. 混合堵   D. 顺直堵
    E. 斜堵

3. 土坝施工中，铺料与整平时应注意（   ）。
    A. 铺料宜平行坝轴线进行，铺土厚度要均匀

B．进入防渗体内铺料，自卸汽车卸料宜用进占法倒退铺土

C．黏性土料含水量偏低，主要应在坝面加水

D．非黏性土料含水量偏低，主要应在料场加水

E．铺填中不应使坝面起伏不平，避免降雨积水

4．地质构造基本形态有（　　　）。

A．产状　　　　　　　　　　　B．走向

C．褶皱　　　　　　　　　　　D．断裂

E．断层

5．水利水电工程施工临时工程包括（　　　）等。

A．导流工程　　　　　　　　　B．施工交通工程

C．施工场内供电工程　　　　　D．施工房屋建筑工程

E．其他施工临时工程

6．监理单位的主要工作内容包括（　　　）。

A．进行工程建设合同管理

B．进行工程建设信息管理

C．按照合同控制工程建设的投资、工期和质量

D．协调有关各方的工作关系

E．重点进行质量监督

7．混凝土空腹重力坝混凝土施工过程中，可能采用的加速混凝土散热的措施有（　　　）。

A．加冰水拌和　　　　　　　　B．采用薄层浇筑

C．预埋水管通水冷却　　　　　D．合理安排浇筑时间

E．对集料预冷

8．根据《水利水电工程施工通用安全技术规程》SL 398—2007，施工设施的设置应符合（　　　）及职业卫生等要求。

A．防汛、防火　　　　　　　　B．防风、防雷

C．防砸　　　　　　　　　　　D．防盗

E．防霉

9．水闸构造中能起防冲消能作用的构造有（　　　）。

A．下游翼墙　　　　　　　　　B．护坦

C．铺盖　　　　　　　　　　　D．防冲槽

E．海漫

10. 根据《水电水利工程爆破施工技术规范》DL/T 5135—2013，下列说法正确的是（　　）。

  A. 明挖爆破时，应在爆破后 5min 进入工作面

  B. 明挖爆破时，当不能确认有无盲炮时，应在爆破后 15min 进入工作面

  C. 地下洞室爆破应在爆破后 15min，并经检查确认洞室内空气合格后，方可准许人员进入工作面

  D. 保护层及邻近保护层的爆破孔不得使用散装流态炸药

  E. 装药完成后，应将剩余爆破器材及时交给专人保管

三、实务操作和案例分析题（共 4 题，每题 20 分）

【案例 1】

背景资料：

某堤防工程项目业主与承包商签订了工程施工承包合同，合同中估算工程量为 5300m³，单价为 180 元 /m³，合同工期为 6 个月。有关付款条款如下：

（1）开工前业主应向承包商支付估算合同总价 20% 的工程预付款。

（2）业主自第 1 个月起，从承包商的工程款中，按 3% 的比例扣留保修金。

（3）当累计实际完成工程量超过（或低于）估算工程量的 10% 时，可进行调价，调价系数为 0.9（或 1.1）。

（4）每月签发付款最低金额为 15 万元。

（5）工程预付款从乙方获得累计工程款超过估算合同价的 30% 以后的下 1 个月起，至第 5 个月均匀扣除。

承包商每月实际完成并经签证确认的工程量见表 1。

表 1　承包商每月实际完成并经签证确认的工程量

月份	1	2	3	4	5	6
完成工程量（m³）	800	1000	1200	1200	1200	500
累计完成工程量（m³）	800	1800	3000	4200	5400	5900

问题：

1. 估算合同总价为多少？

2. 工程预付款为多少？工程预付款从哪个月起扣留？每月应扣工程预付款为多少？

3. 每月工程量价款为多少？应签证的工程款为多少？应签发的付款凭证金额为多少？

【案例 2】

背景资料：

某水利水电施工承包商与业主签订了一份堤防工程施工合同，合同约定工期为

68d，承包商工期每提前 1d 获奖励 2000 元，每拖后 1d 支付违约金 3000 元。承包商提交的施工网络进度计划如图 1 所示，该计划得到业主代表的认可。

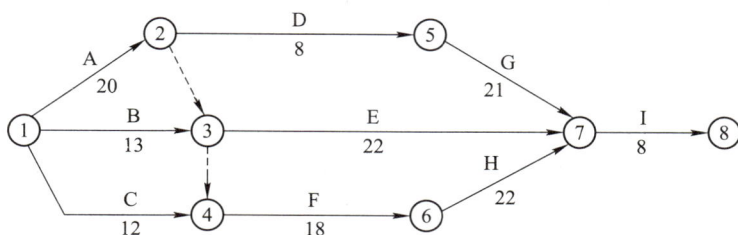

图 1　施工网络进度计划

在实际施工过程中发生了如下事件：

事件 1：业主未能按时提供全部施工场地，使 A、B 两项工作的作业时间分别延长了 3d 和 2d，造成这两项工作分别窝工 8 个和 10 个工日。工作 C 未受影响。

事件 2：在工作 D 施工时，主要施工设备出现故障，停工检修 2d，造成窝工 20 个工日。

事件 3：在工作 E 施工时，由于业主提供的主要材料不合格，造成返工，拆除用工 30 个工日，机械设备闲置 3 个台班，闲置台班单价为 300 元，材料费损失 2 万元，因拆除重新施工使作业时间延长 3d。

事件 4：在工作 F 施工时，因设计变更，造成施工时间增加 2d，多用人工 15 个工日，增加其他费用 1 万元。

问题：

1. 在上述事件中，承包商可就哪些事件提出工期补偿和费用补偿要求？

2. 该工程的实际施工天数为多少天？可得到的工期补偿为多少天？工期奖罚天数为多少天？

3. 当地人工日工资单价为 35 元／工日，窝工人工费补偿标准为 20 元／工日。若不计施工管理费、利润等补偿，在该工程中，承包商可得到多少经济补偿？

【案例 3】

背景资料：

某拦河闸工程最大过闸流量为 520m³/s，工程施工采用一次拦断河床围堰导流，围堰断面和地基情况如图 2 所示。

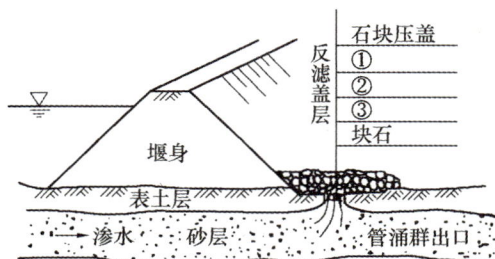

图 2　围堰断面和地基情况

施工过程中发生如下事件：

事件 1：依据水利部《关于贯彻落实〈国务院关于坚持科学发展安全发展促进安全生产形势持续稳定好转的意见〉进一步加强水利安全生产工作的实施意见》（水安监〔2012〕57 号），项目法人要求各参建单位强化安全生产主体责任，落实主要负责人安全生产第一责任人的责任，做到"一岗双责"和强化岗位、职工安全责任，确保安全生产的"四项措施"落实到位。

事件 2：上游围堰背水侧发生管涌，施工单位在管涌出口处采用反滤层压盖进行处理。反滤盖层材料包括：块石、大石子、小石子、粗砂等，如图 2 所示。但由于管涌处理不及时，围堰局部坍塌，造成直接经济损失 30 万元。事故发生后，项目法人根据《水利部关于印发贯彻质量发展纲要提升水利工程质量的实施意见的通知》（水建管〔2012〕581 号）规定的"四不放过"原则，组织有关单位制定处理方案，对本工程事故及时进行了处理，并报上级主管部门备案。事故处理后不影响工程正常使用和工程寿命，处理事故延误工期 22d。

问题：

1. 说明本工程施工围堰的建筑物级别。分别指出图中①、②、③所代表的材料名称。

2. 指出事件 1 中"一岗双责"和"四项措施"的具体内容。

3. 根据《水利工程质量事故处理暂行规定》，水利工程质量事故共分为哪几类？指出事件 2 的质量事故类别。

4. 事件 2 中，围堰质量事故由项目法人组织进行处理，是否正确？说明"四不放过"原则的内容。

【案例 4】

背景资料：

某大型防洪工程由政府投资兴建。项目法人委托某招标代理公司代理施工招标。招标代理公司依据有关规定确定该项目采用公开招标方式招标，招标公告在当地政府规定的招标信息网上发布。招标文件中规定：投标担保可采用投标保证金或投标保函方式担保。评标方法采用经评审的最低投标价法。投标有效期为 60d。

项目法人对招标代理公司提出以下要求：为避免潜在的投标人过多，项目招标公告只在本市日报上发布，且采用邀请方式招标。

项目施工招标信息发布后，共有 9 家投标人报名参加投标。项目法人认为报名单位多，为减少评标工作量，要求招标代理公司仅对报名单位的资质条件、业绩进行资格审查。开标后发生的事件如下：

事件 1：A 投标人的投标报价为 8000 万元，为最低报价，经评审推荐为中标候选人。

事件 2：B 投标人的投标报价为 8300 万元，在开标后又提交了一份补充说明，提出可以降价 5%。

事件 3：C 投标人投标保函有效期为 70d。

事件 4：D 投标人投标文件的投标函盖有企业及其法定代表人的印章，但没有加盖项目负责人的印章。

事件 5：E 投标人与其他投标人组成联合体投标，附有各方资质证书，但没有联合体共同投标协议书。

事件 6：F 投标人的投标报价为 8600 万元，开标后谈判中提出估价为 800 万元的技术转让。

事件 7：G 投标人的投标报价最高，故 G 投标人在开标后第 2 天撤回了其投标文件。

问题：

1．项目法人对招标代理公司提出的要求是否正确？说明理由。

2．分析 A、B、C、D、E、F 投标人的投标文件是否有效或有何不妥之处，说明理由。

3．G 投标人的投标文件是否有效？对其撤回投标文件的行为，项目法人可如何处理？

4．该项目中标人应为哪一家？合同价为多少？

综合测试题（一）答案

一、单项选择题

1．A；　　2．D；　　3．A；　　4．B；　　5．B；　　6．D；　　7．D；　　8．A；

9．B；　　10．B；　　11．D；　　12．C；　　13．C；　　14．A；　　15．B；　　16．C；

17．D；　　18．C；　　19．B；　　20．D

二、多项选择题

1．A、B、E；　　　　2．A、B、C；　　　　3．A、B、E；　　　　4．A、C、D；

5．A、B、D、E；　　6．A、B、C、D；　　7．B、C；　　　　　8．A、B、C；

9．B、C、D、E；　　10．A、B、C、D

三、实务操作和案例分析题

【案例 1】答：

1．估算合同总价为：$5300 \times 180 = 95.4$ 万元

2．计算如下：

（1）工程预付款金额为：$95.4 \times 20\% = 19.08$ 万元

（2）工程预付款应从第 3 个月起扣留，因为第 1、2 个月累计工程款为：$1800 \times 180 = 32.4$ 万元 $> 95.4 \times 30\% = 28.62$ 万元

（3）每月应扣工程预付款为：$19.08 \div 3 = 6.36$ 万元

3．计算如下：

（1）第 1 个月工程量价款为：$800 \times 180 = 14.40$ 万元

应签证的工程款为：$14.40 \times 0.97 = 13.97$ 万元 < 15 万元

第 1 个月不予付款。

（2）第 2 个月工程量价款为：$1000 \times 180 = 18.00$ 万元

应签证的工程款为：$18.00 \times 0.97 = 17.46$ 万元

应签发的付款凭证金额为：$13.97 + 17.46 = 31.43$ 万元

（3）第 3 个月工程量价款为：$1200 \times 180 = 21.60$ 万元

应签证的工程款为：$21.60 \times 0.97 = 20.95$ 万元

应扣工程预付款为：6.36 万元

$20.95 - 6.36 = 14.59$ 万元 $<$ 15 万元

第 3 个月不予签发付款凭证。

（4）第 4 个月工程量价款为：$1200 \times 180 = 21.60$ 万元

应签证的工程款为：20.95 万元

应扣工程预付款为：6.36 万元

应签发的付款凭证金额为：$14.59 + 20.95 - 6.36 = 29.18$ 万元

（5）第 5 个月累计完成工程量为 5400m³，比原估算工程量超过 100m³，但未超出估算工程量的 10%，所以仍按原单价结算。

第 5 个月工程量价款为：$1200 \times 180 = 21.60$ 万元

应签证的工程款为：20.95 万元

应扣工程预付款为：6.36 万元

$20.95 - 6.36 = 14.59 < 15$ 万元

第 5 个月不予签发付款凭证。

（6）第 6 个月累计完成工程量为 5900m³，比原估算工程量超过 600m³，已经超出估算工程量的 10%，对超出的部分应调整单价。

应按调整后的单价结算的工程量为：$5900 - 5300 \times (1 + 10\%) = 70m³$

第 6 个月工程量价款为：$70 \times 180 \times 0.9 + (500 - 70) \times 180 = 8.87$ 万元

应签证的工程款为：$8.87 \times 0.97 = 8.60$ 万元

应签发的付款凭证金额为：$14.59 + 8.60 = 23.19$ 万元

【案例 2】答：

1．事件 1 可以提出工期补偿和费用补偿要求，因为施工场地提供时间延长属于业主应承担的责任，而工作 A 位于关键线路。

事件 2 不能提出补偿要求，因为施工设备故障属于承包商应承担的风险。

事件 3 可以提出费用补偿要求，因为业主提供的材料不合格应由业主承担责任。但由此增加的作业时间没有超过该项工作的总时差。

事件 4 可以提出费用和工期补偿要求，因设计变更责任在业主，且工作 F 位于关键线路。

2．按工作时间实际变化情况，计算实际工期；就承包商可提出索赔事件，计算承包商应获得的工期补偿；计算实际工期与计划工期的差值，即延期时间；承包商应获得的工期补偿时间与延期时间之差，即为承包商的工期奖罚天数。网络计划的关键线路为①→②→③→④→⑥→⑦→⑧，计划工期为 68d，与合同工期相同。将图中各项工作的持续时间以实际持续时间代替，关键线路不变，实际工期为 73d。将业主负责的各项工作持续时间延长天数加到原计划中，计划出的关键线路不变，工期仍为 73d。所以该工程索赔工期为 5d，工期奖罚天数为 0d。

3．承包商可得到的经济补偿是由于业主的责任而引起的人工、机械、材料的窝工、损失或增加，本案例中为事件 1、事件 3、事件 4。计算时应注意增加人工工时与窝工的区别。

承包商可得到的合理经济补偿总额为：

（8＋10）×20＋30×35＋3×300＋20000＋15×35＋10000＝32835元

【案例3】答：

1．施工围堰建筑物级别：5级。

① 为大石子；② 为小石子；③ 为粗砂。

2．"一岗双责"是指对分管的业务工作负责；对分管业务范围内的安全生产负责。"四项措施"是指安全投入措施、安全管理措施、安全装备措施、教育培训措施。

3．水利工程质量事故分为一般质量事故、较大质量事故、重大质量事故、特大质量事故。本工程质量事故为一般质量事故。

4．本工程质量事故由项目法人组织进行处理，正确。"四不放过"原则的内容：事故原因不查清楚不放过、主要事故责任者和职工未受到教育不放过、补救和防范措施不落实不放过、责任人员未受到处理不放过。

【案例4】答：

1．不正确。理由：项目招标公告应按有关规定在《中国日报》《中国经济导报》以及《中国水利报》等媒体上发布，不能限制只在本市日报上发布；依据有关规定，该项目应采用公开招标方式招标，项目法人不能擅自改变。

2．A投标人无不妥之处。理由：经评审后最低报价的应推荐为中标人。

B投标人在开标后降价不妥。理由：投标文件在投标文件有效期内不得修改。

C投标人无不妥之处。理由：投标人的投标保函有效期应不短于招标文件规定的有效期。

D投标人无不妥之处。理由：投标人的投标函（或投标文件）应加盖企业及其法定代表人的印章，但不要求加盖项目负责人的印章。

E投标人投标文件无效。理由：根据有关规定，联合体投标，应有联合体共同投标协议书。

F投标人无不妥之处。理由：根据有关规定，开标后合同谈判中投标人提出的优惠条件，不作为评标的依据。

3．G投标人的投标文件有效。投标文件在投标文件有效期内不得撤回。G投标人撤回其投标文件，项目法人可没收其投标保函。

4．该项目中标人应为A，合同价为8000万元。

综合测试题（二）

1. 水利水电工程永久性水工建筑物的级别应该根据建筑物所在工程的等别，以及建筑物的重要性而确定，共可分为（   ）。
   A. 五级　　　　　　　　　　　　B. 三级
   C. 二级　　　　　　　　　　　　D. 一级

2. 角度测量常用的仪器是（   ）。
   A. 经纬仪　　　　　　　　　　　B. 水准仪
   C. 罗盘仪　　　　　　　　　　　D. 垂直仪

3. 片麻岩属于（   ）。
   A. 火成岩　　　　　　　　　　　B. 水成岩
   C. 沉积岩　　　　　　　　　　　D. 变质岩

4. 在建筑物和岩石接触面之间进行的灌浆，以加强两者间的结合程度和基础的整体性，提高抗滑稳定的方法是（   ）。
   A. 固结灌浆　　　　　　　　　　B. 帷幕灌浆
   C. 接触灌浆　　　　　　　　　　D. 高压喷射灌浆

5. 按地形图比例尺分类，1∶10000 地形图属于（   ）比例尺地形图。
   A. 大　　　　　　　　　　　　　B. 较大
   C. 中　　　　　　　　　　　　　D. 小

6. 为保证灭火操作安全，对电器进行灭火时，要求人体与带电体之间必须保持一定的安全距离，当用水灭火时，电压 110kV 及其以下者不应小于（   ）m。
   A. 5　　　　　　　　　　　　　B. 8
   C. 3　　　　　　　　　　　　　D. 4

7. 根据《水利水电建设工程验收规程》SL 223—2008 的有关规定，合同工程完工验收应由（   ）主持。
   A. 项目法人　　　　　　　　　　B. 监理单位
   C. 质量监督机构　　　　　　　　D. 设计单位

8. 涵洞构造中用以适应地基不均匀变形的是（   ）。

A．管座   B．沉降缝
C．截水环   D．胸墙

9．根据《水利工程设计概（估）算编制规定（工程部分）》，下列水利工程费用中，属于基本直接费的是（　　）。
A．人工费   B．冬雨期施工增加费
C．临时设施费   D．现场管理费

10．根据《水利水电工程标准施工招标文件》（2009 年版），因监理人指示错误发生的费用和给承包人造成的损失由（　　）承担。
A．发包人   B．监理人
C．承包人   D．分包商

11．根据《水利工程建设项目招标投标管理规定》，评标委员会中专家人数（不含招标人代表）最少应为（　　）人。
A．1   B．3
C．4   D．5

12．事故处理需要进行重大设计变更的，必须经（　　）审定后实施。
A．项目法人（建设单位）   B．原设计审批部门
C．上级主管部门   D．省级水行政主管部门

13．根据《水利工程质量管理规定》，工程建设执行技术标准清单，由（　　）组织编制。
A．设计单位   B．施工单位
C．监理机构   D．项目法人

14．单元工程或工序质量经鉴定达不到设计要求，经加固补强后，改变外形尺寸或造成永久性缺陷的，经建设（监理）单位认为基本满足设计要求，其质量可按（　　）处理。
A．优良   B．不合格
C．合格   D．基本合格

15．水利水电工程施工企业管理人员安全生产考核合格证书有效期为（　　）年。有效期满需要延期的，应当于期满前 3 个月内向原发证机关申请办理延期手续。
A．1   B．2
C．3   D．5

16．水库等工程蓄引水前，必须进行蓄引水（阶段）验收。验收前，应按照水利

部有关规定对工程进行（　　　）。通过后，才可以进行验收。

    A．质量核定
    B．外观质量评定

    C．技术性预验收
    D．蓄水安全鉴定

17．根据《中华人民共和国水法》规定，当流域范围内的流域规划与区域规划相抵触时，两者之间的关系应当是（　　　）。

    A．流域规划服从区域规划
    B．区域规划服从流域规划

    C．两者均可独立执行
    D．由主管部门协调一致

18．根据《中华人民共和国防洪法》规定，在蓄滞洪区内建造房屋应采用（　　　）结构。

    A．蒙古式
    B．坡顶式

    C．平顶式
    D．圆顶式

19．根据《中华人民共和国水土保持法》，生产建设项目中水土保持设施的"三同时"是指与主体工程同时设计、同时施工、同时（　　　）。

    A．监理
    B．验收

    C．投产使用
    D．后评价

20．地下洞室爆破应在爆破后（　　　）min，并经检查确认洞室内空气合格后，方可准许人员进入工作面。

    A．5
    B．10

    C．15
    D．30

二、多项选择题（共10题，每题2分。每题的备选项中，有2个或2个以上符合题意。至少有1个错项。错选，本题不得分；少选，所选的每个选项得0.5分）

1．土坝中起防渗作用的构造有（　　　）。

    A．棱体排水
    B．黏土心墙

    C．沥青混凝土斜墙
    D．铺盖

    E．黏土截水槽

2．施工围堰管涌险情的抢护方法有（　　　）。

    A．塞堵法
    B．盖堵法

    C．戗堤法
    D．反滤围井

    E．反滤层压盖

3．高处作业的种类分为（　　　）。

    A．强风高处作业
    B．一般高处作业

    C．特殊高处作业
    D．异温高处作业

E．带电高处作业

4. 建设项目主体工程开工之前，必须完成的施工准备工作主要内容包括（　　　）。
    A．年度建设资金已落实
    B．施工现场的征地、拆迁
    C．必需的生产、生活临时建筑工程
    D．完成施工用水、电等工程
    E．完成施工图设计

5.《水利水电工程标准施工招标文件》（2009 年版）推荐的评标办法有（　　　）。
    A．最低投标价法　　　　　　　　B．经评审的最低投标价法
    C．综合评估法　　　　　　　　　D．详细评审法
    E．初步评审法

6. 根据《水利工程设计概（估）算编制规定（工程部分）》，其他直接费包括（　　　）。
    A．人工费　　　　　　　　　　　B．冬雨期施工增加费
    C．临时设施费　　　　　　　　　D．现场管理费
    E．安全生产措施费

7. 根据《工程建设项目施工招标投标办法》，招标人与投标人串通投标的行为包括（　　　）等。
    A．在开标前开启投标文件，并将投标情况告知其他投标人
    B．协助投标人撤换投标文件，更改报价
    C．向投标人泄露标底
    D．向投标人发送招标文件的补充通知
    E．预先内定中标人

8. 基坑废水是指（　　　）。
    A．混凝土冲毛废水　　　　　　　B．水泥灌浆废水
    C．冲仓废水　　　　　　　　　　D．基础造孔废水
    E．砂石料加工废水

9. 下列关于竣工技术预验收的说法，正确的是（　　　）。
    A．工程竣工技术预验收时，工程主要建设内容已按批准设计全部完成
    B．工程投资已基本到位，并具备财务决算条件
    C．工程竣工技术预验收由项目法人主持
    D．不进行工程竣工技术预验收须经政府质量监督部门批准
    E．竣工技术预验收工作报告是竣工验收鉴定书的附件

10. 根据《碾压式土石坝施工规范》DL/T 5129—2013，土石坝筑坝材料施工试验项目包括（　　）。

A．调整土料含水率　　　　　B．调整土料级配工艺

C．碾压试验　　　　　　　　D．堆石料开采爆破试验

E．土料开挖级别

三、实务操作和案例分析题（共 4 题，每题 20 分）

【案例 1】

背景资料：

某河道整治工程包括河道开挖、堤防加固、修筑新堤、修复堤顶道路等工作。施工合同约定：（1）工程预付款为合同总价的 20%，开工前支付完毕，施工期逐月按当月工程款的 30% 扣回，扣完为止；（2）保留金在施工期逐月按当月工程款的 3% 扣留；（3）当实际工程量超出合同工程量 20% 时，对超出 20% 的部分进行综合单价调整，调整系数为 0.9。

经监理单位审核的施工网络计划如图 1 所示（单位：月），各项工作均以最早开工时间安排，其合同工程量、实际工程量、综合单价见表 1。

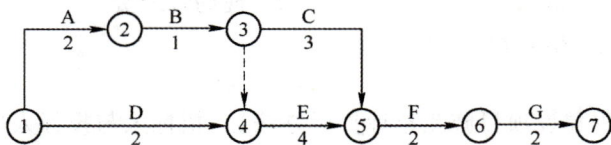

图 1　施工网络计划

表 1　合同工程量、实际工程量、综合单价

工作代号	工作内容	合同工程量	实际工程量	综合单价
A	河道开挖	20 万 m³	22 万 m³	10 元 /m³
B	堤基清理	1 万 m³	1.2 万 m³	3 元 /m³
C	堤身加高培厚	5 万 m³	6.3 万 m³	8 元 /m³
D	临时交通道路	2km	1.8km	12 万元 /km
E	堤身填筑	8 万 m³	9.2 万 m³	8 元 /m³
F	干砌石护坡	1.6 万 m³	1.4 万 m³	105 元 /m³
G	堤顶道路修复	4km	3.8km	10 万元 /km

工程开工后在施工范围内新增一副坝。副坝施工工作面独立，坝基清理、坝身填筑、混凝土护坡三项工作依次施工，在第 5 个月初开始施工，堤顶道路修复开工前结束。副坝坝基清理、坝身填筑工作的内容和施工方法与堤防施工相同。双方约定，混凝土护坡单价为 300 元 /m³，副坝工程量不参与工程量变更。各项工作的工程量、持续时间见表 2。

表 2　各项工作的工程量、持续时间

工作代号	持续时间（月）	工作内容	合同工程量	实际工程量
H	1	副坝坝基清理	0.1 万 m³	0.1 万 m³
I	1	副坝坝身填筑	0.2 万 m³	0.2 万 m³
J	1	副坝混凝土护坡	300m³	300m³

问题：

1．计算网络计划的工期，指出关键线路。

2．计算该项工程的合同总价、工程预付款总额。

3．工程按计划实施，若各项工作每月完成的工程量相等，计算第 6 个月的工程款、预付款扣回款额、保留金扣留额、应得付款。

【案例 2】

背景资料：

某装机容量 50 万 kW 的水电站工程建于山区河流上，拦河大坝为 2 级建筑物，采用碾压式混凝土重力坝，坝高 60mm，坝体浇筑施工期近 2 年，施工导流采取全段围堰、隧洞导流的方式。

施工导流相关作业内容包括：（1）围堰填筑；（2）围堰拆除；（3）导流隧洞开挖；（4）导流隧洞封堵；（5）下闸蓄水；（6）基坑排水；（7）截流。

围堰采用土石围堰，堰基河床地面高程为 140m。根据水文资料，上游围堰施工期设计洪水位 150.0m，经计算与该水位相应的波浪高度为 2.8m。

导流隧洞石方爆破开挖采取从两端同时施工的相向开挖方式。根据施工安排，相向开挖的两个工作面相距 20m 放炮时，双方人员均需撤离工作面；相距 10m 时，需停止一方工作，单向开挖贯通。

问题：

1．指出上述施工导流相关作业的合理施工程序。

2．确定该工程围堰的建筑物级别并说明理由。计算上游围堰堰顶高程。

3．根据《水工建筑物地下开挖工程施工规范》SL 378—2007，改正上述隧洞开挖施工方案的不妥之处。

【案例 3】

背景资料：

某水利工程项目位于我国北部某省，枯水期流量很小，坝型为土石坝，设计采用黏土心墙防渗；坝址处河道狭窄，岸坡陡峻。

大坝采用碾压式填筑，坝体施工前，施工单位进行了碾压试验。施工中，坝体靠近混凝土涵管部位的土方填筑，需要采取技术措施以确保工程质量。

项目中某分部工程包括：坝基开挖、坝基防渗及坝体填筑，该分部工程验收结论为"本分部工程划分为 80 个单元工程，其中合格 30 个，优良 50 个，主要单元工程、重要隐蔽工程及关键部位的单元工程质量优良，且未发生过质量事故；中间产品全部合格，其中混凝土拌合物质量达到优良，故本分部工程优良。"

问题：

1．为本工程选择合理的施工导流方式及临时挡水、泄水建筑物。

2．大坝采用碾压式填筑，其压实机械有哪些类型？防渗体应优先选用什么种类的压实机械？

3．大坝施工前，防渗体碾压试验主要确定哪些施工技术参数？施工中，坝体靠近混凝土涵管部位的土方填筑，应采取哪些措施保证填筑质量？

4．根据《水利水电工程施工质量检验与评定规程》SL 176—2007 的有关规定，质量评定时，项目划分为哪几级？上述分部工程验收结论存在不妥之处，应如何修改？

【案例 4】

背景资料：

某施工单位承建防洪水闸工程，在施工过程中专职质检员发现以下问题：

（1）浇筑闸室底板的混凝土，提交给现场拌合楼所用配合比单，未经工地试验室进行配合比试验确定及监理工程师批准。

（2）闸室底板的钢筋由业主指定的厂商供货，一批某型号钢筋虽然有正式出厂合格证，但现场复检发现材质不合格。

（3）在浇筑闸墩单元工程施工中，早班钢筋绑扎完毕，下午班未进行检查验收，就支立模板，向监理提交了浇筑混凝土申请单。

（4）在 C30 混凝土胸墙施工时预留的混凝土试块经检验达不到设计强度。

（5）在交通桥预制梁钢筋焊接时，有一名无证学徒工在进行钢筋焊接工作。

问题：

如果你作为项目经理，应如何处理上述问题？

综合测试题（二）答案

一、单项选择题

1．A；　　2．A；　　3．D；　　4．C；　　5．A；　　6．C；　　7．A；　　8．B；

9．A；　　10．A；　　11．D；　　12．B；　　13．D；　　14．C；　　15．C；　　16．D；

17．B；　　18．C；　　19．C；　　20．C

二、多项选择题

1．B、C、D、E；　　2．D、E；　　3．B、C；　　4．A、B、C、D；

5．B、C；　　6．B、C、E；　　7．A、B、C、E；　　8．A、C；

9．A、B、E；　　10．A、B、C、D

三、实务操作和案例分析题

【案例 1】答：

1．工期为 11 个月。

关键线路为：A → B → E → F → G。

2．原合同总价 = 20×10 + 1×3 + 5×8 + 2×12 + 8×8 + 1.6×105 + 4×10 =

539 万元

预付款总额＝539×20%＝107.8 万元

新增副坝后，合同总价应包括副坝的价款，合同总价变为：

539＋0.1×3＋0.2×8＋0.03×300＝549.9 万元

3. 第 6 个月施工的工作为 C、E、I。

工程款为（6.3/3－0.3）×8＋0.3×8×0.9＋9.2/4×8＋0.2×8＝36.56 万元

第 6 个月以前完成的工作量为 A、B、C 的 2/3，D、E 的 1/2，H。

已扣回的预付款为：

（22×10＋1.2×3＋6.3/3×8×2＋1.8×12＋9.2/4×8×2＋0.1×3）×30%＝
315.9×30%＝94.77 万元

36.56×30%＝10.968 万元＜107.8－94.77＝13.03 万元

故第 6 个月应扣回预付款额为：10.968 万元

第 6 个月应扣留保留金为：36.56×3%＝1.10 万元

第 6 个月工程结算款为：36.56－10.968－1.10＝24.49 万元

【案例 2】答：

1. 施工导流相关作业的合理施工顺序为：

（3）导流隧洞开挖→（7）河道截流→（1）围堰填筑→（6）基坑排水→（2）围堰拆除→（5）下闸蓄水→（4）导流隧洞封堵。

2. 该围堰的建筑物级别应为 4 级。原因：其保护对象为 2 级建筑物，而其使用年限不足两年，其围堰高度不足 50.0m。

围堰堰顶高程应为施工期设计洪水位与波浪高度及堰顶安全加高值之和，4 级土石围堰其堰顶安全加高下限值为 0.5m，因此其堰顶高程应不低于 150＋2.8＋0.5＝153.3m。

3. 根据规范要求，相向开挖的两个工作面相距 30m 放炮时，双方人员均需撤离工作面；在相距 15m 时，应停止一方工作，单向开挖贯通。

【案例 3】答：

1. 结合工程条件，本项目应采取全段围堰法导流，土石围堰，隧洞导流。

2.（1）压实机械有：静压碾压、振动碾压、夯击三种类型。

（2）防渗体压实机械应优先选用羊足碾和气胎碾配套使用。

3.（1）防渗体碾压试验主要确定碾压机具的重量、土的含水量、碾压遍数及铺土厚度。

（2）对于坝身与混凝土涵管的连接，靠近混凝土结构物部位不能采用大型机械压实，可采用小型机械夯或人工夯实。填土碾压时，要注意混凝土结构物两侧均衡填料压实，以免对其产生过大的侧向压力，影响其安全。

4.（1）项目划分为单位工程、分部工程、单元工程三级。

（2）该分部工程验收结论改为：本分部工程划分为 80 个单元工程，单元工程质量全部合格，其中 50 个达到优良，优良率为 62.5%，未达到 70.0% 的标准，故本分部工程质量等级应为合格。

（1）应立即停止工作，指令试验室按设计要求的闸室底板混凝土强度等级进行配合比试验并提交报告，报监理工程师批准。对相关人员进行加强质量意识教育，并按规定对责任人员进行处罚。

（2）首先应立即停止使用该批钢筋，并做好标识隔离存放。然后向监理工程师报告，由监理工程师组织研究处理方案。经检验不能用于工程，调出工地现场；如可用于工程次要部位或者降级使用，则由项目法人、监理、设计等方面共同研究决定。最后，还应向项目法人索赔因此引起的一切增加费用。

（3）立即停工，按"三检制"要求进行自检，自检合格后向监理工程师提交验收申请，自检不合格立即返工。对施工人员进行加强质量意识教育，并按规定对责任人员进行处罚。

（4）立即停工，报请监理单位组织对混凝土胸墙进行强度检测，如检测合格，可继续施工，同时进一步加强施工质量管理；如检测不合格，且没有有效处理方法，则进行返工。

（5）立即停止无证人员施工，安排有焊工证资格人员进行操作。对有关人员进行质量意识教育，并按规定对责任人员进行处罚。

网上增值服务说明

  为了给二级建造师考试人员提供更优质、持续的服务，我社为购买正版考试图书的读者免费提供网上增值服务。**增值服务包括**在线答疑、在线视频课程、在线测试等内容。

  网上免费增值服务使用方法如下：

  1. 计算机用户

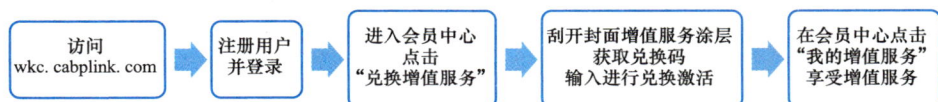

  2. 移动端用户

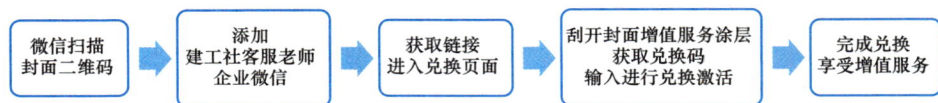

  注：增值服务从本书发行之日起开始提供，至次年新版图书上市时结束，提供形式为在线阅读、观看。如果输入兑换码后无法通过验证，请及时与我社联系。

  客服电话：4008-188-688（周一至周五 9：00—17：00）

  Email：jzs@cabp.com.cn

  防盗版举报电话：010-58337026，举报查实重奖。

  网上增值服务如有不完善之处，敬请广大读者谅解。欢迎提出宝贵意见和建议，谢谢！